경영 경제 금융 속

기초수학

배정자 지음

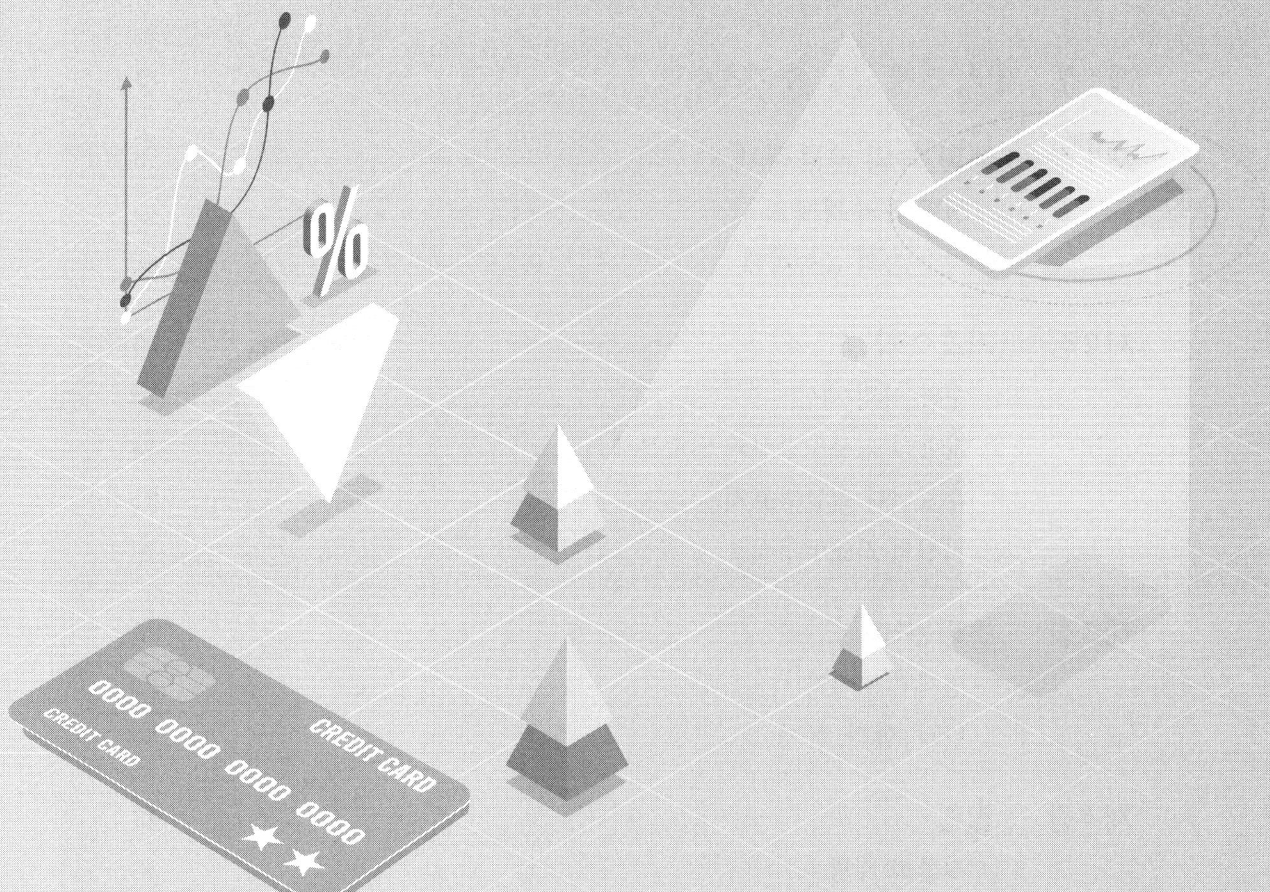

경문사

차 례

머리말

보통 사람들은 한정된 자원을 적절히 배분하거나, 이윤을 최대화하고 비용을 최소화하는 등 어떤 경제적인 목적을 달성하기 위해 주어진 제약 속에서 가장 이익이 되는 방법을 선택하려고 한다. 이처럼 현실적으로 접하게 되는 각종 의사결정 문제에 도움을 줄 수 있는 것이 바로 수학적 분석이다.

경영자가 최소한의 고정비를 부담할 수 있는 생산량을 결정할 때 도움이 되는 기법인 손익분기점을 계산한다든지, 주어진 자본을 일정 기간 투자하였을 때 그에 상응하는 원리금을 계산한다든지, 일정 기간 후에 원하는 금액을 얻기 위해서 투자해야 하는 금액인 현가를 계산한다든지, 또는 사전에 정해진 기간 중 일정한 간격을 두고 연속적으로 이루어지는 지불금이나 수령액인 연금의 현가나 종가를 계산한다든지 등 현실적으로 접하게 되는 경영 경제 금융 문제는 수학과 밀접한 관계가 있다고 하겠다.

본 교재의 목적은 경제 경영 및 금융 분야에서 이미 개발 정립된 이론들을 이해하고, 경영, 경제, 금융 분야에 꼭 필요한 기본적인 수학 개념을 배우고, 실전에 적절히 적용시키는 능력을 키우는 데 있다. 실제로 수학적 방법을 채택하게 되면 주어진 문제나 상황을 간결하고 정확하게 나타낼 수 있으며, 문제 분석의 전제조건인 모든 가정을 명백히 표현할 수 있어서 문제의 일반화를 쉽게 유도할 수 있다.

본 교재는 총 3부로 이루어져 있다. 1부에서는 경영, 경제 금융 속 기초수학, 2부에서는 경영, 경제학에의 응용 그리고 3부에서는 금융, 보험에의 응용 부분을 수록했다.

1부의 세부적인 내용으로는 1장에서는 수학이 생활과 동떨어진 학문이 아니라 생활과 밀접한 관계가 있음을 알게 하는 데 주력하여 생활 속에서 만나게 되는 경제 금융원리를 다루었고, 영화를 통해 금융경제 개념들을 살펴보았다.

2장에서는 수와 식의 계산, 다항식의 사칙연산과 인수분해, 수직선과 직교 좌표계, 직선의 직교방정식 등 기초적인 수학 개념들을 다루었다. 3장에서는 논리적 사고에 필요한 초등 논리들을 다루었고, 4장에서는 집합의 개념과 연산 그리고 두 집합의 데카르트 곱에 대해 다루었다.

그리고 5장에서는 함수의 정의와 함수의 결합과 합성함수의 개념에 대해 살펴보았다. 또한 전사함수, 단사함수, 전단사함수의 정의와 역함수의 개념을 살펴보았다.

6장에서는 지수함수와 그 역함수인 로그함수의 정의와 성질들을 살펴보았다.

2부의 세부적인 내용으로서 7장에서는 수요·공급함수, 선형 예측 모형을 살펴보았고, 실제 경영·경제문제에서 손익분기점을 계산해보았다. 8장에서는 가격과 수요·공급, 시장 가격의 결정, 수요·공급의 변동 및 탄력성, 수요·공급곡선의 이동 그리고 알아두면 유용한 경제용어 및 경제법칙 들을 살펴보았다.

9장에서는 벡터의 정의와 연산 그리고 벡터의 크기와 내적의 개념을 살펴보고 실제 경영·경제문제에 적용해 보았다. 10장에서는 행렬의 개념과 연산을 다루었다. 11장에서는 행렬식의 정의와 성질, 행렬식 계산법을 다루었고, 여인수 전개와 기본행 연산을 이용한 역행렬의 계산법을 살펴보았다. 12장에서는 역행렬, 가우스 소거법 그리고 크레이머 공식으로 각각 선형 연립방정식의 해를 구하는 방법을 다루었다.

13장에서는 선형계획법의 간단한 최대화 문제의 모형화 과정을 소개하고 이 모형의 최적해를 도해법을 이용해서 구하는 방법을 소개했다.

3부의 세부적인 내용으로서 14장에서는 원리금 함수와 실이율, 단리, 복리, 현가, 실할인율, 명목이율, 명목 할인율 등 여러 가지 이율에 따른 원리금이나 현가를 구하는 방법을 살펴보았다. 15장에서는 함수의 극한의 개념과 극한의 성질을 살펴보고 이것을 이용하여 연속 복리에 의한 원리금이나 현가를 구하는 방법을 살펴보았다.

16장에서는 미분계수와 도함수의 개념과 미분법의 기본 공식을 공부하고 초월함수인 지수·로그함수의 도함수를 구하는 방법을 살펴보았다. 17장에서는 부정적분의 개념과 적분법, 그리고 정적분의 개념을 살펴보고, 18장에서는 이것을 이용하여 이력, 할인력 그리고 변동이율이 주어졌을 때 원리금이나 현가를 구하는 방법을 다루었다.

19장에서는 기말급 연금과 기시급 연금, 거치연금과 종신연금 등 연금의 현가와 종가를 구하는 방법을 살펴보고 20장에서는 생명보험의 개념과 생명표를 이용해서 보험료를 계산하는 방법을 다루었다. 그리고 21장에서는 확률을 정의하고 보험과 관련된 실제 문제들을 다루었다.

제 1 부

경영, 경제 금융 속 기초수학

제 1 장
생활 속의 금융경제

1.1 생활 속의 경제

수학이 생활과 동떨어진 학문이 아니라 생활과 밀접한 관계가 있음을 알게 하는 데 목적이 있다. 생활 속에서 만나게 되는 경제 금융원리를 살펴보자.

예제 1.1

무한리필 식당에서 이윤이 남는 이유는?

무한 리필 식당에서 음식을 먹기 전에는 엄청난 양을 먹을 수 있을 것 같지만 실제로는 똑같거나 비슷한 음식을 연속적으로 먹으면 그 가치는 급격히 떨어지게 된다. 갈증이 나서 물을 마실 때 처음 한 컵은 꿀맛처럼 느껴질 정도로 그 가치가 크지만 두 컵, 세 컵을 마시면서 갈증이 해소됨에 따라 그 가치는 점차 줄어들게 된다. 즉, 물을 더 마실수록 총만족도는 늘어나지만, 각 한 컵이 가지는 가치는 점차 줄어들게 된다. 이처럼 재화나 소비가 증가함에 따라 그 가치와 효용이 줄어든다. 이 법칙을 **한계효용**이라고 한다.

■효용: 사람들이 재화나 서비스를 소비함으로써 얻는 만족 또는 쾌락을 효용이라고 한다.

■한계효용: 한 재화나 서비스를 한 단위 더 소비함으로써 얻는 추가적 만족을 뜻한다.

■한계효용 체감의 법칙: 일정 기간 동안 소비를 할 때 소비한 재화의 양이 증가할수록

그 추가분에서 느끼는 만족 또는 즐거움의 크기는 점점 줄어든다.

예제 1.2

남성보다 여성의 헤어비용이 비싼 이유는?

헤어 디자이너들은 여성들이 자신을 꾸미기 위해 남성보다 많은 돈을 지불할 준비가 돼 있다는 것을 충분히 잘 알고 있다. 그래서 헤어 디자이너들은 남성에게나 여성에게나 같은 서비스를 제공함에도 불구하고 완전히 다른 가격을 책정해 왔다.

예제 1.3

최고 사양 노트북을 사게 되는 이유는?

우리가 최고 사양의 최고가 노트북을 살 수밖에 없는 진짜 이유는 우리에게 정말 필요한 기능만을 장착한 노트북에서는 기업이 원하는 수익을 올리기 힘들기 때문이다.

예제 1.4

대부분의 아울렛 매장이 교외에 위치한 이유는?

대부분의 아울렛 매장이 교외에 위치한 이유를 묻는다면 교외가 시내보다 땅값이 비교적 싸기 때문에 큰 부지를 얻기 위해서라고 생각할지도 모른다. 하지만 아울렛이 교외에 있는 진짜 이유는 사람들의 본전심리를 자극하기 위해서이다. 먼 곳까지 힘들게 왔으니 뭐라도 건져가야 한다는 생각에 장시간 머물며 더 많은 돈을 쓰게 된다는 것이다.

예제 1.5

한정 판매의 의도는?

'한정 판매'라고 적힌 상품이 몇 개 남지 않은 상황에서 그 상품을 구매한 소비자는 합리적인 가격에 구매했다고 생각할 것이다. 그러나 결론적으로 불필요한 소비를 또 반복한 것뿐이다.

예제 1.6

세일판매의 의도는?

미국의 한 유명 백화점 CEO는 세일을 폐지하고 모든 가격을 최대한 낮게 책정·판매하는 정책을 추진했다가 해고를 당했는데 그 이유는 바로 매출 폭락으로 이어졌기 때문이었다. 실제로 사람들은 같은 가격의 물건이라면 세일 스티커가 붙어 있는 상품을 구매하는 경향이 많다. 세일은 우리가 물건을 저렴하게 산 것처럼 착각하게 만드는 가장 완벽한 방법인데 그 방법을 사용하지 않은 탓에 매출 폭락으로 이어지게 된 것이다.

예제 1.7

한두 메뉴에 터무니없이 비싼 가격을 매겨두는 이유는?

주문할 손님이 없을 줄 뻔히 알면서도 한두 메뉴에 터무니없이 비싼 가격을 매겨둔 식당이 많다. 그 이유는 무엇일까? 그것은 그렇게 가격을 얼토당토않게 높게 설정해둔 메뉴가 있으면 상대적으로 다른 메뉴들이 매우 저렴하게 느껴지게 되기 때문이다.

예제 1.8

시식 코너의 용도는?

백화점이나 대형마트의 시식 코너는 단순히 맛을 선보이고 그 상품을 소개하고자 하는 용도뿐만이 아니라 우리의 식욕을 자극해 예정에 없던 제품도 사게끔 만드는 용도라고 한다. 한 연구 결과에 따르면 시식한 고객 중 40%가 결국 해당 제품을 구입하게 됐다고 한다.

예제 1.9

매장 구조가 미로처럼 만들어진 이유는?

쇼핑몰이 미로처럼 만들어진 이유는 길을 잃고 이리저리 둘러보다 충동구매를 하도록 유도하기 위해서라고 한다. 곡류, 유제품, 육류, 제빵류 등 자주 구매하게 되는 물품들이 매장 입구의 정반대 편에 있는 이유도 물건을 찾으러 이동하는 동안 더 많은 제품에 시선을 빼앗기게 하기 위해서라고 한다.

예제 1.10

결혼할 때 다이아몬드 반지를 주는 이유는?

결혼할 때 다이아몬드 반지를 선물해야 하는 풍습은 불합리한 파혼을 방지하고 남성의 진심 여부를 확인하고자 여성들이 고안해낸 경제적 유인구조에서 출발하였다.

■경제적 유인: 어떤 행동을 하도록 사람을 부추기는 것을 목적으로 하는 자극을 의미한다.

예제 1.11

경기를 진단할 수 있는 간단한 방법은?

1. 스타벅스 커피 맛에 따라 경기진단을 할 수 있다.

   경기가 좋지 않을 것이 예상되면 비용 절감을 위해 커피 농도를 줄이기 때문에 커피 맛이 옅어진다고 한다.

2. TV 광고에 따라 경기진단을 할 수 있다.

   미국 MIT 폴 크루그먼(Paul Krugman) 교수는 경기가 좋을 때는 TV에서 코믹광고가 많이 나오고, 경기가 나빠지면 TV광고에서 같은 상품 이름이 반복된다고 주장하였다.

3. 여성 치마 길이에 따라 경기진단을 할 수 있다.

미국 경제학자 마브리(Mabry)의 '치마 길이 이론'에 따르면 불황일수록 원단이 적게 드는 저렴한 미니스커트를 선호하기 때문에 경기 불황일수록 여성 치마 길이가 짧아진다고 했다.

예제 1.12

기회비용과 효용 극대화

1. **기회비용**

학생들은 대부분 아침 등굣길 학교로 가는 가장 빠른 방법에 대해서 고민하게 된다. 학교로 가는 시간을 단축할수록 학교에 도착 후 자신이 가질 수 있는 자유시간이 늘어나며 학교에 늦게 도착하게 되면 그만큼 자유시간을 잃어버리게 되는데 이것이 바로 기회비용이라는 경제원리이다.

- **비용**: 비용이란 어떤 경제행위를 할 때 발생하는 손실을 말한다.
- **기회비용**: '하나의 대안이 선택되었을 때 다른 대안들에서 얻을 수 있는 잠재적 이익의 상실'을 기회비용(opportunity cost)이라고 한다.

2. **효용 극대화**

맛있는 뷔페에 가면 한 접시에 이것저것 자신이 좋아하는 음식들을 섞어서 먹게 되는데 이렇게 함으로써 뷔페에서 음식을 먹었을 때 받는 만족감을 극대화시킬 수 있다. 이것이 바로 '효용 극대화'라는 경제원리이다.

- **효용 극대화**:

- ○ 각 소비자가 자신의 돈을 가장 잘 쓰는 방법은 소비하는 재화로부터 얻는 만족감을 극대화시키는 것이다. 즉 예산제약 하에서의 총효용 극대화이다.
- ○ 소비자는 자신의 한정된 예산으로 구입할 수 있는 소비 묶음 중에서 본인의 효용이 최대가 되는 것을 선택한다.

1.2 영화 속의 금융경제

먼저 금융이란 무엇인가? 금융이란 금전을 유효하게 활용할 수 있도록 융통하는 것을 말한다. 즉, 타인에게서 자금을 빌리거나 타인에게 자금을 빌려주는 행위를 말한다. 돈이 융통될 때 돈을 빌려주는 사람과 빌리는 사람 사이에 이자라는 대가가 발생하는데, 실물거래에서는 상품과 돈이 교환되지만 금융거래에서는 돈과 증권 또는 채무증서가 교환된다. 이와 같이 금융거래에서는 당사자 간에 금융자산과 금융부채가 발생하는데 고객의 입장에서 금융자산이고, 은행의 입장에서 금융부채이다.
국민경제 내에는 수입이 지출보다 더 큰 흑자경제주체가 있는가 하면, 반대로 수입보다 지출이 더 큰 적자경제주체도 있다. 이 둘 사이에 돈이 융통되는 것이 바로 금융이다. 그리고 돈의 융통과 관련된 금융시장과 금융기관 그리고 이들을 운영하는 법규 등을 포괄한 개념이 금융제도(financial system)이다.
그러면 경영경제 금융 관련 영화들을 살펴보고 그 속에 나오는 경제용어들의 의미를 찾아보자.

1. **월 스트리트: 머니 네버 슬립스 (Wall Street: Money Never Sleeps, 2010)**

   ○감독: 올리버 스톤(Oliver Stone)

   ○출연: 샤이아 라보프(Shia LaBeouf), 마이클 더글라스(Michael Douglas), 캐리 멀리건(Carey Mulligan), 찰리 쉰(Charlie Sheen), 수잔 서랜든(Susan Sarandon)

   ○개봉: 2010.10.21 미국, 133분

※탐욕은 좋은 것'이라는 좌우명으로 월 스트리트에 군림한 고든 게코와 정직한 펀드 중개인이자 금융계에서 빠른 속도로 출세가도를 달리고 있는 신예 투자가 제이콥 무어, 이들의 운명적 만남을 그리고 있다.

■닷컴버블(dot-com bubble): 인터넷 관련 분야가 성장하면서 산업 국가의 주식시장이 지분 가격의 급속한 상승을 본 1995년부터 2001년까지 걸친 거품 경제 현상을 말한다.

2. **인사이드 잡(Inside Job, 2010)**

○감독: 찰스 퍼거슨(Charles Ferguson)

○출연: 맷 데이먼(Matt Damon), 윌리엄 액크먼(William Ackman).

○개봉: 2011.05.19 미국, 108분

※미국 리먼브라더스의 파산 신청과 최대 보험사 AIG의 몰락은 미국 경제뿐만 아니라 세계 경제를 파탄으로 내몰았다. 그럼에도 불구하고 여전히 돈과 권력을 손에 쥐고 있을 주범들은 과연 어디 있는지 생각하게 만드는 영화이다.

3. **마진 콜: 24시간, 조작된 진실 (Margin Call, 2011)**

○장르: 스릴러, 드라마

○감독: J.C. Chandor

○출연: 케빈 스페이시(Kevin Spacey), 제레미 아이언스(Jeremy Irons), 데미무어(Demi Moore)

○개봉: 2013.01.03 미국 107분

※2008년 전 세계 금융위기 하루 전, 월스트리트의 한 금융사에서 24시간 동안 벌어지는 이야기이다.

■마진 콜(margin call): 금융시장에서 선물거래를 중개하는 회사가 당일 결제를 매일 정산하여 선물가격 변동에 따른 손익을 증거금에 반영하고, 손실액이 일정 수준을 초과하여 유지 증거금이 부족한 경우 증거금을 채워 넣도록 고객에게 요구하는 일을 말한다.

4. **로그 트레이더(ROGUE TRADER, 2000)**

ㅇ장르: 스릴러, 범죄, 드라마

ㅇ감독: 제임스 디어든(James Dearden)

ㅇ출연: 이완 맥그리거(Ewan McGregor), 안나 프릴(Anna Friel)

ㅇ개봉: 2000.03.18. 영국, 101분

※ 베어링스 은행(Barings Bank)을 하루아침에 사라지게 만든 주인공인 '악마의 손'이라 불리는 닉 리슨(Nick Leeson)의 선물 및 옵션거래 딜러로서의 삶을 그린 영화이다.

■선물거래: 장래 일정 시점에 수량, 규격, 품질 등이 표준화되어 있는 특정 대상물을 계약 체결 시에 정한 가격인 선물가격으로 인도, 인수할 것을 약속하는 거래를 말한다.

■스톡옵션(stock option): 자사의 주식을 일정 한도 내에서 액면가 또는 시세보다 훨씬 낮은 가격으로 매입할 수 있는 권리를 해당 상대에게 부여한 뒤 일정기간이 지나면 임의대로 처분할 수 있는 권한까지 부여하는 것을 말한다.

■증거금: 주식 또는 파생상품거래에서 결제를 이행하기 위한 보증금을 말한다. 자주 사용되는 거래는 파생상품이다. 파생상품(선물·옵션) 거래는 대부분 5%~15% 내외의 증거금으로 매매를 할 수 있는데 손실위험이 크다.

5. **빅쇼트(The Big Short)**

ㅇ장르: 드라마

ㅇ감독: 아담 맥케이(Adam McKay)

ㅇ출연: 크리스찬 베일(Christian Bale), 스티브 카렐(Steve Carell), 라이언 고슬링(Ryan Gosling), 브래드 피트(Brad Pitt)

ㅇ개봉: 2016.01.21. 미국, 130분

※ 서브프라임 모기지 사태를 소재로 한 영화. 2008년 서브프라임 사태가 발생하기 전, 부동산 시장의 몰락을 예측하고 공매도를 시도하려는 투자자들의 이야기이다.

■고정금리: 최초 약정한 금리가 만기 때까지 그대로 유지되는 금리를 말한다.

■변동금리: 시장금리를 반영하여 일정 주기별로 약정금리가 변하는 금리를 말한다.

■채권: 국가나 지방자치단체, 회사 등이 자금을 마련하기 위해 발행하는 증권. 채권에는 빌린 자금의 기한(만기일)과 이자율, 원금(액면가)이 적혀 있다. 정부가 발행하면 국채, 지방자치단체가 발행하면 지방채, 한국전력공사 등의 공공기관이 발행하면 공공채, 일반 기업이 발행하면 회사채라고 부른다.

■서브프라임 모기지(subprime mortgage): 신용등급이 낮은 저소득층들을 대상으로 집 시세의 거의 100% 수준의 주택자금을 빌려주는 미국의 주택담보 대출 상품을 말한다.

■공매도: 특정 종목의 주가가 하락할 것으로 예상되면 해당 주식을 보유하고 있지 않은 상태에서 주식을 빌려 매도 주문을 내는 투자전략을 말한다.

■신용부도스와프(Credit Default Swap ,CDS): 부도가 발생하여 채권이나 대출 원리금을 돌려받지 못할 위험에 대비한 신용파생상품이다.

■ABX지수: 서브프라임 주거용 모기지 채권의 CDS 중 가장 활발하게 거래되는 20개를 묶어 지수화한 것이다.

■옵션(option): 파생상품의 일종인데, 미래의 특정 시점 또는 그 이전에 특정 기초자산을 정해진 행사 가격으로 사고팔 수 있는 권리이다. 만기일이나 만기일 이전에 특정 금융 상품을 정해진 가격에 매입할 수 있는 권리를 가진 '콜 옵션'(call option)과 매도할 수 있는 권리를 가진 '풋옵션'(put option)으로 나뉜다.

■주택저당증권(Mortgage Backed Securities, MBS): 금융기관이 주택을 담보로 만기 20년 또는 30년짜리 장기대출을 해준 주택 저당채권을 대상 자산으로 하여 발행한 증권. 자산담보부증권(ABS)의 일종이다. 주택, 토지를 담보물로 발행되는 채권. 은행 등 금융기관에서 주택을 담보로 제공하고 대출을 받는 경우, 금융기관은 대출자의 주택에 저당권을 설정하고 이를 담보로 대출금을 회수할 권리인 주택저당채권(Mortgage Loan)을 갖게 된다.

■디폴트(Default), 채무불이행: 채무에 대한 이자 지불 또는 채무원리금을 상환할 수 없는 상태를 말한다.

■부채 담보부 증권: 회사채나 대출채권 등 기업의 채무를 기초자산으로 하여 유동화증권을 발행하는 금융기법의 한 종류. 수익을 목적으로 발행하는 것(Arbitrage CDO)과 신용위험을 투자자에게 전가하기 위하여 발행하는 것(Balance Sheet CDO)으로 구분된다.

6. **블랙머니**

○장르: 범죄, 드라마

○감독: 정지영

○출연: 조진웅(양민혁), 이하늬(김나리)

○개봉: 2019.11.13. 한국, 113분

※곤경에 처한 문제적 검사가 누명을 벗기 위해 내막을 파헤치다 거대한 금융비리의 실체와 마주하게 되면서 벌어지는 이야기를 담은 금융범죄 실화극

■국제결제은행(Bank for International Settlements, BIS): 1930년 1월 헤이그협정에 의거 설립된 중앙은행 간 협력기구로 현존하는 국제금융기구 중 가장 오래된 기구이다.

7. **국가부도의 날**

○장르: 드라마

○감독: 최국희

○출연: 김혜수(한시현), 유아인(윤정학), 허준호(갑수)

○개봉: 2018.11.28. 대한민국, 114분

※1997년 IMF가 한국 경제에 개입하게 된 외환위기 당시의 모습을 그린 작품

■ IMF(International Monetary Fund): 일명 국제통화기금은 1945년에 설립돼 현재 189개국으로 구성된 조직. 기본 임무는 국제 통화 시스템(환율, 및 국제 지불 시스템 등)의 감독 및 안정성을 보장하는 것이다. 그리고 만일 '국가 부도'가 나는 경우, 해당 국가에 개입할 수 있다.

8. **작전**

○장르: 범죄, 스릴러, 코미디

○감독: 이호재

○출연: 박용하, 김민정, 박희순, 김무열

○개봉: 2009.02.12, 대한민국 119분

※찌질한 인생, 한 방에 갈아타기 위해 주식을 독파한 강현수가 전직 조폭 황종구 일당에게 엮여 600억 주식작전에 도전하는 이야기.

9. **파운더**

○장르:드라마

○감독: 존 리 행콕

○출연: 마이클 키튼(Michael Keaton)-레이 크록, 닉 오퍼맨(Nick Offerman)–딕 맥도날드, 존 캐럴 린치(John Carroll Lynch)–맥 맥도날드

○개봉: 2017.04.20. 미국 115분

※햄버거 하나로 전 세계를 사로잡은 맥도날드 창립자 레이 크록의 실화를 그린 영화

10. **존 큐(John Q, 2002)**

○장르: 드라마

○감독: 닉 카사베츠(Nick Cassavetes)

○출연: 덴젤 워싱턴(Denzel Washington)

○개봉: 2002.03.15. 미국 110분

※단란한 한 가정의 아버지 존 큐(덴젤 워싱턴 분)와 어느 날 야구 게임 도중 쓰러져 당장 심장 이식 수술을 하지 않으면 살아날 가망이 없는 그의 아들 마이크(다니엘 E. 스미스 분)을 통해 미국 의료보험제도의 진실을 엿볼 수 있다.

■보험: 일정하고 우연한 사고가 발생했을 때 그에 따른 경제적 손실을 입을 위험에 처한 다수인이 결합하여 소액의 보험료를 내고 기금을 형성한 뒤 사고 발생시 보험금을 받게 하는 사회경제제도.

11. **식코(Sicko, 2007)**

○장르: 다큐멘터리

○감독: 마이클 무어(Michael Moore)

○출연: 마이클 무어(본인 / 진행자)

○개봉: 2008.04.03. 미국 120분

※수익 논리에 사로잡혀 이윤을 극대화하기 위해 필요한 헬스케어 서비스도 생략하는 미국의 의료보험제도에 얽힌 충격적 진실을 엿볼 수 있다.

12. **하얀 정글(White Jungle, 2011)**

○장르:다큐멘터리

○감독: 송윤희

○출연: 박진석, 서경자, 이선웅

○개봉:2011.12.01 대한민국 82분

※환자를 실적으로 여겨 의사간의 경쟁을 부추기고 불필요한 과잉치료를 권하는 병원 시스템의 실체와 의료민영화를 위한 물밑작업에 여념이 없는 정부 관료들의 꼼수까지 온갖 위험이 난무하는 정글이 되어버린 대한민국 의료계의 불편한 진실을 엿볼 수 있다.

제 2 장
기초수학

2.1 수와 식의 계산

정의 2.1

양의 실수 a 와 자연수 $n \in N$ 에 대해 $a^n = a \cdot a \cdots a$ (a의 n제곱), $a^0 = 1$ 그리고 $a^{-n} = \dfrac{1}{a^n}$ 로 정의한다. 이와같이 정의하면 임의의 양의 실수 a에 대해 a의 정수 지수를 정의할 수 있다.

예제 2.1

다음을 계산하여라.

1. 2^3 2. 2^{-3} 3. $(\frac{1}{3})^4$ 4. $(\frac{1}{3})^{-4}$ 5. $(-2)^3$

풀이

1. $2^3 = 2 \cdot 2 \cdot 2 = 8$
2. $2^{-3} = \dfrac{1}{2^3} = \dfrac{1}{2 \cdot 2 \cdot 2} = \dfrac{1}{8}$
3. $(\frac{1}{3})^4 = \dfrac{1}{3} \cdot \dfrac{1}{3} \cdot \dfrac{1}{3} \cdot \dfrac{1}{3} = \dfrac{1}{81}$

4. $(\frac{1}{3})^{-4} = \frac{1}{(\frac{1}{3})^4} = \frac{1}{\frac{1}{3}\cdot\frac{1}{3}\cdot\frac{1}{3}\cdot\frac{1}{3}} = \frac{1}{\frac{1}{81}} = 81$

5. $(-2)^3 = (-2)\cdot(-2)\cdot(-2) = -8$

<지수법칙>

양의 정수 n, m과 임의의 실수 a, b에 대해 다음이 성립한다.

1. $a^m \cdot a^n = a^{m+n}$
2. $(a^m)^n = a^{mn}$
3. $(ab)^m = a^m \cdot b^m$
4. $\frac{a^m}{a^n} = a^{m-n}$
5. $(\frac{a}{b})^m = \frac{a^m}{b^m}$ (단, $b \neq 0$)

예제 2.2

다음을 계산하여라.

1. $(-2)^3 \times (-2)^4$
2. $(3a^2b^2)^2$
3. $(-ab^3)^3$
4. $(3a^2b^2)^2 \times (-ab)^2$
5. $\{(a^3)^4\}^5$

풀이

1. $(-2)^3 \times (-2)^4 = (-2)^{3+4} = (-2)^7 = -128$
2. $(3a^2b^2)^2 = 3^2a^4b^4 = 9a^4b^4$
3. $(-ab^3)^3 = (-1)^3a^3b^9 = -a^3b^9$
4. $(3a^2b^2)^2 \times (-ab)^2 = 9a^4b^4 \times a^2b^2 = 9a^6b^6$
5. $\{(a^3)^4\}^5 = (a^{12})^5 = a^{60}$

정의 2.2

자연수 n와 실수 a에 대해 $x = a^{\frac{1}{n}} = \sqrt[n]{a} \Leftrightarrow a = x^n$ 을 a의 n제곱근이라고 한다. 즉, $x = a^{\frac{1}{n}}$ 은 n번 거듭제곱하여 a가 되는 수를 뜻한다.

<n제곱근의 성질>

$x^n = a$ 에 대해

- n이 홀수인 경우 a의 양의 n제곱근 x는 $\sqrt[n]{a}$ 로 한 개 존재한다.

n이 짝수인 경우

- $a > 0$ 이면 a의 n제곱근 x는 $\sqrt[n]{a}$ 와 $-\sqrt[n]{a}$로 두 개 존재한다.
- $a = 0$ 이면 a의 n제곱근 x는 0이다.
- $a < 0$ 이면 a의 n제곱근 x는 존재하지 않는다.

정의 2.3

$n \in N,\ m \in Z$ 에 대해 $a^{\frac{m}{n}} = (a^m)^{\frac{1}{n}} = \sqrt[n]{a^m}$ 으로 정의한다. 이와같이 정의하면, 모든 유리수 $x = \dfrac{m}{n}$에 대하여 유리수 지수 a^x 를 정의할 수 있다.

예제 2.3

다음을 계산하여라.

1. $\sqrt[3]{8}$ 2. $\sqrt[3]{-8}$ 3. $\sqrt[3]{\dfrac{1}{8}}$ 4. $\sqrt[3]{-\dfrac{1}{8}}$

풀이

1. $\sqrt[3]{8} = \sqrt[3]{2^3} = 2$
2. $\sqrt[3]{-8} = \sqrt[3]{(-2)^3} = -2$
3. $\sqrt[3]{\dfrac{1}{8}} = \sqrt[3]{(\dfrac{1}{2})^3} = \dfrac{1}{2}$
4. $\sqrt[3]{-\dfrac{1}{8}} \equiv \sqrt[3]{(-\dfrac{1}{2})^3} = -\dfrac{1}{2}$

2.2 다항식의 사칙연산과 인수분해

<곱셈공식>

1. $m(a+b) = ma + mb$
2. $m(a-b) = ma - mb$
3. $(a+b)(c+d) = ac + ad + bc + bd$
4. $(a+b)^2 = a^2 + 2ab + b^2$
5. $(a-b)^2 = a^2 - 2ab + b^2$
6. $(a+b)(a-b) = a^2 - b^2$
7. $(x+a)(x+b) = x^2 + (a+b)x + ab$
8. $(x-a)(x-b) = x^2 - (a+b)x + ab$
9. $(a+b)(a^2 - ab + b^2) = a^3 + b^3$
10. $(a-b)(a^2 + ab + b^2) = a^3 - b^3$
11. $(a+b)^3 = a^3 + 3a^2b + 3ab^2 + b^3$
12. $(a-b)^3 = a^3 - 3a^2b + 3ab^2 - b^3$

예제 2.4

다음 식을 전개하여라.

1. $(x+1)(x-3)$
2. $(2x+1)(3x+2)$
3. $(2x+3)^2$
4. $(2x+3)^3$

풀이

1. $(x+1)(x-3) = x^2 - 2x - 3$

2. $(2x+1)(3x+2) = 6x^2 + 7x + 2$

3. $(2x+3)^2 = 4x^2 + 12x + 9$

4. $(2x+3)^3 = 8x^3 + 36x^2 + 54x + 27$

예제 2.5

다음 식을 인수분해하여라.

1. $x^2 - 4$
2. $x^2 + 4x + 4$
3. $x^2y - xy^2$
4. $\frac{1}{4}x^2 - \frac{3}{2}x + \frac{9}{4}$
5. $6x^2 + 17x + 12$
6. $x^3 - 8$
7. $x^4 + x^2 + 1$

풀이

1. $x^2 - 4 = (x+2)(x-2)$

2. $x^2 + 4x + 4 = (x+2)^2$

3. $x^2y - xy^2 = xy(x-y)$

4. $\frac{1}{4}x^2 - \frac{3}{2}x + \frac{9}{4} = \frac{1}{4}(x^2 - 6x + 9) = \frac{1}{4}(x-3)^2$

5. $6x^2 + 17x + 12 = (2x+3)(3x+4)$

6. $x^3 - 8 = (x-2)(x^2 + 2x + 4)$

7. $x^4+x^2+1 = (x^4+2x^2+1)-x^2 = (x^2+1)^2-x^2 = (x^2+x+1)(x^2-x+1)$

정리 2.1 이차방정식 근의 공식

이차방정식 $ax^2+bx+c=0$ $(a(\neq 0),\ b,\ c\in R)$ 의 근은

$$x=\frac{-b\pm\sqrt{b^2-4ac}}{2a}$$

이다.

증명

$ax^2+bx+c=0$이므로 $x^2+\frac{b}{a}x=-\frac{c}{a}$ 가 성립한다.

$$(x+\frac{b}{2a})^2=\frac{b^2}{4a^2}-\frac{c}{a}=\frac{b^2-4ac}{4a^2}$$

이므로

$$x+\frac{b}{2a}=\pm\frac{\sqrt{b^2-4ac}}{2a}$$

이다. 그러므로

$$x=\frac{-b\pm\sqrt{b^2-4ac}}{2a}.$$

정리 2.2 이차방정식 근의 공식

일차항의 계수 $b=2b'$ 짝수이면 이차방정식 $ax^2+bx+c=0$ 의 근은

$$x=\frac{-b'\pm\sqrt{(b')^2-ac}}{a}$$

가 된다.

증명

정리2.1에 의해

$$x=\frac{-b\pm\sqrt{b^2-4ac}}{2a}=\frac{-2b'\pm\sqrt{(2b')^2-4ac}}{2a}=\frac{-b'\pm\sqrt{(b')^2-ac}}{a}.$$

2.3 수직선과 직교좌표계

해석기하학은 좌표를 도입하여 기하학적인 도형을 대수적인 방정식으로 표현하여 기하학의 문제를 대수적 계산을 통해서 해결하려는 학문으로서 데카르트에 의해 소개되었다. 주어진 직선 l 상의 두 점 O와 E를 잡고 각각 원점, 단위점이라고 하자. O에서 E로의 방향을 양의 방향, 그 반대 방향을 음의 방향, 방향이 주어진 직선을 유향직선이라 한다.

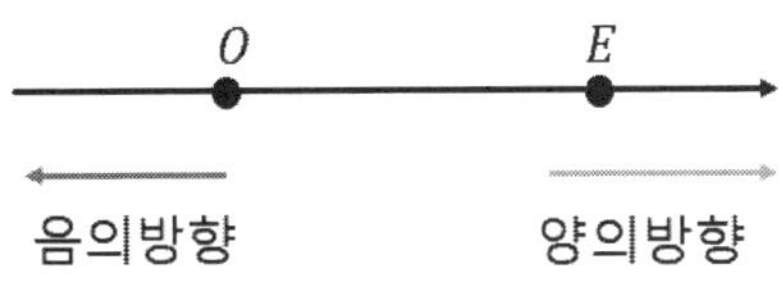

O에서 E까지의 거리를 단위거리라고 하고 이 거리를 1로 하고 원점 O에 실수 0을, 양의 실수 x에 대해 직선 l 위에 양의 방향으로 거리가 x인 점 P를 대응시킨다. 이때 x를 P의 좌표라고 한다. 즉, $P(x)$는 점 P의 좌표가 x이라는 것을 말한다.

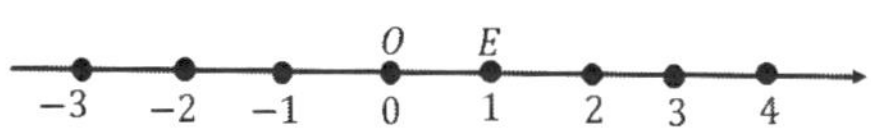

실수들의 집합과 유향직선 l 위의 점 사이에 일대일 대응관계를 얻는데 이렇게 얻은 유향직선을 수직선이라 한다. 한 직선을 l이라 하고, l 위에 한 정점 O를 취하고, 이 점 O의 오른쪽은 양의 방향, 왼쪽을 음의 방향이라 하자. 실수 0을 정점 O에 대응시키고 양의 실수를 이 정점으로부터 오른쪽 방향으로의 거리 그리고 음의 실수를 이 정점으로부터 왼쪽 방향으로의 거리로 대응시킬 수 있다. 즉, 수직선 위의 각 점과 실수는 1:1로 대응된다.

<직교좌표계>

실제로 좌표가 발명됨으로써 점을 숫자로 나타내고 도형을 식으로 나타낼 수 있게 되었다. 그리고 도형의 성질을 조사할 때 수와 식을 써서 계산하게 되었다. 이렇게 좌표를 사용하는 새로운 기하학을 해석기하학이라고 한다.

데카르트는 두 개의 기준선을 x축, y축으로 삼고, 그로부터 떨어진 위치를 점으로 나타내는 방법을 통해 '좌표'를 생각해냈다. 이후로 모든 복잡한 모양의 식과 함수를 심지어는 물체가 이동하는 상태까지도 그래프로 나타낼 수가 있게 되었다.

평면상의 한 점은 x, y라는 두 개의 직선 축을 이용하여, 공간상의 한 점은 x, y, z라는 세 개의 직선 축을 이용하여 위치를 나타낼 수 있다. 먼저 고정된 기준점을 원점 O라고 놓고, 다음 그림과 같은 평면직교좌표에서 P점의 위치를 나타내면 $(1,\ 1)$이다.

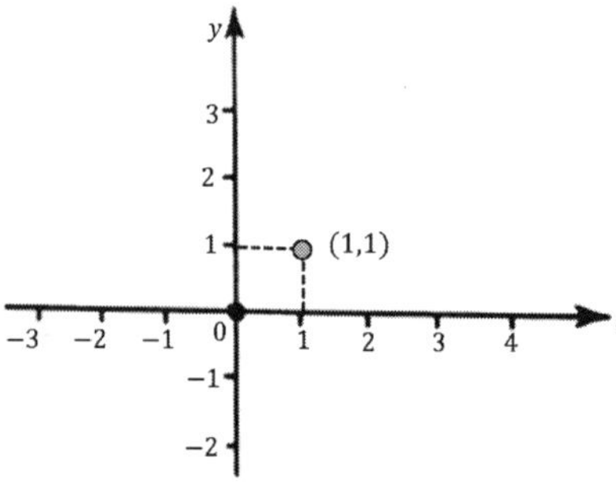

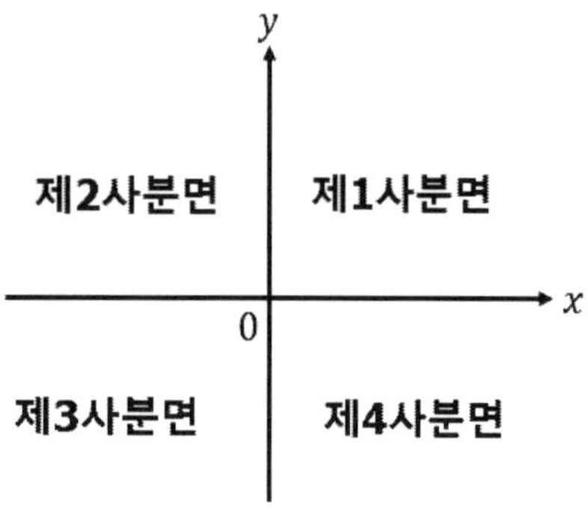

평면상에 하나의 직교축을 설정하고 그에 의해 평면을 4개 부분으로 나눈다. 이때 경계를 포함하지 않은 각 부분을 각각 제1사분면·제2사분면·제3사분면·제4사분면이라고 한다. 일반적으로 좌표축은 사분면에서 제외한다.

예제 2.6

다음 각 점을 포함하는 사분면 또는 좌표축을 나타내고 점의 위치를 표시하여라.

1. $(2,\ 0)$ 2. $(0,\ 0)$

3. $(2,\ -1)$ 4. $(-1,\ 3)$

5. $(1,\ 1)$ 6. $(0,\ -1)$

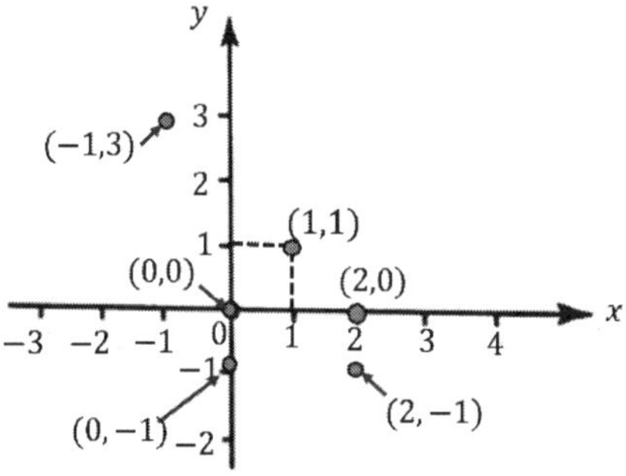

풀이

두 점 사이의 거리

1. 직선 위의 두 점 사이의 거리

   두 점 $A(x_1)$, $B(x_2)$ 사이의 거리 $\overline{AB}$ 는 $|x_2 - x_1|$ 으로 표현된다.

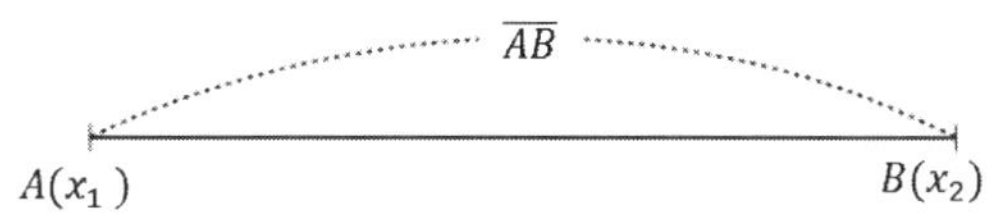

2. 평면 위의 두 점 사이의 거리

   두 점$A(x_1,\ y_1)$, $B(x_2,\ y_2)$사이의 거리 $|\overline{AB}|$는

   $|\overline{AB}| = \sqrt{(x_2 - x_1)^2 + (y_2 - y_1)^2}$ 으로 표현된다.

($\because$) 두 점 $A(x_1,\ y_1)$, $B(x_2,\ y_2)$에 대해 $\overline{AB}$을 빗변으로 하는 직각삼각형을 만든다. 그러면 이 삼각형은 밑변의 길이가 $|x_2 - x_1|$이고 높이가 $|y_2 - y_1|$이므로 피타고라스 정리를 적용하면

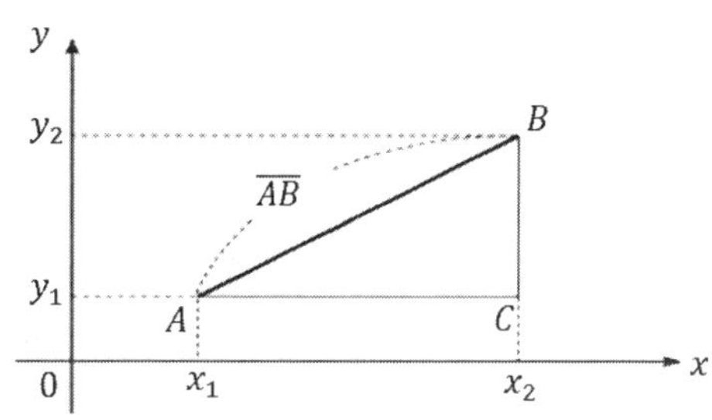

$$|\overline{AB}|^2 = (x_2 - x_1)^2 + (y_2 - y_1)^2$$

가 성립한다.

따라서 $|\overline{AB}| = \sqrt{(x_2 - x_1)^2 + (y_2 - y_1)^2}$.

예제 2.7

두 점 $A(-2,\ 5)$, $B(2,\ -3)$ 사이의 거리를 구하여라.

풀이

$|\overline{AB}| = \sqrt{(2-(-2))^2+(-3-5)^2} = \sqrt{80} = 4\sqrt{5}.$

[NOTE]

1. 수직선상의 두 점의 중점의 좌표

   $P_1(x_1),\ P_2(x_2)$ 를 수직선 l 상의 서로 다른 두 점이라 하고 $P(x)$를 $P_1(x_1),\ P_2(x_2)$ 사이의 중점이라 하면 $x = \dfrac{x_1+x_2}{2}$ 이다.

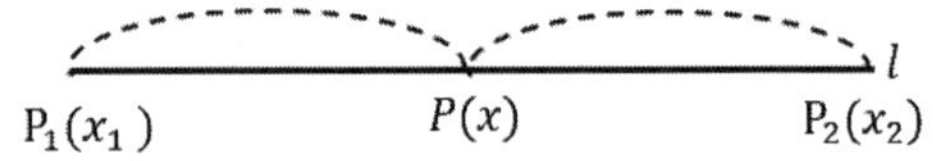

증명

$P(x)$를 $P_1(x_1),\ P_2(x_2)$사이의 중점이므로 $|\overline{P_1P}| = |\overline{PP_2}|$이 된다. 따라서 $x_2 - x = x - x_1$이다. 정리하면 $2x = x_1 + x_2$가 되므로 $x = \dfrac{x_1+x_2}{2}$가 된다.

2. 좌표평면 위의 두 점을 이은 선분의 중점의 좌표

   좌표평면 위의 점C가 선분 AB의 중점이라고 하면 점 C의 좌표는 $(x,\ y) = (\dfrac{x_2+x_1}{2},\ \dfrac{y_2+y_1}{2})$ 이다.

   $(\because)$ 좌표평면 위의 두 점 $A,\ B$를 각각 $(x_1,\ y_1)$과 $(x_2,\ y_2)$로 두고 $C(x,\ y)$를 선분 AB의 중점의 좌표라고 하자.

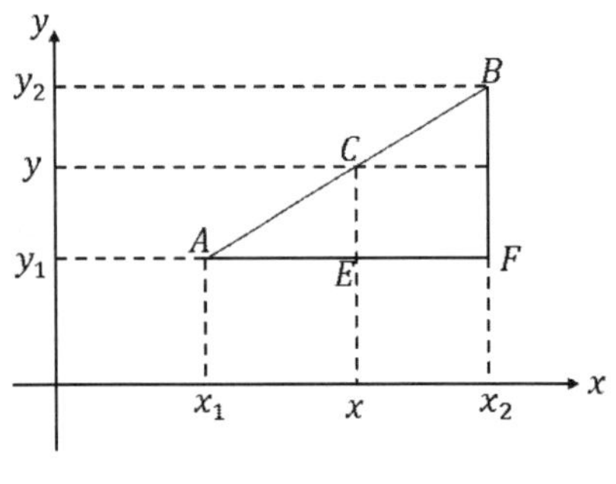

점 A를 지나고 y축에 수직인 직선을 그리고 점 A를 지나고 x축에 수직인 직선을 그린다. 이렇게 점 B와 점 C도 각각 점을 지나고 x축에 수직인 직선을 그린다. 그리면서 생기는 교점을 점 E, 점 F로 잡는다.

위 방법을 쓰면 x축에 수직인 3개의 직선이 모두 평행인 관계가 된다.
따라서 $\triangle AEC \sim \triangle AFB$가 되므로 다음이 성립한다.

$$|\overline{AC}| : |\overline{AB}| = |\overline{AE}| : |\overline{AF}|.$$

$1 : 2 = x - x_1 : x_2 - x_1$ 이므로 $2(x - x_1) = x_2 - x_1$ 가 성립한다.
정리하면 $2x = x_1 + x_2$ 이므로 $x = \dfrac{x_1 + x_2}{2}$
같은 방법으로 점 C의 y축 좌표도 위와 같은 원리를 이용하면

$$|\overline{AC}| : |\overline{AB}| = |\overline{EC}| : |\overline{FB}|$$

$1 : 2 = y - y_1 : y_2 - y_1$ 가 된다.

따라서 $2(y - y_1) = y_2 - y_1$ 이다.

정리하면 $2y = y_1 + y_2$ 이므로 $y = \dfrac{y_1 + y_2}{2}$ 이다.

그러므로 선분 AB의 중점 C의 좌표는 $(x,\ y) = (\dfrac{x_1 + x_2}{2},\ \dfrac{y_1 + y_2}{2})$ 이다.

예제 2.8

두 점 $A(2,\ -3)$, $B(6,\ 7)$ 의 중점을 구하여라.

풀이

$(\dfrac{2 + 6}{2},\ \dfrac{-3 + 7}{2}) = (4,\ 2).$

<대칭>

$P(x,\ y)$을 평면상의 한 점이라고 하자. $P(x,\ y)$의 x축, y축, 원점에 대한 대칭점은 각각 $(x,\ -y)$, $(-x,\ y)$, $(-x,\ -y)$ 이다.

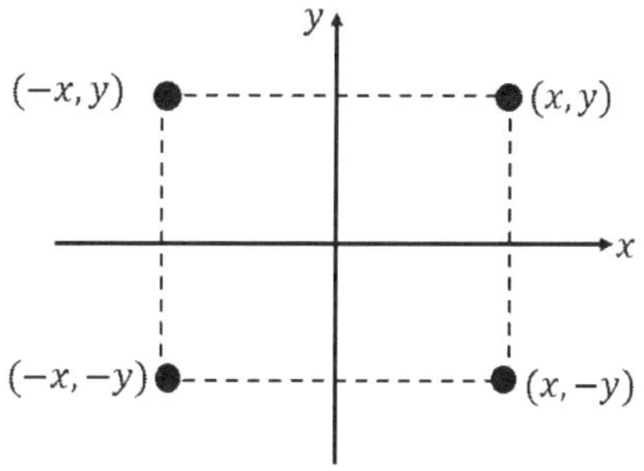

2.4 직선의 직교방정식

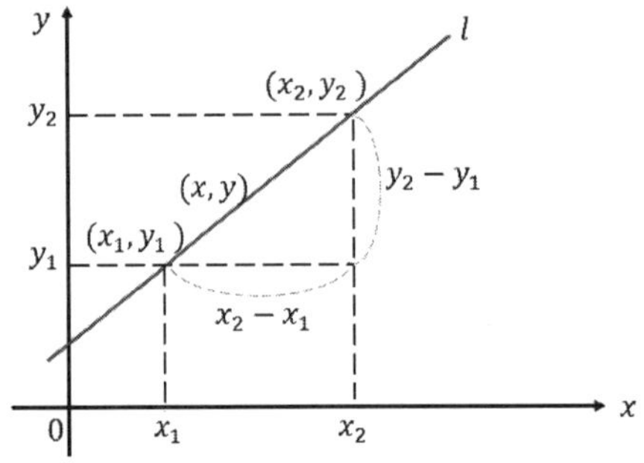

(a) 평면상의 서로 다른 두 점 $P_1(x_1,\ y_1),\ P_2(x_2,\ y_2)$을 지나는 직선 l의 식;

$\dfrac{x - x_1}{x_2 - x_1} = \dfrac{y - y_1}{y_2 - y_1}$을 $x,\ y$ 에 대해 정리하면

$$(y_2 - y_1)(x - x_1) = (x_2 - x_1)(y - y_1)$$

이다. 따라서 $y - y_1 = \dfrac{y_2 - y_1}{x_2 - x_1}(x - x_1)$ 은 평면상의 서로 다른 두 점과 $(x_1, y_1), (x_2, y_2)$ 을 지나는 직선의 식이 된다. 여기서, $m = \dfrac{y_2 - y_1}{x_2 - x_1}$: 직선 l의 기울기.

(b) 기울기가 m이고 $(x_1,\ y_1)$을 지나는 직선의 식은 (a)에 의해

$$y - y_1 = m(x - x_1)$$

가 된다.

(c) 기울기가 m이고 y 절편이 b인 직선의 방정식의 식은

$$y = mx + b$$

가 된다.

$(\because)$

y 절편이 b이므로 $(0,\ b)$을 지난다. 따라서 기울기가 m이고 y 절편이 b인 직선의 방정식은

$$y - b = m(x - 0)$$

이다. 따라서 $y = mx + b$ 은 기울기가 m이고 y 절편이 b인 직선의 방정식이다.

(d) x 절편이 a이고 y 절편이 b인 직선의 방정식은

$$y = -\frac{b}{a}x + b$$

가 된다.

($\because$)

x 절편이 a이고 y 절편이 b이므로 직선은 $(a,\ 0)$, $(0,\ b)$ 을 지난다. 따라서 기울기가 $-\frac{b}{a}$이다. 그러므로 x 절편이 a이고 y 절편이 b인 직선의 방정식은

$$y = -\frac{b}{a}x + b$$

이다.

예제 2.9

$(-1,\ 3)$을 지나고 기울기가 -2인 직선의 방정식을 구하여라.

풀이

$y - 3 = -2(x - (-1))$ 또는 $y = -2x + 1$.

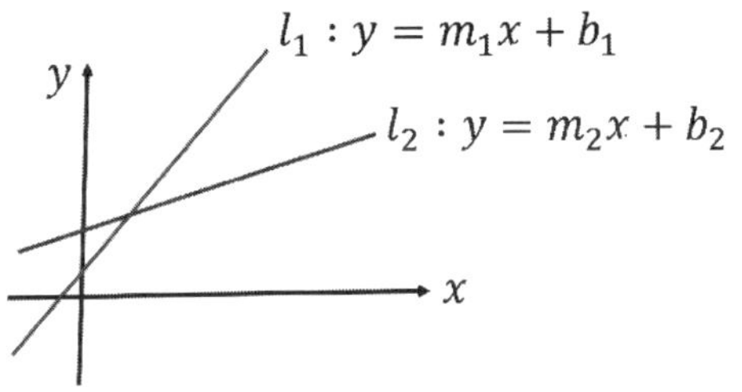

l_1과 l_2는 각각 $y = m_1x + b_1$, $y = m_2x + b_2$ 으로 주어진 평면상의 곡선이라고 하자. 여기서 두 직선이 평행일 필요충분조건은 두 직선의 기울기가 같을 때이다. 즉 $m_1 = m_2$ 이다. 그리고 두 직선이 서로 직교할 필요충분조건은 두 직선의 기울기의 곱이 -1일 때이다. 즉, $m_1m_2 = -1$ 이다.

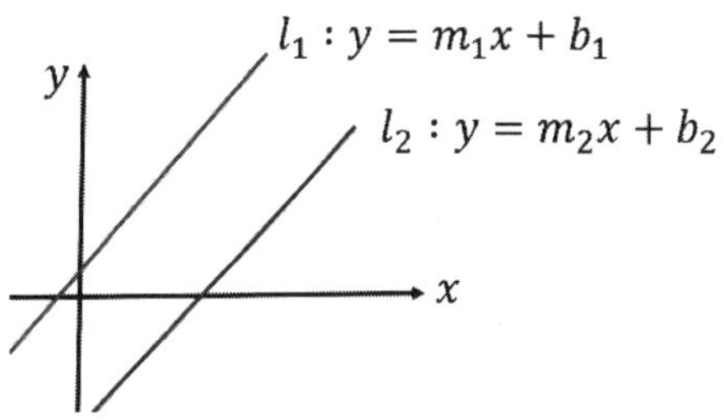

<두 직선이 평행일 조건>

직선 $l_{1,\,l_2}$ 가 서로 평행 $\Leftrightarrow m_1 = m_2$

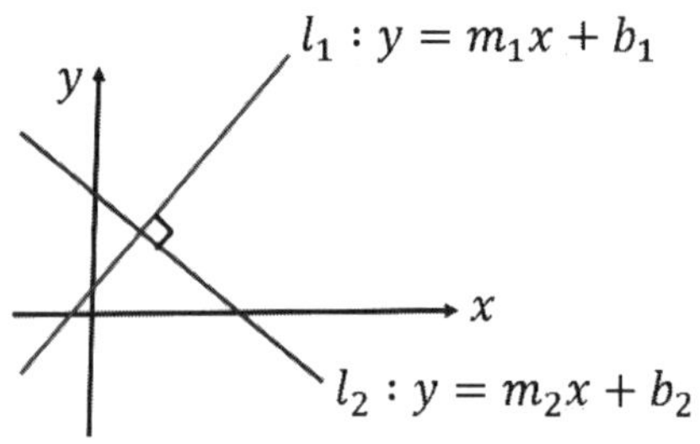

<두 직선이 수직일 조건>

직선 $l_{1,\,l_2}$ 가 서로 수직 $\Leftrightarrow m_1m_2 = -1$

예제 2.10

$(2,\ 2)$을 지나고 직선 $3x - 2y = 1$과 평행인 직선의 방정식을 구하여라.

풀이

$3x - 2y = 1$에서 기울기는 $\dfrac{3}{2}$ 이다. 따라서 구하고자 하는 직선의 식은 $y - 2 = \dfrac{3}{2}(x - 2)$ 또는 $y = \dfrac{3}{2}x - 1$이다.

예제 2.11

점 $(1,\ -1)$을 지나고 $x + 2y + 2 = 0$에 수직인 직선의 식을 구하여라.

풀이

주어진 직선의 기울기가 $-\dfrac{1}{2}$이고, 구하고자 하는 직선과 수직이므로 기울기는 2이다. 따라서 구하고자 하는 직선의 식은

$$y - (-1) = 2(x - 1)$$

이다. 즉, $y = 2x - 3$이다.

제 3 장
초등논리

3.1 명제와 결합자

정의 3.1

명제(proposition, statement)란 참이나 거짓이 명확하게 구분이 되는 식이나 문장, 다시 말해 문장이나 식이 애매하지 않고, 참인지 거짓인지를 분명하게 판별할 수 있는 문장, 참이거나 거짓이로되 동시에 양쪽은 아닌 서술문을 말한다.

예제 3.1

다음은 참인지 거짓인지를 분명하게 판별할 수 있으므로 모두 명제이다.

1. 인천은 경기도의 도시이다.
2. $2+1$은 4와 같다.
3. $\sqrt{3}$ 을 십진법으로 전개할 때 소수점 아래 100번째 자릿수는 7이다.
4. 달은 푸른 치즈로 만들어졌다.
5. 대한민국의 수도는 서울이다.
6. 물은 수소와 산소로 이루어져 있다.

예제 3.2

다음은 참, 거짓을 묻는다는 것이 무의미하므로 모두 명제가 아니다.

- 우리의 파티로 오너라.
- 하늘은 청명하다.
- 안녕하십니까?
- 이순신 장군은 세종대왕보다 훌륭하다.
- 컴퓨터의 가격은 비싸다.

명령문, 의문문, 감탄문 등은 명제가 될 수 없으며 '컴퓨터의 가격은 비싸다, 이순신 장군은 세종대왕보다 훌륭하다' 등과 같이 주관적인 판단을 포함하는 문장도 말하는 사람에 따라 다른 답변이 나올 수 있으므로 명제가 될 수 없다.

정의 3.2

논리연산을 하나도 시행하지 않은 명제를 단순명제(simple statement), 여러 개의 간단한 문장(단순명제)들을 논리 연산자(logical operator) 들과 함께 연결시켜 놓은 명제를 합성명제(복합명제 compound statement)라고 한다.

예제3.1의 명제는 논리연산을 하나도 시행하지 않은 명제이므로 모두 단순명제이다. 단순명제는 소문자 p, q, r, $\cdots$ 복합명제는 대문자 P, Q, R, $\cdots$ 등으로 표기한다. 여러 개의 단순명제들을 연결시키는 논리 연산자(logical operator)는 다음과 같다.

<논리식의 연산자(결합자)>

- 아니다 (not) : 기호 $\sim$
- 이고 (and): 기호 $\wedge$
- 또는 (or) : 기호 $\vee$

○ $\cdots$ 이면 $\cdots$ (if $\cdots$ then $\cdots$) : 기호 $\cdots \rightarrow \cdots$

○ $\cdots$ 이면 그리고 그때에만$\cdots$ ($\cdots$if and only if $\cdots$) : 기호 $\cdots \Leftrightarrow \cdots$

정의 3.3

p 가 명제일 때 명제 p 의 논리적 부정을 $\sim p$라 쓰고 'not p' 로 읽는다.

명제(proposition, statement)는 참이나 거짓이 명확하게 구분되는 식이나 문장이므로 참(T)이나 거짓(F), 둘 중 하나의 값을 가진다. 여기서 참(T)이나 거짓(F)을 진릿값(truth value)이라고 한다.

합성명제의 진릿값은 그 명제를 구성하고 있는 단순 명제들과 논리 연산자에 따라 값이 결정된다. 단순 명제들과 논리 연산자에 따라 단계적으로 나타낸 표를 진리표(truth table)라고 한다.

명제 p 의 논리적 부정 $\sim p$ 의 진리표는 다음과 같다.

$\sim p$의 진리표 (p의 부정)

p	$\sim p$
T	$\boldsymbol{F}$
F	$\boldsymbol{T}$

예제 3.3

다음 명제 p의 논리적 부정$\sim p$을 구하여라.

1. p: 이것은 수학책이다.

2. p: 3은 홀수이다.

3. p: 서울은 한국의 수도이다.

풀이

1. p가 '이것은 수학책이다' 이면 $\sim p$ 는 '이것은 수학책이 아니다.'

2. p가 '3은 홀수이다' 이면 $\sim p$ 는 '3은 홀수가 아니다.'

3. p가 '서울은 한국의 수도이다' 이면 $\sim p$ 는 '서울은 한국의 수도가 아니다'

정의 3.4

p, q가 명제일 때 $p \wedge q$ 를 p와 q의 논리곱(conjunction)이라 하고 'p and q'라고 읽는다.

$p \wedge q$의 진리표 (p와 q의 논리곱)

p	q	$p \wedge q$
T	T	$\boldsymbol{T}$
T	F	F
F	T	F
F	F	F

예제 3.4

명제 '1은 자연수이고 $2+3=5$ 이다' 는 참인가?

풀이

명제 '1은 자연수이다' 이 참인 명제이고 '명제 $2+3=5$이다' 도 참인 명제이므로 명제 '1은 자연수이고 $2+3=5$ 이다' 는 참인 명제이다.

정의 3.5

p, q가 명제일 때 $p \vee q$ 는 p와 q의 논리합(disjunction)이라고 하고 'p or q '로 읽는다.

$p \vee q$의 진리표 (p와 q의 논리곱)

p	q	$p \vee q$
T	T	$\boldsymbol{T}$
T	F	$\boldsymbol{T}$
F	T	$\boldsymbol{T}$
F	F	F

예제 3.5

p 가 '골프를 한다' 이고 q 는 '등산을 한다' 일 때 $p \vee q$를 구하여라.

풀이

$p \vee q$ 는 골프를 하거나 등산을 한다.

정의 3.6

p, q 가 명제일 때 $p \to q \equiv \sim (p \wedge \sim q)$를 p와 q사이의 조건부라 하고 'p 이면 q' 라고 읽는다. 여기서, p가 가정(전제조건), q가 결론(결과)이다.

예제 3.6

p가 '햇빛이 빛나고 있다', q가 '나는 산책을 한다' 일 때 $p \to q$를 구하여라.

풀이

$p \to q$ 는 '햇빛이 빛나고 있으면 나는 산책을 한다.'

위의 예에서 $p \to q$ 는 햇빛이 빛나고 있으면 반드시 산책을 해야 참이 된다. 햇빛이 빛나지 않는데도 산책을 한다면 그것은 모순이 아니지만 햇빛이 빛나고 있는데도 산책을 하지 않았다면 잘못한 것이다. 따라서 명제 $p \to q$ 는 p의 진릿값이 참(T)이고 q의 진릿값이 거짓(F)일 때만 거짓의 진릿값을 갖고, 그 외의 경우에는 참의 진리값을 갖는다.

$p \to q$의 진리표 (p와 q사이의 조건부)

p	q	$p \to q$
T	T	T
T	F	$\boldsymbol{F}$
F	T	T
F	F	T

정의 3.7

p, q 가 명제일 때 $p \Leftrightarrow q$ $(p \to q) \wedge (q \to p)$를 p와 q사이의 쌍조건부라고 하고 'p 이면 그리고 그때에만q' 라고 읽는다. $p \leftrightarrow q$의 진리값은 p와 q 가 같은 진리값을 가지면 참이고 다른 진리값을 가지면 거짓이 된다.

$p \leftrightarrow q$ 의 진리표 (p와 q사이의 쌍조건부)

p	q	$p \to q$	$q \to p$	$p \leftrightarrow q \equiv (p \to q) \wedge (q \to p)$
T	T	T	T	$\boldsymbol{T}$
T	F	F	T	F
F	T	T	F	F
F	F	T	T	$\boldsymbol{T}$

예제 3.7

명제 '$2 + 3 = 5 \Leftrightarrow 1 = 0$' 는 참인가?

풀이

명제 '$2 + 3 = 5$'는 참인 명제이고 '$1 = 0$'은 거짓인 명제이므로 명제 '$2 + 3 = 5 \Leftrightarrow 1 = 0$' 는 거짓인 명제이다.

3.2 항진, 함의, 동치

정의 3.8

합성명제의 진리값이 항상 T인 명제, 즉 합성명제를 구성하고 있는 단순 명제들의 진리값에 상관없이 항상 T의 진리값을 가진 명제를 항진 명제(tautology)라고 한다.

[예] $p \vee \sim p$ 는 다음과 같이 항상 T의 진리값을 가지므로 항진명제이다.

p	$\sim p$	$p \vee \sim p$
T	F	$\boldsymbol{T}$
F	T	$\boldsymbol{T}$

정의 3.9

p, q 가 명제일 때 'p는 q를 함의한다'는 것은 p와 q사이의 조건부 $p \rightarrow q$ 가 항진명제일 때를 말한다. $p \Rightarrow q$ 로 쓴다. 여기서 p 는 q 가 되기 위한 충분조건, q 는 p 가 되기 위한 필요조건이라고 한다.

예제 3.8

다음 조건문은 함의인가?

1. $p \rightarrow p$
2. $p \wedge q \rightarrow q \wedge p$
3. $p \rightarrow p \wedge p$
4. $p \wedge q \rightarrow q$

풀이

1. $p \to p$ 의 진리표가 아래와 같으므로 $p \to p$ 는 항진명제이다. 즉, p 는 p 를 함의한다.

p	p	$p \to p$
T	T	$\boldsymbol{T}$
F	F	$\boldsymbol{T}$

2. $p \wedge q \to q \wedge p$ 의 진리표가 아래와 같으므로 $p \wedge q \to q \wedge p$ 는 항진명제이다. 즉, $p \wedge q$ 는 $q \wedge p$ 를 함의한다.

p	q	$p \wedge q$	$q \wedge p$	$p \wedge q \to q \wedge p$
T	T	T	T	$\boldsymbol{T}$
T	F	F	F	$\boldsymbol{T}$
F	T	F	F	$\boldsymbol{T}$
F	F	F	F	$\boldsymbol{T}$

3. 같은 방법으로 $p \to p \wedge p$ 는 항진명제이다. 즉, p 는 $p \wedge p$ 를 함의한다.

4. 같은 방법으로 $p \wedge q \to q$ 는 항진명제이다. 즉, $p \wedge q$ 는 q 를 함의한다.

정의 3.10

p, q 가 명제일 때 p 와 q 가 동치라고 하는 것은 p와 q사이의 쌍조건부 $p \Leftrightarrow q$ 가 항진 명제일 때를 말한다. 여기서, $p \Leftrightarrow q$ 또는 $p \equiv q$로 쓰고, p는 q가 되기 위한 필요충분조건이라고 한다.

예제 3.9

1. x, y 가 유리수인 것은 $x + y$ 가 유리수이기 위한 충분조건이다.

2. α, β가 실수일 때 $\alpha\beta = 0$은 $|\alpha - \beta| = |\alpha + \beta|$ 가 되기 위한 필요충분조

건이다.

증명

1. $x,\ y$ 가 유리수이면 $x+y$ 도 유리수이다.

   ($\because$) $x,\ y$ 가 유리수이므로

   $$x=\frac{a}{b},\ y=\frac{c}{d}\ (a,\ b,\ c,\ d:\ \text{는 정수, 단, } b\neq 0,\ d\neq 0)$$

   라 둘 수 있다.

   $x+y=\frac{a}{b}+\frac{c}{d}=\frac{ad+bc}{bd}$ 이고 $a,\ b,\ c,\ d$가 정수이므로 $ad+bc,\ bd$ 가 정수이며 $b\neq 0,\ d\neq 0$ 이므로 $bd\neq 0$ 이다. 그러므로 $x+y$ 도 유리수이다. 따라서 '$x,\ y$ 가 유리수이면 $x+y$ 도 유리수이다'는 참인 명제이다. 그러나 $x+y$ 가 유리수라고 해서 $x,\ y$ 가 유리수라고 할 수 없다. 예를 들면 $x=\sqrt{2},\ y=-\sqrt{2}$라 하면 $x+y=0$이므로 $x+y$가 유리수이다. 그러나 $x=\sqrt{2},\ y=-\sqrt{2}$ 모두 유리수가 아니다. '$x,\ y$ 가 유리수이면 $x+y$ 도 유리수이다'인 명제만 참이므로 $x,\ y$ 가 유리수인 것은 $x+y$ 가 유리수이기 위한 충분조건이다.

2. $\alpha,\ \beta$ 가 실수일 때 $\alpha\beta=0$은 $|\alpha-\beta|=|\alpha+\beta|$ 가 되기 위한 필요충분조건이다.

   ($\because$) $\alpha,\ \beta$ 가 실수일 때 $\alpha\beta=0$이라고 하자. 그러면 $\alpha=0$ 이거나 $\beta=0$ 이다. $\alpha=0$이면 $|\alpha-\beta|=|-\beta|=|\beta|=|\alpha+\beta|$ 이다. $\beta=0$이면 $|\alpha-\beta|=|\alpha|=|\alpha+\beta|$ 이다.

   그러므로 '$\alpha\beta=0$ 이면 $|\alpha-\beta|=|\alpha+\beta|$ 이다'는 참인 명제이다. 그리고 $|\alpha-\beta|=|\alpha+\beta|$라고 하자. 양변을 제곱하면

   $$(\alpha-\beta)^2=|\alpha-\beta|^2=|\alpha+\beta|^2=(\alpha+\beta)^2$$

이다. 전개하면

$$\alpha^2 - 2\alpha\beta + \beta^2 = \alpha^2 + 2\alpha\beta + \beta^2.$$

정리하면 $4\alpha\beta = 0$. 그러므로 $\alpha\beta = 0$ 이다. 따라서 '$|\alpha - \beta| = |\alpha + \beta|$ 이면 $\alpha\beta = 0$ 이다' 도 참인 명제이다. 그러므로 α, β가 실수일 때 $\alpha\beta = 0$ 은 $|\alpha - \beta| = |\alpha + \beta|$ 가 되기 위한 필요충분조건이다.

예제 3.10

명제 p와 q가 아래와 같이 주어졌을 때 p는 q가 되기 위한 어떤 조건인가?

1. $p : x^2 = 4$, $\quad q : |x| = 2$
2. $p : x$는 양수, $\quad q : |x|$는 양수
3. $p : x^2 - 3x + 2 \leq 0$, $\quad q : |x| \leq 2$
4. $p : x^2 - 3x + 2 = 0$, $\quad q : x = 2$

풀이

1. '$x^2 = 4 \Leftrightarrow |x| = 2$' 이므로 p 와 q 는 동치이다.

   즉, p와 q는 서로 필요충분조건이다.

2. x가 양수이면 $|x|$도 양수이지만 $|x|$이 양수라고 해서 x가 양수인 것은 아니다. 그러므로 $p \to q$ 만 항진명제이다. 따라서 p는 q가 되기 위한 충분조건, 혹은 q는 p가 되기 위한 필요조건이다.

3. '$x^2 - 3x + 2 \leq 0 \Leftrightarrow 1 \leq x \leq 2$' 이고 '$|x| \leq 2 \Leftrightarrow -2 \leq x \leq 2$' 이므로 $p \to q$가 항진명제이다. 따라서 p는 q가 되기 위한 충분조건, q는 p가 되기 위한 필요조건이다.

4. '$x^2 - 3x + 2 = 0 \Leftrightarrow x = 1$ 또는 2 '이므로 $q \to p$가 항진명제이다.

따라서 p는 q가 되기 위한 필요조건, q는 p 가 되기 위한 충분조건이다.

정의 3.11

p, q 가 명제일 때

1. $p \to q$ 의 역명제는 $q \to p$,

2. $p \to q$ 의 이명제는 $\sim p \to \sim q$,

3. $p \to q$ 의 대우명제는 $\sim q \to \sim p$.

조건명제의 역(converse)과 이(inverse) 그리고 대우명제(contraposition)의 진리표

p	q	$p \to q$	$q \to p$	$\sim p$	$\sim q$	$\sim p \to \sim q$	$\sim q \to \sim p$
T	T	T	T	F	F	T	T
T	F	F	T	F	T	T	F
F	T	T	F	T	F	F	T
F	F	T	T	T	T	T	T

[**NOTE**]

- 조건명제와 조건명제의 역명제는 논리적으로 동치가 아니다.
- 조건명제와 조건명제의 이명제는 논리적으로 동치가 아니다.
- 조건명제의 역명제와 이명제는 서로 논리적으로 동치이다.
- 조건명제와 조건명제의 대우명제는 서로 논리적으로 동치이다.

앞서 살펴본 바와 같이 조건명제와 조건명제의 대우명제는 서로 논리적으로 동치이다. 그러나 주어진 명제를 대우명제로 고쳤을 때 이상해지는 경우가 있다.

예제 3.11

다음은 대우명제로 고쳤을 때 이상해지는 예이다.

1. 엄마가 아들에게 '야단맞지 않으면 공부를 하지 않는다'의 대우명제는 '공부를 하면 야단맞는다.'
2. '배가 고프면 밥을 먹는다'의 대우명제는 '밥을 먹지 않으면 배는 고프지 않다.'
3. '불이 나면 소방대원이 온다'의 대우명제는 '소방대원이 오지 않으면 불이 나지 않는다.'
4. '출석을 하지 않으면 학점을 주지 않는다'의 대우명제는 '학점을 주면 출석을 한다.'

그러면 왜 이런 상황이 발생할까? 그것은 명제를 구성하는 $p \to q$는 시간적 순서를 가지고 있지 않기 때문이다. 시간의 순서를 고려하여 올바른 대우명제를 생각하면 '~하고 있지 않다면 ~하지 않았기 때문이다'와 같이 해야 한다.

예를 들어 1의 '야단맞지 않으면 공부를 하지 않는다'의 대우명제는 '공부를 하고 있다면 야단맞았기 때문이다', 2의 '배가 고프면 밥을 먹는다'의 대우명제는 '밥을 먹지 않고 있다면 배가 고프지 않기 때문이다'가 되어야 한다.

다음을 논리적으로 풀어보아라.

예제 3.12

어느 날 신분이 높은 귀부인이 살해되었다. 해당 사건을 담당한 경시청의 경감은 세 명의 용의자를 염두에 두고 있었다. 정원사와 하녀 그리고 요리사가 그 주인공들이었다. 경감의 머릿속에는 네 가지 생각이 떠올랐는데 그중 단 한 개만이 진실이었다. 범인은 누구일까?

1. 범인은 정원사이다.

2. 요리사는 분명 범인이 아니다.

3. 하녀가 범인이다.

4. 하녀는 범인이 아니다.

풀이

$p \vee \sim p$ 는 항상 T의 진리값을 가지므로 항진명제이다. 그러므로 3과 4 둘 중 하나는 반드시 참이어야 한다. 만약 3이 참이라면 하녀는 범인이다. 1에서 4까지 단 하나만이 진실이므로 1, 2, 4 모두 거짓이 된다. 2가 거짓이므로 요리사가 범인이 된다. 그러나 범인은 한 명뿐이므로 3은 거짓이 된다.

따라서 4가 참이 되고 1에서 4까지 진실인 명제는 하나밖에 없으므로 1, 2, 3 모두 거짓이 된다. 즉, 1에서 범인은 정원사가 아니다. 2에서 요리사는 분명 범인이다. 3에서 하녀는 범인이 아니다. 따라서 요리사가 범인이 된다.

제 4 장
집합

4.1 집합의 개념

정의 4.1

집합(set)은 수학적인 성질을 가지는 객체(object, element)들의 모임, 우리의 직관 또는 사고의 대상으로서 서로 뚜렷이 구분되는 원소 전체인 하나의 모임을 뜻한다.

예제 4.1

다음은 모두 집합이다.

- 동의대학교 자연과학대학 강의실 의자의 모임
- 동의대학교 경영학과 학생들의 모임
- 문자 a, b, c, d 의 모임
- 철수의 기숙사 규칙의 모임
- 제곱하면 2가 되는 유리수의 모임
- 자연수의 모임
- 0과 1 사이 실수의 모임

예제 4.2

다음 중 집합과 집합이 아닌 것을 구분하여라.

1. 2012년도에 우리나라에서 핵 안보정상회의가 열렸다. 이때, 핵 안보정상회의에 참석한 국가의 모임
2. 2024년도 2월 1일 KOSDAQ에 상장되어있는 기업의 주식 중에 우량주의 모임
3. 2022년 베이징 동계올림픽 금메달리스트의 모임
4. 2024년도 1학기 동의대학교 기초수학 수강생의 모임

풀이

위의 보기 중에서 1, 3, 4는 객관적으로 정의 할 수 있어서 누가 이 집합을 구성하더라도 집합을 구성하는 원소가 같다. 그러므로 1, 3, 4는 모두 집합이다. 그러나 2의 우량주는 우량주를 고르는 사람의 우량주 판단 기준에 따라 집합의 원소가 달라질 수 있어서 집합이라고 할 수 없다.

[NOTE]

- $\{1, 2, 3\}$, $\{2, 1, 3\}$, $\{2, 2, 1, 1, 3\}$은 같은 원소를 가지기 때문에 모두 같은 집합이다. 즉 집합의 원소가 반복되든, 순서가 다르든 관계없이 원소가 같은 집합은 모두 동일한 집합이다.
- $\{1\}$은 오직 하나의 원소 '1'를 가지는 집합이고 '1'은 집합 $\{1\}$의 원소이다. 즉, $\{1\} \neq 1$ 이다.
- 집합은 그들 자신이 다른 집합의 원소일 수도 있다. 예를 들면 $\{1, \{1\}\}$은 1과 $\{1\}$ 이라는 두 개의 원소를 갖는다.
- 때때로 집합은 그것보다 더 많은 원소를 가지는 것처럼 보인다. 예를 들면 음이 아닌 정수 n에 대해 $U_n = \{-n, n\}$라고 하면 모든 자연수 n에 대해

$U_n = \{-n, n\}$은 두 개의 원소를 가지지만 $U_0 = \{-0, 0\} = \{0\}$은 한 개의 원소를 가진다.

정의 4.2

A, B 을 주어진 집합이라고 하자.

- A 가 B 의 부분집합 (subset)이다. (표기 $A \subset B$)

  ⇔ A 의 모든 원소가 B 의 원소이다. A는 B 에 포함된다,

  혹은 B는 A를 포함한다.

- $A \not\subset B$: A가 B 의 부분집합이 아니다.

  ⇔ B 의 원소가 아니면서 A의 원소인 원소가 적어도 하나 존재한다.

- A가 B 의 진부분집합 (a proper subset)

  ⇔ A의 모든 원소가 B에 속하지만, A 에 속하지 않는 B 의 원소가 적어도 하나 존재한다.

- A 와 B 는 상등이다 (표기 $A = B$).

  ⇔ A의 모든 원소가 B에 속하고 B의 모든 원소도 A 에 속한다.

  즉, $A = B$일 필요충분조건은 $A \subset B$ 이고 $B \subset A$이다.

  집합 A 와 B 을 평면에서 구역으로 나타낸다면 A와 B 사이의 관계를 벤다이어그램으로 나타낼 수 있다. 원소가 하나도 없는 집합을 공집합이라 하고 $\varnothing$이라고 표기한다.

정리 4.1

공집합 $\varnothing$은 임의의 집합 A 의 부분집합이다.

증명

$\varnothing \subset A$는 '임의의 x에 대해 $x \in \varnothing$이면 $x \in A$ 이다'의 의미이다. 그런데 $x \in \varnothing$가 거짓이므로 명제 '$x \in \varnothing$이면 $x \in A$이다'는 항상 참이다. 따라서 $\varnothing \subset A$이다.

예제 4.3

집합 $A = \{1,\ a,\ -2\}$의 부분집합을 모두 나열하여라.

풀이

$$\varnothing,\ \{1\},\ \{a\},\ \{-2\},\ \{1,\ a\},\ \{1,\ -2\},\ \{a,\ -2\},\ \{1,\ a,\ -2\}.$$

실제로 주어진 집합의 모든 부분집합을 원소로 가지는 집합을 멱집합이라고 한다. 어떤 집합 A에 대한 멱집합은 $P(A)$로 나타낸다. 집합 A의 원소의 개수가 n이면 멱집합 $P(A)$의 원소의 개수는 2^n개이다.

4.2 집합의 규정

정의 4.3

임의의 집합 A와 명제함수 $p(x)$에 대해 $\{x \in A \mid p(x)\}$은 A의 원소로서 명제함수 $p(x)$가 참인 것으로만 이루어진 집합을 뜻한다. 이와 같은 꼴의 표기를 집합의 조건제시법이라 한다. 여기서, N을 모든 자연수의 집합, Z를 모든 정수의 집합, Q를 모든 유리수의 집합 그리고 R을 모든 실수의 집합으로 표기한다.

예제 4.4

모든 실수의 집합 R에 대해 다음이 성립한다.

1. $A = \{x \in R|$ 일차방정식 $x = x + 1$의 해$\} = \varnothing$

2. $B = \{x \in R|$ 이차방정식 $2x^2 - 5x - 3 = 0$ 의 해$\} = \left\{-\frac{1}{2}, 3\right\}$

3. $C = \{x \in R|$ 이차방정식 $x^2 + 1 = 0$ 의 해$\} = \varnothing$

풀이

1. $A = \{x \in R|$ 일차방정식 $x = x + 1$의 해$\} \neq \varnothing$ 이라고 가정하자. 그러면 적어도 하나의 원소 $y \in A$가 존재한다. $y \in A$이므로 $y = y + 1$ 이다. $1 = 0$이 되므로 이것은 모순이다.

   따라서 $\{x \in R|$ 일차방정식 $x = x + 1$ 의 해$\} = \varnothing$ 이다.

2. $y \in B$이라고 하면 $2y^2 - 5y - 3 = 0$을 만족한다.
   $2y^2 - 5y - 3 = (2y + 1)(y - 3) = 0$ 이므로 $y = -\frac{1}{2}$ 또는 $y = 3$이다.
   또한 $y = -\frac{1}{2}$ 또는 $y = 3$이면 $2y^2 - 5y - 3 = 0$을 만족하므로 $y \in B$이다.
   따라서 $\{x \in R|$ 이차방정식 $2x^2 - 5x - 3 = 0$ 의 해$\} = \left\{-\frac{1}{2}, 3\right\}$ 이다.

3. $C = \{x \in R|$ 이차방정식 $x^2 + 1 = 0$ 의 해$\} \neq \varnothing$ 이라고 가정하자. 그러면 적어도 하나의 원소 $y \in C$가 존재한다. $y \in C$이므로 $y^2 + 1 = 0$ 이다. $y^2 = -1 < 0$이 되므로 이것은 모순이다. 실제로 임의의 실수 $x \in R$ 에 대해 $x^2 \geq 0$ 이므로 임의의 실수 $x \in R$ 에 대해 $x^2 + 1 > 0$이다.

   따라서 $\{x \in R|$ 이차방정식 $x^2 + 1 = 0$ 의 해$\} = \varnothing$ 이다.

실수에서의 구간은 다음과 같이 정의한다.

정의 4.4

실수 $a,\ b \in R$ 에 대해 $a < b$ 라 하자.

- $(a,\ b) = \{x \in R \mid a < x < b\}$: a 와 b 에 의해 결정되는 개구간
- $(a,\ b] = \{x \in R \mid a < x \leq b\}$: a 와 b 에 의해 결정되는 반개구간
- $[a,\ b) = \{x \in R \mid a \leq x < b\}$: a 와 b 에 의해 결정되는 반개구간
- $[a,\ b] = \{x \in R \mid a \leq x \leq b\}$: a 와 b 에 의해 결정되는 폐구간
- $(a,\ \infty) = \{x \in R \mid x > a\}$: a 에 의해 결정되는 무한 개구간
- $(-\infty,\ b) = \{x \in R \mid x < b\}$: b 에 의해 결정되는 무한 개구간
- $(-\infty,\ \infty) = R$

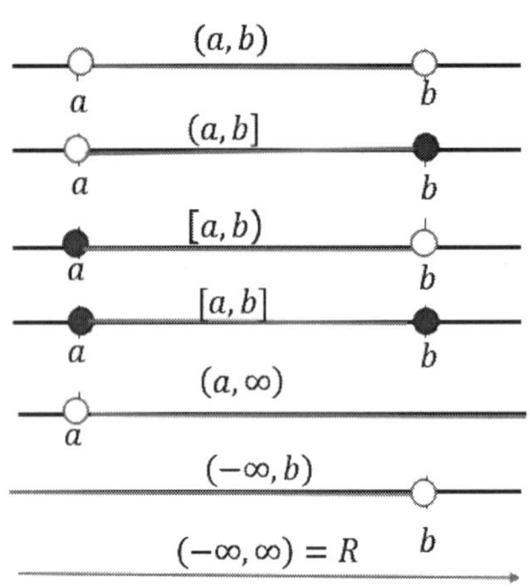

4.3 집합의 연산

정의 4.5

임의의 집합 A, B와 전체집합 U에 대해

- $A \cup B = \{x \mid x \in A \text{ or } x \in B\}$을 A와 B의 합집합,
- $A \cap B = \{x \mid x \in A \text{ and } x \in B\}$을 A와 B의 교집합이라고 정의한다.

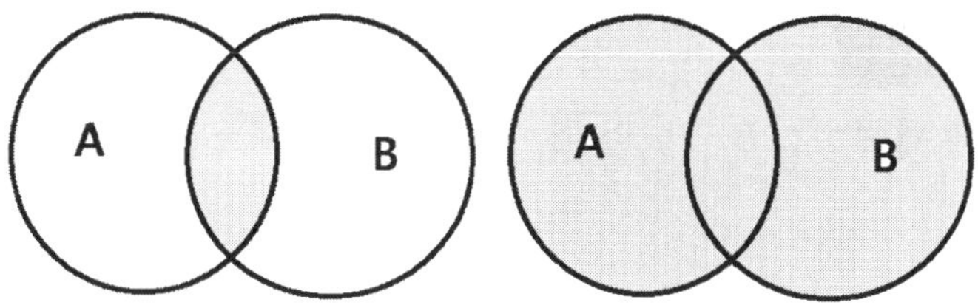

$A \cap B$ $A \cup B$

예제 4.5

$A = \{a, c, e, g\}$, $B = \{d, e, f, g\}$일 때 다음을 구하여라.

1. $A \cup B$
2. $A \cap B$

풀이

1. $A \cup B = \{a, c, d, e, f, g\}$
2. $A \cap B = \{e, g\}$

예제 4.6

R : 실수 전체집합 $A = \{x \in R \mid -1 < x \leq 0\}$, $B = \{x \in R \mid 0 \leq x < 1\}$일 때, 다음을 구하여라.

1. $A \cup B$
2. $A \cap B$

풀이

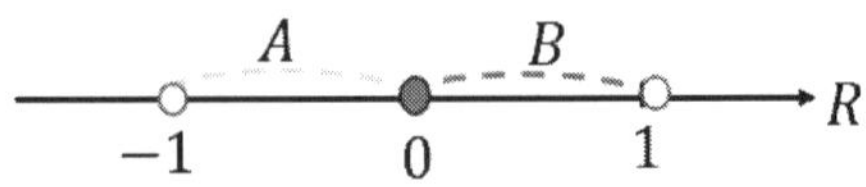

그림에서 보는 바와 같이 $A \cup B = \{x \in R \mid -1 < x < 1\}$이고 $A \cap B = \{0\}$이다.

정의 4.6

집합 A, B에 대해 $A \cap B = \varnothing$일 때, A와 B가 서로소(disjoint)라고 한다.

[예]

$A = \{1, 3, 5\}$, $B = \{2, 4, 6\}$이면 A와 B은 서로소이다.

예제 4.7

두 집합 A, B에 대해 $A \cap B$와 $A \cup B$를 각각 구하여라.

1. $A = \{1, 2, 3, 4, 5\}$, $B = \{x \mid x \in Z, |x| \geq 4\}$.
2. $A = \{x \mid x = 2k, k \in Z\}$, $B = \{x \mid x = 2k+1, k \in Z\}$

풀이

1. $A = \{1, 2, 3, 4, 5\}$, $B = \{x \mid x \in Z, |x| \geq 4\}$
   이면 $A \cap B = \{4, 5\}$, $A \cup B = \{x \mid x \in Z, x \neq -3, -2, -1, 0\}$이다.
2. $A = \{x \mid x = 2k, k \in Z\}$, $B = \{x \mid x = 2k+1, k \in Z\}$ 이면 홀수이면서 동시에 짝수인 정수는 없으므로 $A \cap B = \varnothing$이고 $A \cup B = Z$ 이다.

<집합이 같음을 증명하기 위한 기본적인 방법>

주어진 집합 X, Y에 대해 $X = Y$를 증명하기 위해서는 $X \subset Y$를 증명하고 $Y \subset X$

를 증명하면 된다.

정리 4.2

A, B, C : 집합 X 의 부분집합

1. $A \cup B = B \cup A,\ A \cap B = B \cap A$: 교환법칙

2. $(A \cup B) \cup C = A \cup (B \cup C),\ (A \cap B) \cap C = A \cap (B \cap C)$:결합법칙

3. $A \cup (B \cap C) = (A \cup B) \cap (A \cup C),\ A \cap (B \cup C) = (A \cap B) \cup (A \cap C)$: 분배법칙

4. $A \cup \varnothing = A,\ A \cap U = A$: 항등법칙

5. $A \cup A = A,\ A \cap A = A$: 멱등법칙

증명

3. $x \in A \cup (B \cap C)$ 이면 합집합의 정의에 의해

$$x \in A \text{ 이거나 } x \in (B \cap C)$$

이다. 먼저 $x \in A$ 이면 $x \in A \cup B$ 이고 $x \in A \cup C$ 이다. 따라서

$$x \in (A \cup B) \cap (A \cup C)$$

이다. $x \in B \cap C$ 이면 $x \in B$ 이고 $x \in C$ 이다. 따라서

$$x \in A \cup B \text{ 이고 } x \in A \cup C$$

이다. $x \in (A \cup B) \cap (A \cup C)$ 이므로

$$A \cup (B \cap C) \subset (A \cup B) \cap (A \cup C) \cdots \text{ (a)}$$

같은 방법으로 $x \in (A \cup B) \cap (A \cup C)$ 이면 교집합의 정의에 의해 $x \in (A \cup B)$ 이고 $x \in (A \cup C)$ 이다. $x \in A$이면 $x \in A \cup (B \cap C)$ 이다. $x \notin A$ 이면 $x \in B$

이고 $x \in C$ 이다. 따라서 $x \in B \cap C$. 그러므로 $x \in A \cup (B \cap C)$ 이다. 따라서

$$(A \cup B) \cap (A \cup C) \subset A \cup (B \cap C) \text{ 이다. } \cdots (b)$$

(a), (b)에 의해 $A \cup (B \cap C) = (A \cup B) \cap (A \cup C)$.

정의 4.7

U를 전체집합, A, B를 U의 부분집합이라고 하자.

- $A - B = \{x \mid x \in A \text{ 이고 } x \notin B\}$ 을 A와 B의 차집합,
- $A^c = \{x \in U \mid x \notin A\}$ 을 A 의 여집합으로 정의한다.

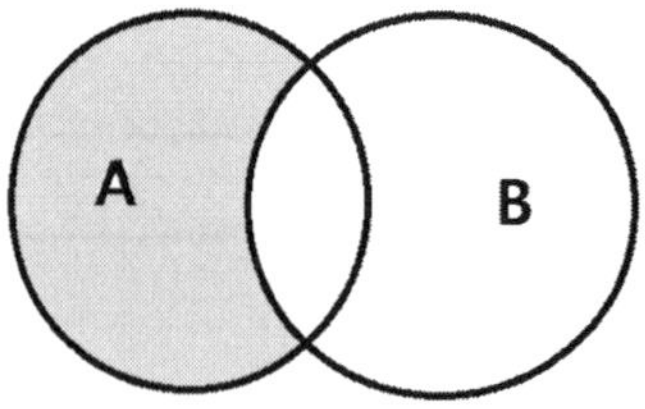

$A - B$

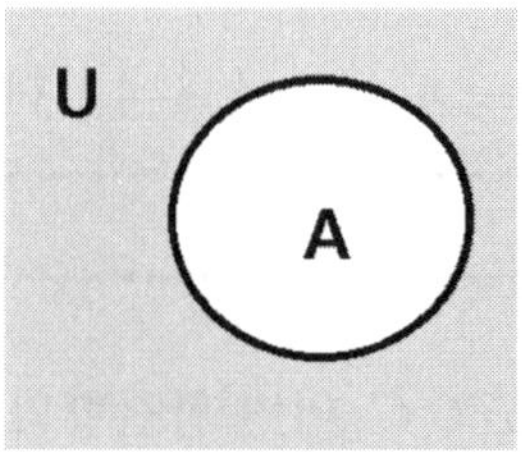

A^c

예제 4.8

$A = \{a, b, c, d, e, f\}$, $B = \{d, e, f\}$일 때 $A - B$ 를 구하여라.

풀이

$A - B = \{a, b, c\}$,

예제 4.9

$U = \{1, 2, 3, 4, 5, 6, 7, 8, 9, 10\}$, $A = \{1, 2, 3, 4, 5\}$, $B = \{1, 3, 5, 7, 9\}$, $C = \{2, 4, 6, 8, 10\}$ 일 때 다음을 구하여라.

1. $A^c \cup B^c$
2. $B^c \cup B$
3. $C \cup B^c$

풀이

1. $A^c \cup B^c = \{6,\ 7,\ 8,\ 9,\ 10\} \cup \{2,\ 4,\ 6,\ 8,\ 10\} = \{2,\ 4,\ 6,\ 7,\ 8,\ 9,\ 10\}$

2. $B^c \cup B = \{2,4,6,8,10\} \cup \{1,3,5,7,9\} = \{1,2,3,4,5,6,7,8,9,10\} = U$

3. $C \cup B^c = \{2,\ 4,\ 6,\ 8,\ 10\} \cup \{2,\ 4,\ 6,\ 8,\ 10\} = \{2,\ 4,\ 6,\ 8,\ 10\}$.

예제 4.10

$A = \{x \in R \mid -1 < x \leq 0\}$ 일 때 A^c을 구하여라.

풀이

$A = \{x \in R \mid -1 < x \leq 0\}$을 수직선상에 나타내면 아래와 같다.

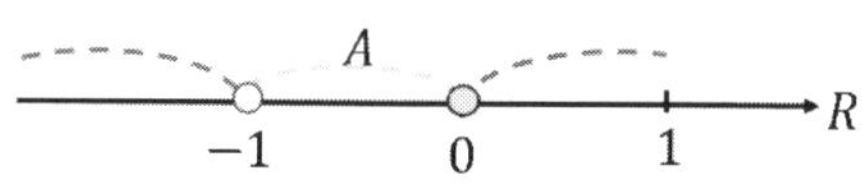

따라서 $A^c = \{x \in R \mid x \leq -1$ 또는 $x > 0\}$이 된다.

[NOTE]

집합 $A,\ B$에 대해 $A - B = A \cap B^c$가 성립한다.

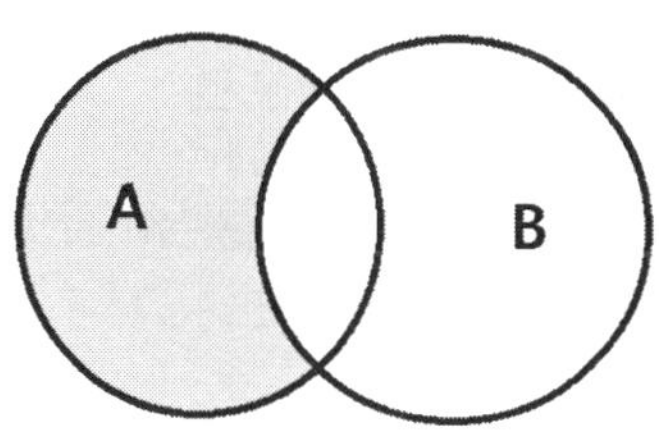

실제로 $$\begin{aligned} A - B &= \{x \mid x \in A \text{ 이고 } x \notin B\} \\ &= \{x \mid x \in A \text{ 이고 } x \in B^c\} \\ &= A \cap B^c \end{aligned}$$

정리 4.3 드모르간 법칙

A, B가 임의의 집합일 때 다음이 성립한다.

$$(A \cup B)^c = A^c \cap B^c,\ (A \cap B)^c = A^c \cup B^c$$

증명

(a) $x \in (A \cup B)^c$ 이면

$$x \notin A \cup B$$

이다. 따라서 $x \notin A$ 이고 $x \notin B$ 이므로

$$x \in A^c \cap B^c$$

이다. 즉, 임의의 x에 대해 $x \in (A \cup B)^c$ 이면

$$x \in A^c \cap B^c$$

이므로

$$(A \cup B)^c \subset A^c \cap B^c$$

가 성립한다.

(b) $x \in A^c \cap B^c$ 이면

$$x \in A^c \text{ 이고 } x \in B^c$$

이다. 따라서 $x \notin A$ 이고 $x \notin B$ 이므로

$$x \notin A \cup B$$

이다. 그러므로

$$x \in (A \cup B)^c$$

즉, 임의의 x에 대해 $x \in A^c \cap B^c$ 이면

$$x \in (A \cup B)^c$$

이므로

$$A^c \cap B^c \subset (A \cup B)^c$$

이다.

(a), (b)에 의해 $(A \cup B)^c = A^c \cap B^c$ 가 성립한다. 유한집합 A에 대해 A의 원소의 개수를 $n(A)$로 표기한다.

[**NOTE**]

A, B, C 가 유한집합일 때 다음이 성립한다.

1. $n(A \cup B) = n(A) + n(B) - n(A \cap B)$

2. $n(A \cup B \cup C) = n(A) + n(B) + n(C) - n(A \cap B) - n(A \cap C) - n(B \cap C) + n(A \cap B \cap C)$

예제 4.11

500명의 2학년 학생들을 대상으로 이번 학기 금융시장의 이해와 경영통계학 과목의 수강 신청 현황을 조사해 보니 금융시장의 이해를 신청한 학생의 수가 270명, 경영통계학을 신청한 학생의 수가 245명이었다. 두 과목 중 어느 것도 신청하지 않은 학생의 수는 18명이었다.

1. 금융시장의 이해와 경영통계학 중 적어도 하나를 신청한 학생은 몇 명인가?
2. 금융시장의 이해와 경영통계학 두 과목 모두를 신청한 학생은 몇 명인가?
3. 경영통계학만을 신청한 학생은 몇 명인가?

풀이

U를 전체집합, A를 금융시장의 이해를 신청한 학생들의 집합, 그리고 B를

경영통계학을 신청한 학생들의 집합이라고 하면

$$n(U) = 500, n(A) = 270, n(B) = 245, n(A^c \cap B^c) = 18$$

가 된다.

1. 금융시장의 이해와 경영통계학 중 적어도 한 과목을 신청한 학생의 수는 $n(A \cup B)$이다.

   $$n(A \cup B) = n(U) - n(A^c \cap B^c) = 500 - 18 = 482$$

2. 금융시장의 이해와 경영통계학 두 과목 모두를 신청한 학생의 수는 $n(A \cap B)$이다.

   $$n(A \cup B) = n(A) + n(B) - n(A \cap B)$$

   이므로

   $$n(A \cap B) = n(A) + n(B) - n(A \cup B) = 270 + 245 - 482 = 33$$

   이다.

3. 경영통계학만을 신청한 학생의 수는 $n(A^c \cap B)$이다.

   $$n(A^c \cap B) = n(B - A) = n(B) - n(A \cap B) = 245 - 33 = 212$$

예제 4.12

100명의 신입사원을 대상으로 두 종류의 노트북 백팩 S, M을 구입한 경험을 조사해 보았더니 각각 53명, 67명이었다. 두 종류의 노트북 백팩을 모두 구입해 본 신입사원은 최소 몇 명인가?

풀이

100명의 신입사원의 전체집합을 U, 두 종류의 노트북 백팩 S, M을 구입해 본 경험이 있는 신입사원의 집합을 각각 A, B라 하면

$$n(U) = 100, n(A) = 53, n(B) = 67$$

이다. 여기서 $n(A \cup B) \leq n(U)$ 이므로

$$n(A) + n(B) - n(A \cap B) \leq n(U)$$

이다. 따라서

$$n(A \cap B) \geq 20$$

이다. 즉, 두 종류의 노트북 백팩 S, M을 모두 구입해 본 신입사원은 최소 20명이다.

예제 4.13

A 대학 병원에서는 암 원인을 알기 위해 암 환자의 생활 습관과 집안 내력에 대한 자료를 수집하였다. 이 자료에 따르면 암의 주요 원인으로는 흡연, 음주, 나이와 같은 세 가지였다. 30,000명의 암 환자 중 15,500명이 흡연경력이 있고, 14,500명이 음주경력이 있으며, 11,000명이 45세 이상이었다. 흡연과 음주를 동시에 했던 환자는 7,000명, 45세 이상인 흡연자는 5,000명, 45세 이상인 음주자는 3,000명이고, 45세 이상이며 흡연, 음주자는 2,500명이었다. 위의 세 가지 요인에 전혀 해당되지 않는 사람의 수는 얼마인가?

풀이

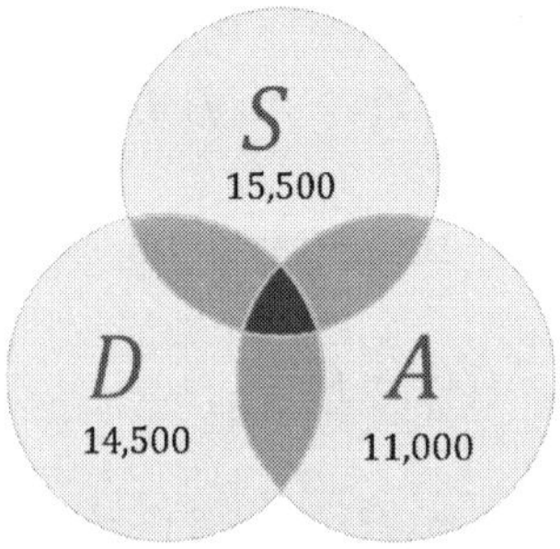

암 환자 수는 $n(U) = 30,000$, 흡연경력이 있는 사람의 수는 $n(S) = 15,500$, 음주 경력이 있는 사람의 수는 $n(D) = 14,500$ 이고 45세 이상의 사람 수는 $n(A) = 11,000$이다. 그리고 가정에 의해

$$n(S \cap D) = 7,000, n(S \cap A) = 5,000, n(D \cap A) = 3,000$$

그리고

$$n(S \cap D \cap A) = 2,500$$

이다. 그러므로

$$\begin{aligned} n(S \cup D \cup A) &= n(S) + n(D) + n(A) - n(S \cap D) - n(S \cap A) - n(D \cap A) + n(S \cap D \cap A \\ &= 15,500 + 14,500 + 11,000 - 7,000 - 5,000 - 3,000 + 2,500 \\ &= 28,500 \end{aligned}$$

따라서 위의 세 가지 요인에 전혀 해당되지 않는 사람의 수는

$$n(S \cup D \cup A)^c = n(U) - n(S \cup D \cup A) = 30,000 - 28,500 = 1,500 \text{ 명}$$

이 된다.

예제 4.14

지난해 100명으로 구성된 어느 단체의 스포츠 관전 습성을 조사한 결과 그들 중에서 체조와 야구 그리고 축구를 관람한 사람은 각각 31명, 40명 그리고 44명이었다. 한편 체조와 야구를 관람한 사람은 14명, 야구와 축구를 관람한 사람은 17명, 그리고 축구와 체조를 관람한 사람은 15명이었으며 세 개의 스포츠를 모두 관람한 사람은 8명이었다. 세 개의 스포츠 중 어느 것도 관람하지 않은 사람의 수를 구하여라.

풀이

예제4.13과 같은 방법을 적용하면 쉽게 얻어진다.

4.4 두 집합의 데카르트 곱

정의 4.8

집합 A, B 에 대해 A와 B의 카테시안적(Cartesian products)는

$$A \times B = \{(a,\ b) \mid a \in A,\ b \in B\}$$

로 정의한다.

예제 4.15

다음 집합 A, B 에 대해 $A \times B$ 를 구하여라.

1. $A = \{1,\ 2,\ 3\}$, $B = \{4,\ 5\}$
2. $A = \{a,\ b\}$, $B = \{1,\ -5,\ 10\}$
3. $A = \{x \in R \mid 1 \leq x \leq 2\}$, $B = \{x \in R \mid 1 \leq x \leq 3\}$

풀이

1. $A \times B = \{(1,\ 4),\ (1,\ 5),\ (2,\ 4),\ (2,\ 5),\ (3,\ 4),\ (3,\ 5)\}$

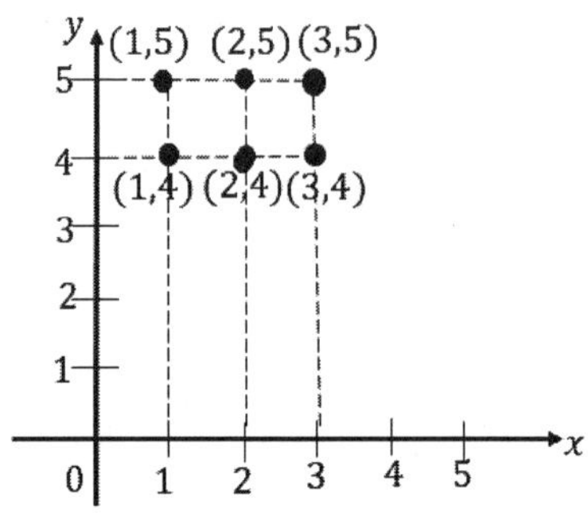

$A \times B = \{(1,4),(1,5),(2,4),(2,5),(3,4),(3,5)\}$

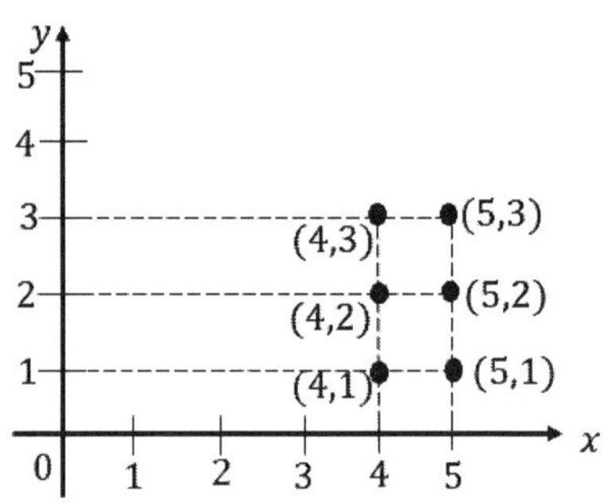

$B \times A = \{(4,1),(4,2),(4,3),(5,1),(5,2),(5,3)\}$

2. $A \times B = \{(a,\ 1),\ (a,\ -5),\ (a, : 10),\ (b,\ 1),\ (b,\ -5),\ (b,\ 10)\}$

3. $A \times B = \{(x,\ y) \mid 1 \le x \le 2,\ 1 \le y \le 3\}$

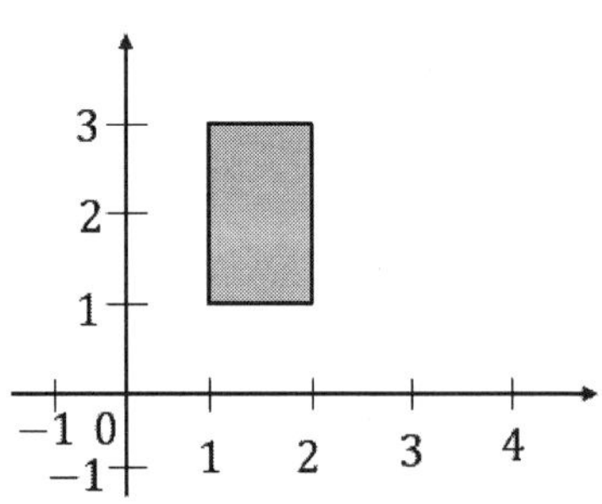

$A \times B = \{(x,\ y) \mid 1 \le x \le 2,\ 1 \le y \le 3\}$

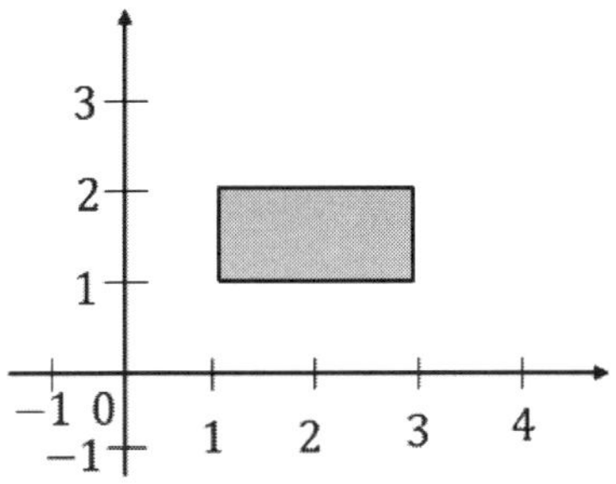

$B \times A = \{(x,\ y) \mid 1 \le x \le 3,\ 1 \le y \le 2\}$

예제 4.16

$X = \{2,\ -3\}$, $Y = \{1,\ 4,\ 6\}$일 때 다음을 구하여라.

1. $A = \{(x,\ y) \in X \times Y \mid x + y = 3\}$
2. $B = \left\{(x,\ y) \in X \times Y \mid x^2 + y^2 \le 9\right\}$

풀이

$X \times Y = \{(2,\ 1),\ (2,\ 4),\ (2,\ 6),\ (-3,\ 1),\ (-3,\ 4),\ (-3,\ 6)\}$ 이다. 좌표평면에 표시하면 아래와 같다.

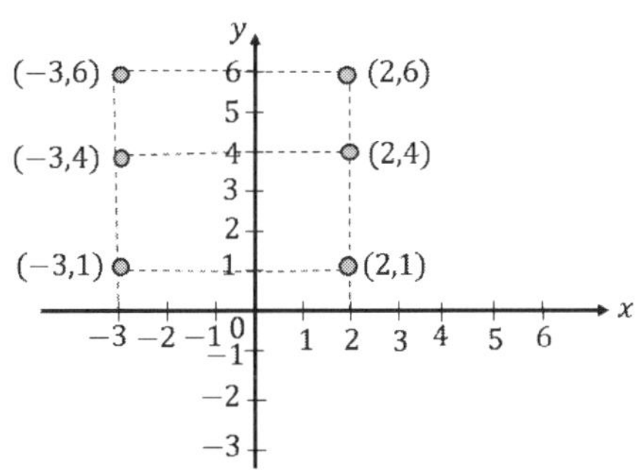

1. $A = \{(x,\ y) \in X \times Y \mid x + y = 3\}$은 $X \times Y$의 원소로서 직선 $x + y = 3$ 상의 점을 구하면 된다. 그래프를 그려보면 다음과 같다. 따라서

$$A = \{(x,\ y) \mid x + y = 3\} = \{(2,\ 1),\ (-3,\ 6)\}$$

이다.

2. $B=\{(x,\ y)\in X\times Y \mid x^2+y^2\le 9\}$도 A와 마찬가지로 $X\times Y$의 원소로서 원 $x^2+y^2=9$상의 점이거나 내부의 점을 구하면 된다. 그래프를 그려보면 다음과 같다. 따라서

$$B=\{(x,\ y)\in X\times Y \mid x^2+y^2\le 9\}=\{(2,\ 1)\}$$

이다.

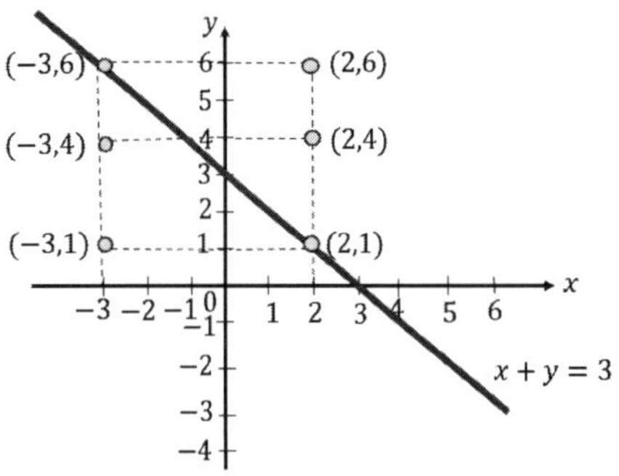

1. $A=\{(x,\ y)\in X\times Y \mid x+y=3\}$

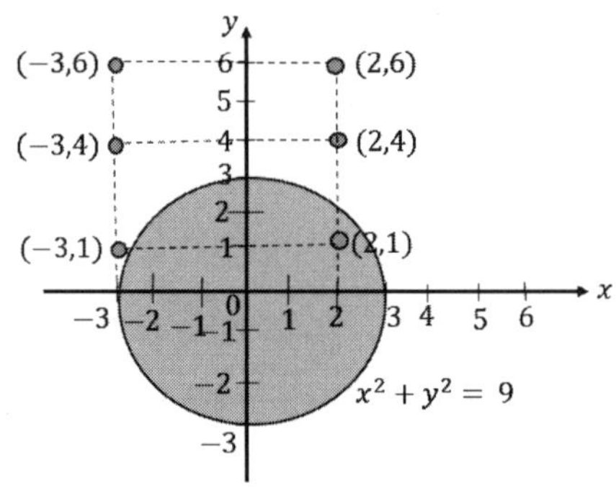

2. $B=\{(x,\ y)\in X\times Y \mid x^2+y^2\le 9\}$

[NOTE]

좌표 평면상의 모든 점들의 집합은

$$R^2=R\times R=\{(x,\ y) \mid x,\ y\in R\},$$

공간상의 모든 점들의 집합은

$$R^3=R\times R\times R=\{(x,\ y,\ z) \mid x,\ y,\ z\in R\},$$

그리고 n차원 공간의 모든 좌표들의 집합은

$$R^n=R\times R\times\cdots\times R$$

으로 나타낸다.

예제 4.17

$\{(x,\ y) \in R^2 \mid y \geq x+1\}$을 도시하여라.

풀이

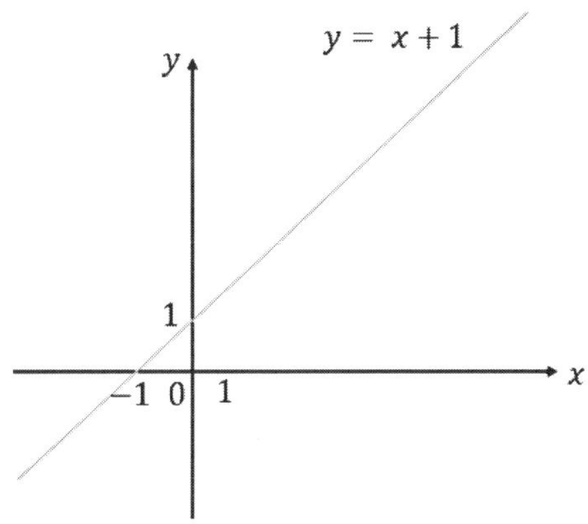

제 5 장
함수

5.1 함수의 정의

정의 5.1

집합 X, Y에 대해 X 의 각 원소가 Y의 단 하나의 원소에 대응될 때 이 대응 $f : X \to Y$ 을 집합 X에서 집합 Y로의 함수라고 한다. 여기서 X를 함수 f의 정의역(domain), Y를 공역(codomain)이라 한다.

$f(x)$를 함수 f 에 의한 x의 함숫값(image), $f(X) = \{f(x)|x \in X\}$를 f의 치역, 그리고 $G(f) = \{(x,\ y)|y = f(x),\ x \in X\}$를 f의 그래프라고 한다.

예제 5.1

함수 $f : X \to Y$ 가 다음 그림과 같이 주어졌을 때 정의역과 공역, 치역을 구하여라.

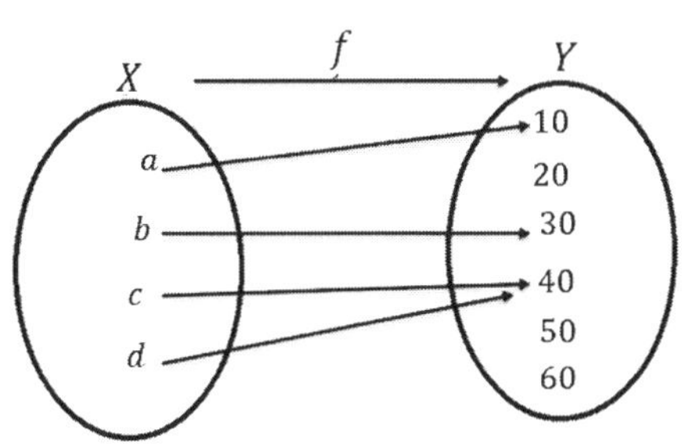

풀이

1. 정의역: $\{a, b, c, d\}$

2. 공역: $\{10, 20, 30, 40, 50, 60\}$

3. 치역: $\{10, 30, 40\}$

예제 5.2

다음의 대응 관계를 갖는 f가 함수인지를 말하여라. 만약 f가 함수라면 정의역, 공역, 치역을 구하여라.

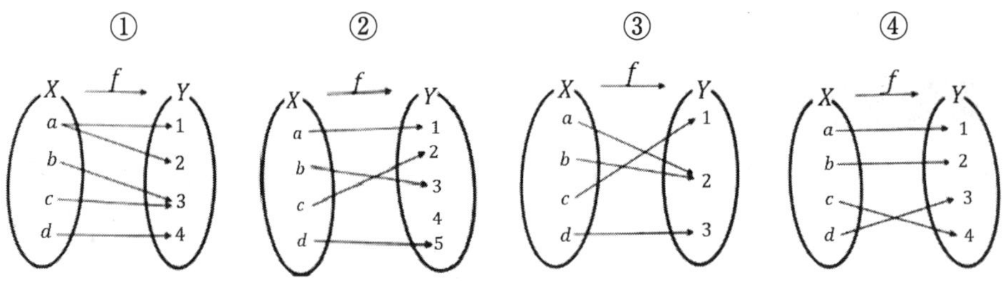

풀이

① f는 함수가 아니다.

② f는 함수이다. 정의역$= X$, 공역$= Y$, 치역$= \{1, 2, 3, 5\}$

③ f는 함수이다. 정의역$= X$, 공역$= Y$, 치역$= \{1, 2, 3\}$

④ f는 함수이다. 정의역$= X$, 공역$= Y$, 치역$= \{1, 2, 3, 4\}$

정의 5.2

집합 X에서 집합 Y로의 함수 $f : X \to Y$에 대해 집합 X의 부분집합 A에 대하여 $f(A) = \{f(x) | x \in A\}$를 f에 의한 A의 상(image)이라고 한다.
집합 Y의 부분집합 B에 대하여 $f^{-1}(B) = \{x \in X \mid f(x) \in B\}$를 f에 의한 B의 역상(inverse image)이라고 한다.

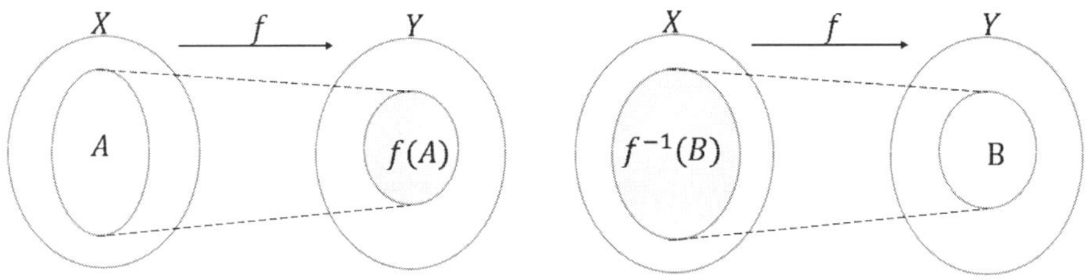

$f(A) = \{f(x) | x \in A\}$ $\qquad$ $f^{-1}(B) = \{x \in X \mid f(x) \in B\}$

[NOTE]

주어진 함수 $f : X \to Y$에 대해 Y의 어떤 원소 y에 대해서도 $f^{-1}(y) = \{x \in X \mid y = f(x)\}$는 X의 원소가 아니라 X의 부분집합을 나타낸다. 또한 Y의 원소 y에 대해서 $f^{-1}(y)$가 공집합일 수도 있다. 다음 예를 살펴보자.

예제 5.3

함수 $f : X \to Y$가 다음 그림과 같이 주어졌을 때 $f(A)$, $f^{-1}(B)$, $f^{-1}(C)$을 구하여라. 여기서 $A = \{a, b\}$, $B = \{30, 40, 50\}$, $C = \{60\}$

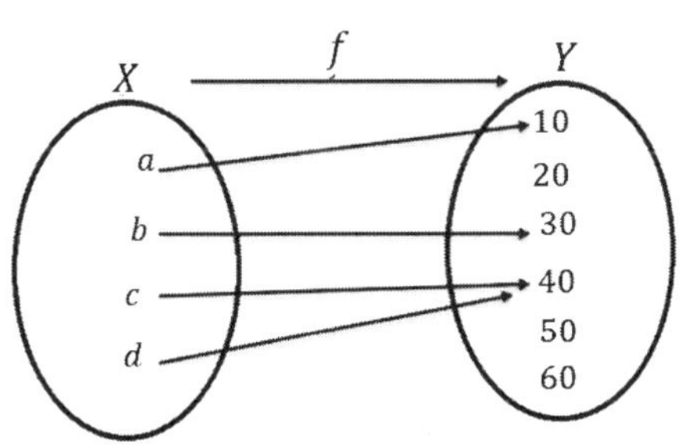

풀이

1. $f(A) = \{10, 30\}$ 2. $f^{-1}(B) = \{b, c, d\}$ 3. $f^{-1}(C) = \varnothing$.

5.2 수학적 모형화

<기본적인 함수>

1. 상수함수

   임의의 $x \in R$에 대해 $f(x) = c$, (c는 상수)를 만족할 때 $f : R \to \{c\}$를 상수함수라고 한다.

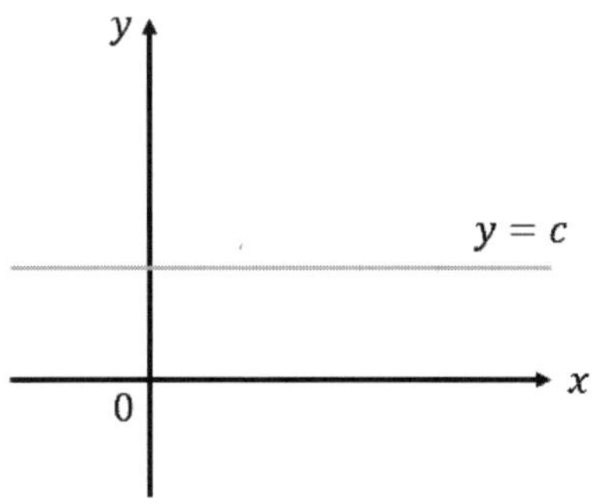

2. 일차함수

   (a) 임의의 $x \in R$에 대해 $f(x) = x$를 만족할 때 $f : R \to R$를 항등함수라고 한다.

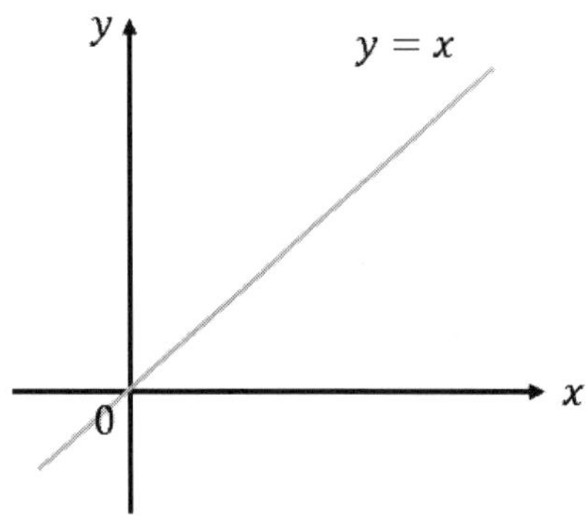

(b) **임의의** $x \in R$**에 대해** $f(x) = ax+b \ (a(\neq 0), b \in R)$**를 만족할 때** $f : R \to R$ 를 일차함수라고 한다.

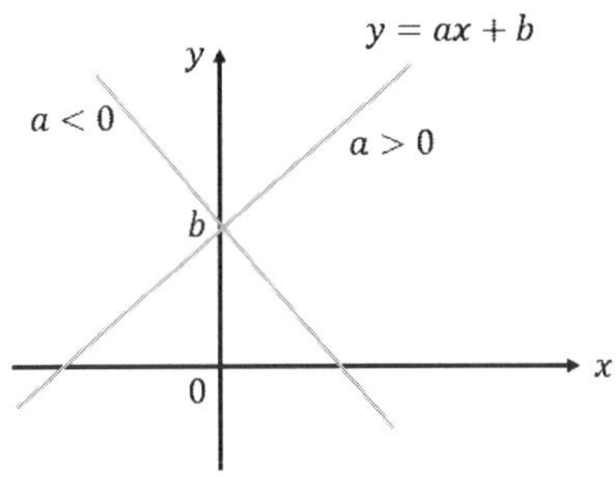

정의 5.3

함수의 그래프가 x축과 만나는 x좌표를 x절편, y축과 만나는 y좌표를 y절편이라 한다.

[예]

일차함수 $y = ax + b$는 x절편이 $-\dfrac{b}{a}$, y절편이 b인 직선이다.

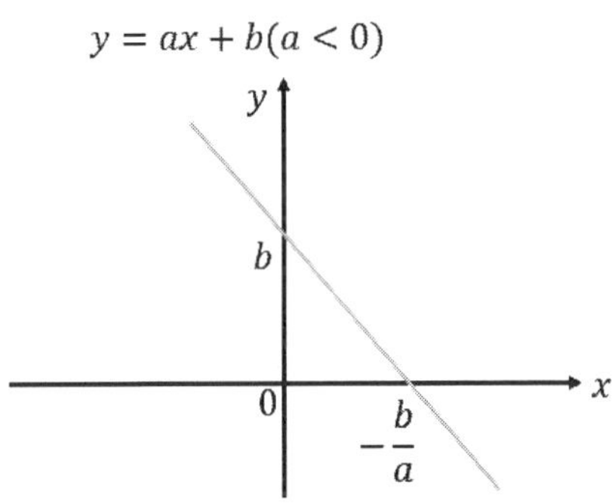

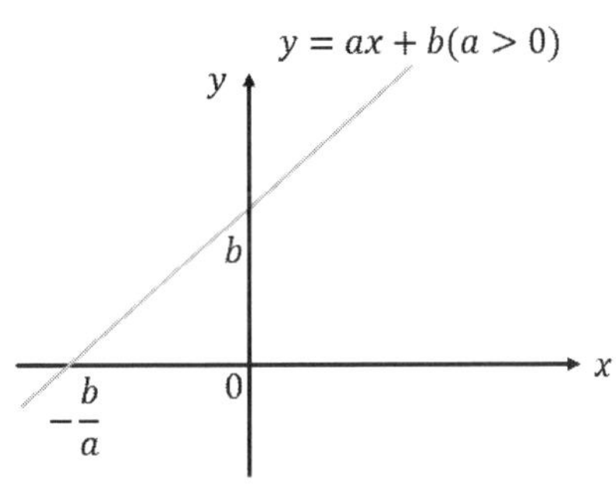

예제 5.4

$2x + 3y - 6 = 0$ 을 그려라.

풀이

x 절편과 y 절편을 구한 후 두 점을 지나는 직선을 그리면 된다. x 절편을 구하기 위해 $y = 0$을 대입하면 $x = 3$ (x 절편)이 되고, y 절편을 구하기 위해 $x = 0$을 대입하면 $y = 2$ (y 절편)이 된다. 두 점 (3, 0), (0, 2)을 지나는 직선을 그리면 된다.

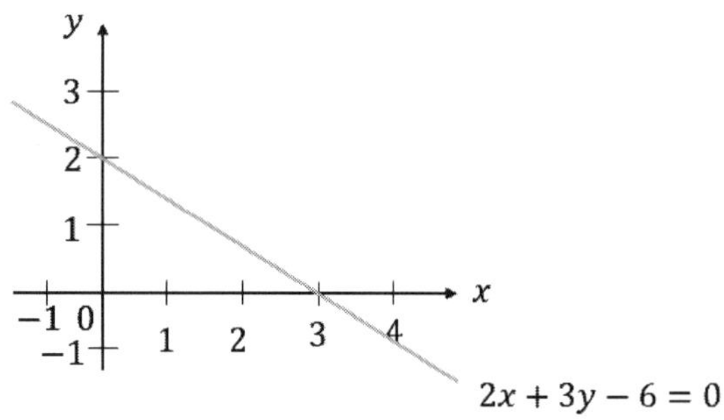

평면상의 직선 l의 기울기의 정의는 다음과 같다.

$\tan\theta = \dfrac{\Delta y}{\Delta x} = \dfrac{y_2 - y_1}{x_2 - x_1}$. 여기서 θ는 x축과 직선이 이루는 양의 각이고 $(x_1,\ y_1)$, $(x_2,\ y_2)$은 직선 l상의 임의의 점이다.

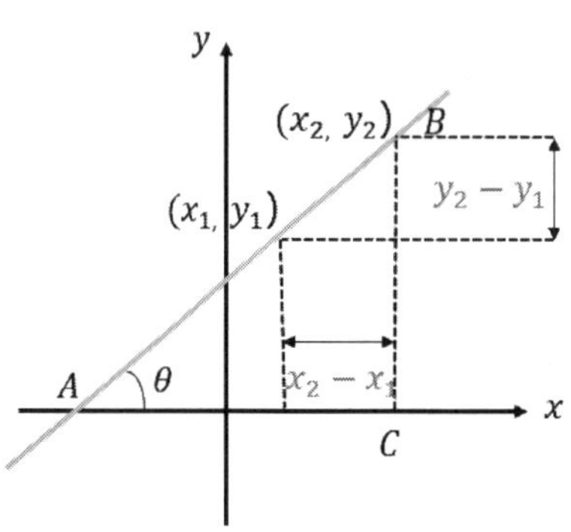

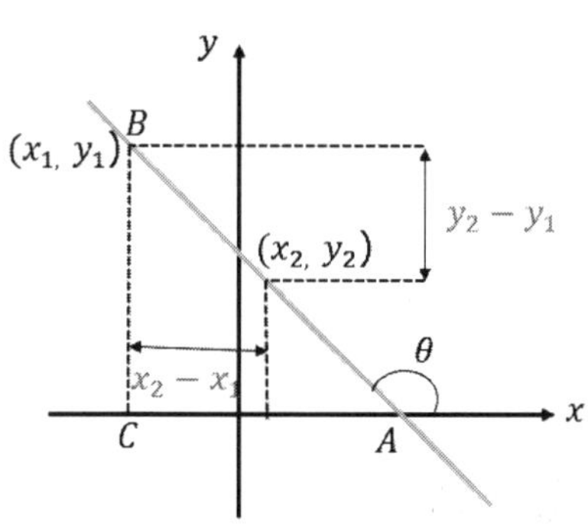

일차함수의 기울기 종류는 다음과 같다.

(a) 기울기$= 0$

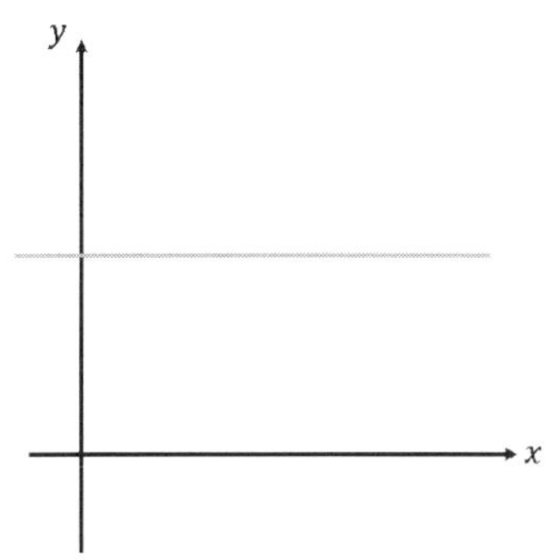

(b) 기울기를 정의할 수 없다.

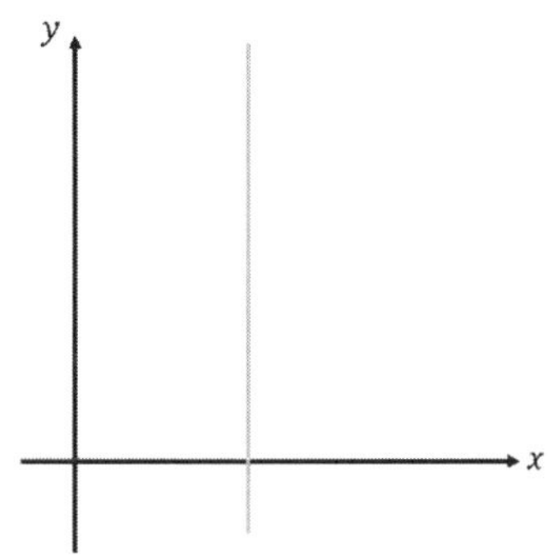

(c) 기울기> 0

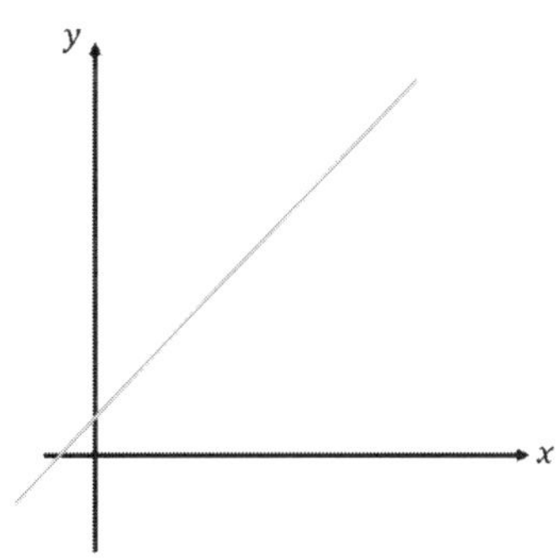

(d) 기울기< 0

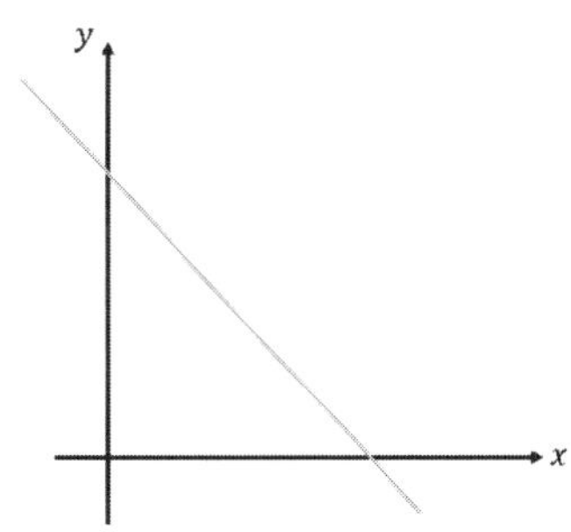

4. 다항함수

$a_0,\ a_1,\ \cdots,\ a_n \in R$에 대해 $p(x) = a_0 + a_1x + a_2x^2 + \cdots + a_nx^n$을 다항함수라고 한다. 이때 $a_0, a_1, \cdots, a_n \in R$을 다항식의 계수, $a_n \neq 0$일 때 n을 다항식의 차수라고 한다. 다항함수는 임의의 실수 상에서 정의된다.

[예]

- $p(x) = 3 + x^2 + \dfrac{1}{4}x^3 + x^4$: 4차 다항함수
- $p(x) = 2x^6 - x^4 + \dfrac{2}{5}x^3 + \sqrt{2}$: 6차 다항함수

[NOTE]

1. 일차함수 $f(x) = ax+b$ 에서 $a > 0$ 이면 증가함수이고 $a < 0$ 이면 감소함수이다.

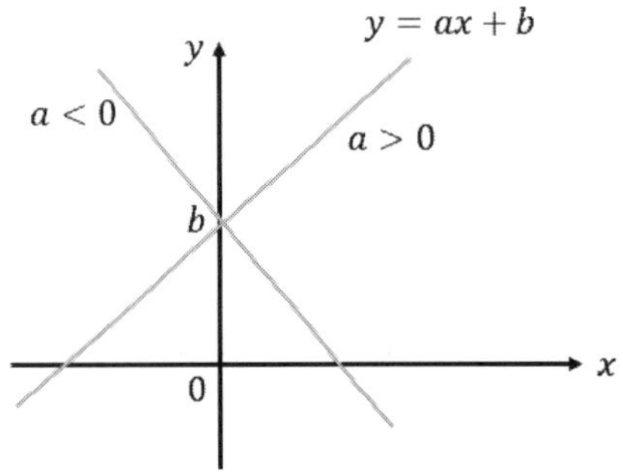

2. 이차함수 $f(x) = ax^2 + bx + c(a \neq 0)$ 의 그래프는 $ax^2 + bx + c$를 완전제곱으로 고치고 평행이동을 이용해서 그래프를 그리면 된다. 즉,

$$ax^2 + bx + c = a(x^2 + \frac{b}{a}x + (\frac{b}{2a})^2 - (\frac{b}{2a})^2) + c = a(x + \frac{b}{2a})^2 + c - \frac{b^2}{4a}$$

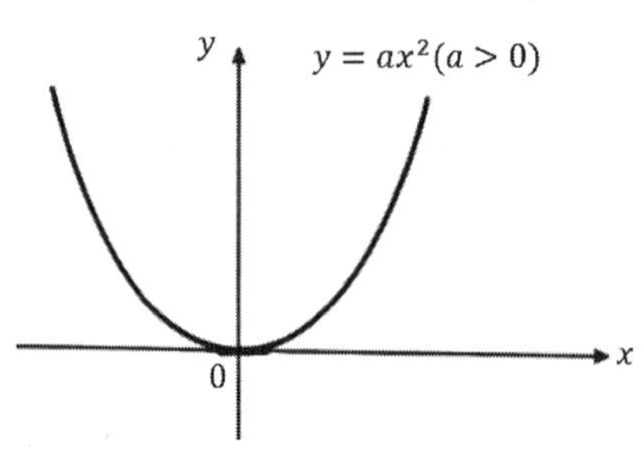

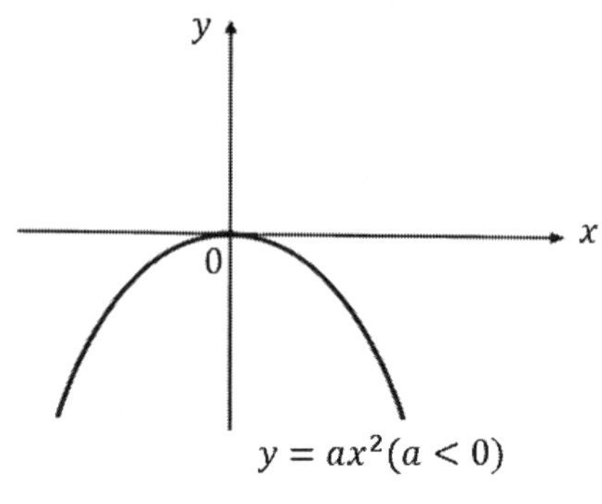

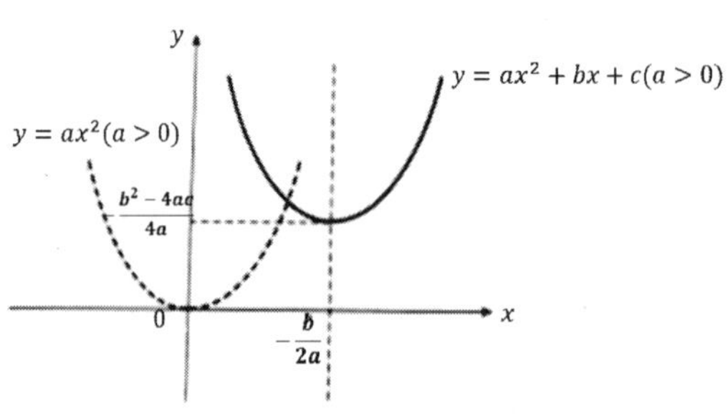

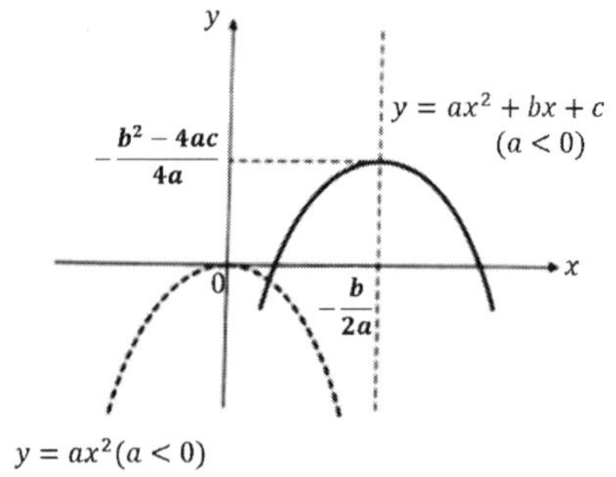

5. 유리함수

$a_0, a_1, \cdots, a_n \in R$, $b_0, b_1, \cdots, b_m \in R$ 에 대해 다항함수의 분수함수

$$q(x) = \frac{a_0 + a_1 x + a_2 x^2 + \cdots + a_n x_n}{b_0 + b_1 x + b_2 x^2 + \cdots + b_m x_m} \ (b_0 + b_1 x + b_2 x^2 + \cdots + b_m x_m \neq 0)$$

을 유리함수라고 한다. 유리함수의 정의역은 분모의 다항함수가 0이 아닌 모든 점들의 집합이 된다.

6. 무리함수

다항함수 $p(x)$에 대해 $f(x) = \sqrt{p(x)}$ $(p(x) \geq 0)$ 형태의 함수를 무리함수라 한다.

다항식의 대수적 연산, 즉 덧셈, 뺄셈, 곱셈, 나눗셈, 제곱근 연산에 의해 만들어지는 함수를 대수함수, 대수함수가 아닌 함수를 초월함수라 한다.

예제 5.5

다음 함수의 정의역을 구하여라.

1. $f(x) = \dfrac{1}{x-1}$　　2. $f(x) = \dfrac{1}{x^2-1}$　　3. $f(x) = \dfrac{x-2}{x^2-6x-27}$

풀이

1. f는 $x = 1$에서 정의되지 않는다. 따라서 $f(x) = \dfrac{1}{x-1}$의 정의역은 $\{x \in R \mid x \neq 1\}$가 된다.

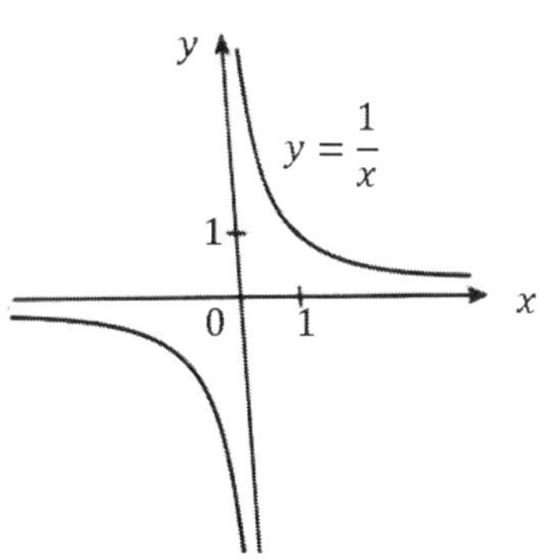

$\Longrightarrow$

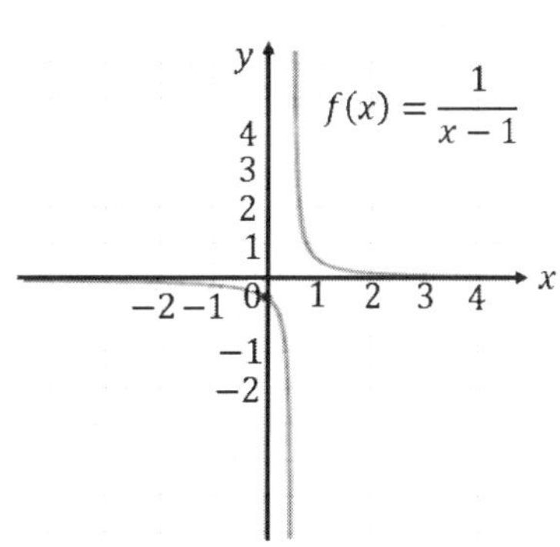

2. 분모가 0이 되는 x 에서는 함수가 정의되지 않는다. 따라서 $f(x) = \dfrac{1}{x^2 - 1}$ 의 정의역은 $\{x \in R \mid x \neq \pm 1\}$가 된다.

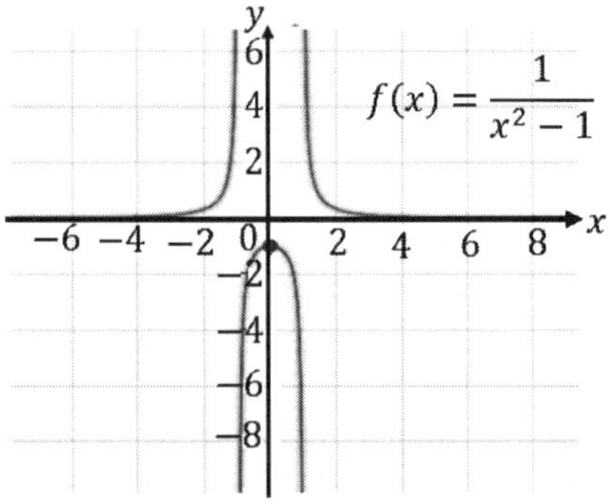

3. $x^2 - 6x - 27 = (x+3)(x-9)$ 이므로 f는 $x = -3$과 $x = 9$에서 정의되지 않는다. 따라서 $f(x) = \dfrac{x-2}{x^2 - 6x - 27}$ 의 정의역은 $\{x \in R \mid x \neq 9, x \neq -3\}$ 가 된다.

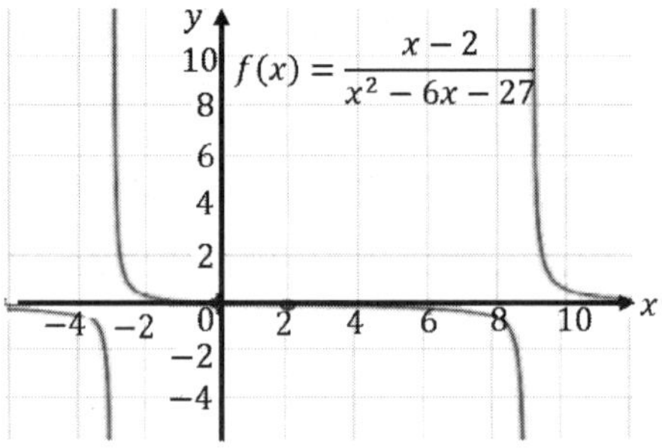

예제 5.6

다음 함수의 정의역과 치역을 구하여라.

1. $f(x) = \sqrt{x-3}$
2. $f(x) = \sqrt{x^2 - 4}$

풀이

1. $f(x) = \sqrt{x-3}$

   f가 잘 정의되기 위해서는 $x-3 \geq 0$이어야 하므로 정의역은 $\{x \in R \mid x \geq 3\} = [3,\ \infty)$이다. 그리고 임의의 실수 $x \in [3,\ \infty)$ 에 대해 $\sqrt{x-3} \geq 0$ 이므로 치역은 $\{x \in R \mid x \geq 0\} = [0,\ \infty)$ 이다.

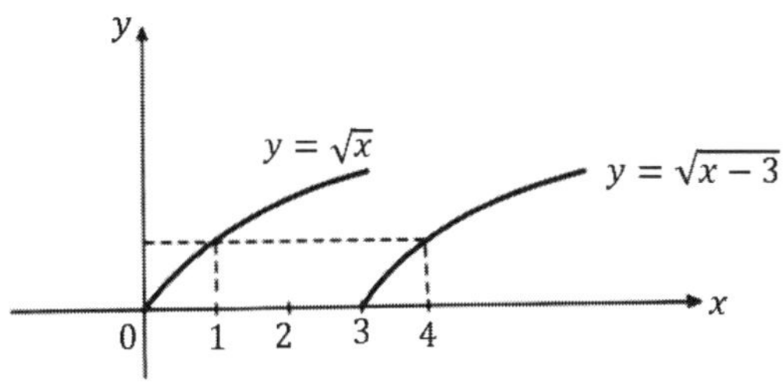

2. $f(x) = \sqrt{x^2-4}$

   f가 잘 정의되기 위해서는 $x^2-4 \geq 0$이어야 하므로 $x \geq 2$ 이거나 $x \leq -2$ 이어야 한다. 따라서 정의역은 $(-\infty,\ -2] \cup [2,\ \infty)$이다. 그리고 임의의 실수 $x \in (-\infty,\ -2] \cup [2,\ \infty)$에 대해 $\sqrt{x^2-4} \geq 0$ 이므로 치역은 $\{x \in R \mid x \geq 0\} = [0,\ \infty)$이다.

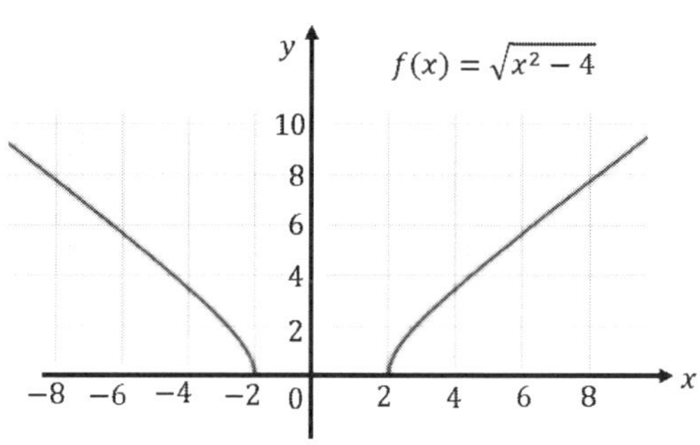

예제 5.7

함수 $f: R \to R$ 이라고 할 때 다음 함수 f의 치역을 구하여라.

1. $f(x) = x^2 - 2x - 2$　　2. $f(x) = |x-3| + 2$　　3. $f(x) = \dfrac{1}{x^2+2}$

풀이

1. $f(x) = x^2 - 2x - 2 = (x-1)^2 - 3 \geq -3$ 이므로 치역은 $f(R) = \{y \in R \mid y \geq -3\} = [-3, \infty)$이다.

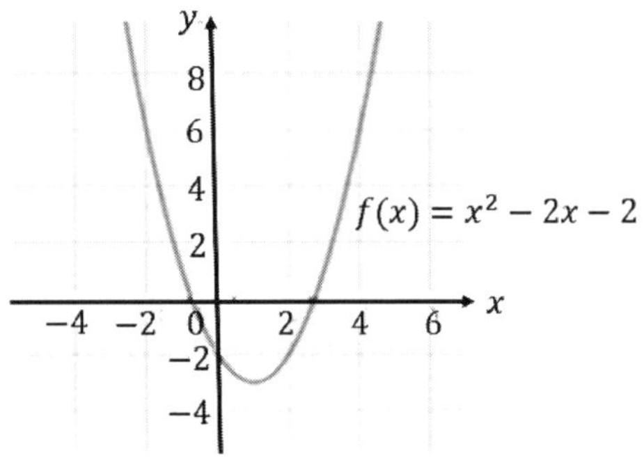

2. $f(x) = |x-3| + 2 \geq 2$ 이므로 치역은 $f(R) = \{y \in R \mid y \geq 2\} = [2, \infty)$가 된다.

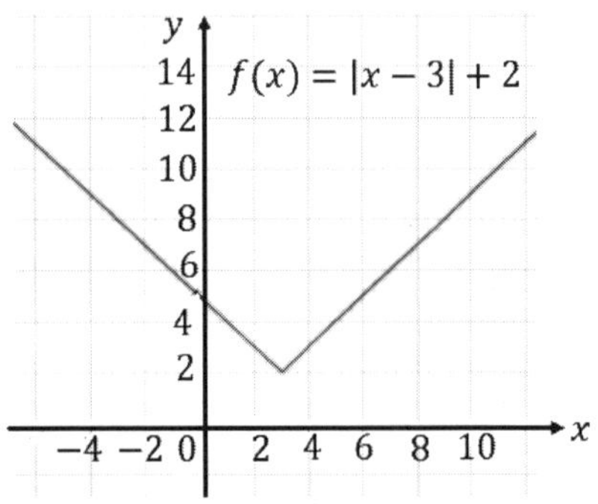

3. $x^2 + 2 \geq 2$ 이므로 $0 < \dfrac{1}{x^2+2} \leq \dfrac{1}{2}$. 따라서 치역은 $f(R) = \{y \in R \mid 0 < y \leq \dfrac{1}{2}\} = (0, \dfrac{1}{2}]$가 된다.

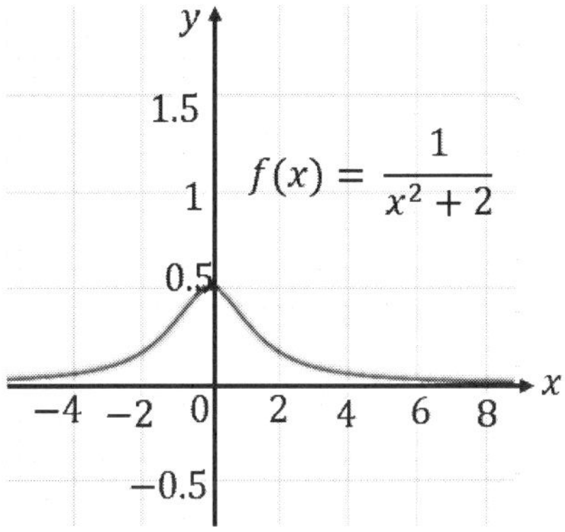

예제 5.8

A 회사 판매원의 주 5일간의 주급은 판매실적 x에 따라 $f(x) = 5,000x + 300,000$의 함수에 의해 결정된다고 한다. $f(0)$과 $f(100)$을 구하여라.

풀이

$f(0) = 5000 \times 0 + 300,000 = 300,000,$

$f(100) = 5000 \times 100 + 300,000 = 800,000.$

예제 5.9

S 보험회사 영업사원의 월급은 판매실적 x에 따라 $f(x) = 250,000x + 750,000$의 함수에 의해 결정된다고 한다. 이때 $f(10)$과 $f(25)$을 구하여라.

풀이

예제5.8과 같은 방법으로 하면 된다.

예제 5.10

원재료의 양 x에 대해 A 제품의 원가는 함수 $C(x) = 0.5x + 24,000$에 의해 결정된다고 한다. 이 제품을 만드는 기업이 쓸 수 있는 원재료의 양이 $200,000kg$

이하일 때 C의 정의역과 치역을 구하여라.

풀이

가정에 의해 C 의 정의역은

$$\{x \in R \mid 0 \leq x \leq 200,000\}$$

이다. 치역의 범위는

$$C(0) \leq C \leq C(200,000)$$

이므로 치역은 $\{x \in R \mid 24,000 \leq x \leq 124,000\}$가 된다.

예제 5.11

A 기업은 기본급 150만 원과 물품의 월간 판매실적의 10%를 기본급에 더하여 판매직원의 월급을 책정하고 있다. 이러한 월급 책정원칙을 함수로 만들고 월간 판매실적이 2000만 원인 판매직원의 월급을 구하여라.

풀이

월급과 월간 판매금액을 각각 y를 월급, x를 월간 판매금액이라고 하자. 그러면 월급은 월간 판매금액에 따른 함숫값으로 $y = 0.1x + 1,500,000$으로 표시할 수 있다.

$$f(20,000,000) = 0.1 \times 20,000,000 + 1,500,000 = 3,500,000$$

따라서 월간 판매실적이 2000만 원인 판매직원의 월급은 3,500,000원이다.

5.3 함수의 결합과 합성함수

정의 5.4 함수의 결합

집합 X, Y에 대해 $f : X \to R$ 를 집합 X에서 집합 R로의 함수, $g : Y \to R$ 를 집합 Y에서 집합 R로의 함수라고 하자.

- 함수와 함수의 덧셈 :

  $f \pm g : X \cap Y \to R$ 이고 임의의 $x \in X$에 대해 $(f \pm g)(x) = f(x) \pm g(x)$

- 함수와 상수의 곱셈 :

  $cf : X \to R$ 이고 임의의 $x \in X$에 대해 $(cf)(x) = cf(x)$

- 함수와 함수의 곱셈 :

  $f \cdot g : X \cap Y \to R$ 이고 임의의 $x \in X$에 대해 $(f \cdot g)(x) = f(x) \cdot g(x)$

- 함수와 함수의 나눗셈 :

  $\frac{f}{g} : U \to R$ 이고 임의의 $x \in U$에 대해 $(\frac{f}{g})(x) = \frac{f(x)}{g(x)}$.
  여기서 $U = \{x \mid x \in X \cap Y,\ g(x) \neq 0\}$이다.

예제 5.12

$f(x) = x^2 + x - 7,\ g(x) = x^2 - 1$ 에 대해 다음 함수들을 구하고, 각 함수들의 정의역을 구하여라.

1. $y = (f + g)(x)$
2. $y = (f - g)(x)$
3. $y = (f \cdot g)(x)$
4. $y = (\frac{f}{g})(x)$

풀이

1. $(f+g)(x) = f(x)+g(x) = (x^2+x-7)+(x^2-1) = 2x^2+x-8$

   이고, 정의역은 모든 실수

2. $(f-g)(x) = f(x)-g(x) = (x^2+x-7)-(x^2-1) = x-6$

   이고, 정의역은 모든 실수

3. $(f\cdot g)(x) = f(x)\cdot g(x) = (x^2+x-7)\cdot(x^2-1) = x^4+x^3-8x^2-x+7$

   이고, 정의역은 모든 실수

4. $(\frac{f}{g})(x) = \frac{f(x)}{g(x)} = \frac{x^2+x-7}{x^2-1}$

   이고, 정의역은 $\{x \in R \mid x \neq 1,\ x \neq -1\}$이다.

정의 5.5 합성함수

집합 X, Y, Z에 대해 $f : X \to Y$를 집합 X에서 집합 Y로의 함수, $g : Y \to Z$를 집합 Y에서 집합 Z로의 함수라고 하자. 집합 X에서 집합 Z로의 함수 $g \circ f : X \to Z$는 $(g \circ f)(x) = g(f(x))$로 정의된다.

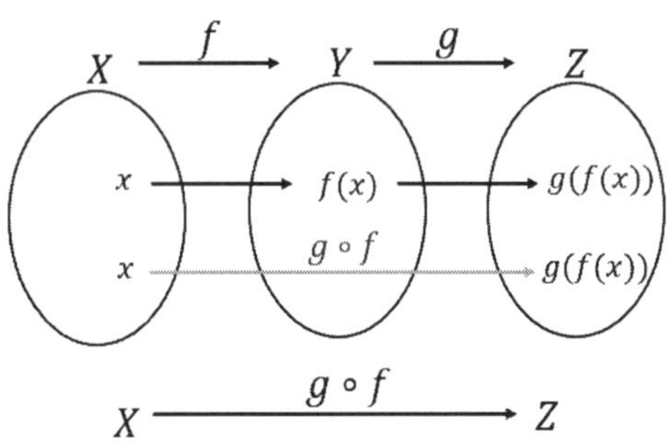

예제 5.13

다음에 주어진 두 개의 함수 $f(x) = x^2$, $g(x) = 2x+1$ 에 대해 다음 합성함수를 구하여라.

1. $y = (g \circ f)(x)$ 2. $y = (f \circ g)(x)$

풀이

1. $(g \circ f)(x) = g(f(x)) = 2(f(x)) + 1 = 2x^2 + 1$

2. $(f \circ g)(x) = f(g(x)) = f(2x+1) = (2x+1)^2$

따라서 $f \circ g \neq g \circ f$. 즉, $\circ$에 대해 교환법칙이 성립하지 않는다.

[NOTE]

집합 X에서 집합 Y로의 함수 $f,\ g : X \to Y$ 에 대해 $f = g$는 정의역 X의 임의의 원소 $x \in X$에 대해 $f(x) = g(x)$일 때를 말한다.

예제 5.14

$f(x) = x^2 + 1,\ g(x) = \dfrac{1}{2x}$ 일 때 다음을 구하여라.

1. $(f \circ g)(1)$ 2. $(g \circ f)(3)$ 3. $(f \circ g)(x)$

4. $(g \circ f)(x)$ 5. $(f \circ f)(x)$

풀이

1. $(f \circ g)(1) = f(g(1)) = f(\frac{1}{2}) = \frac{1}{2^2} + 1 = \frac{5}{4}$

2. $(g \circ f)(3) = g(f(3)) = g(10) = \frac{1}{2 \times 10} = \frac{1}{20}$

3. $(f \circ g)(x) = f(g(x)) = f(\frac{1}{2x}) = (\frac{1}{2x})^2 + 1 = \frac{1}{4x^2} + 1$

4. $(g \circ f)(x) = g(f(x)) = g(x^2+1) = \frac{1}{2(x^2+1)} = \frac{1}{2x^2+2}$

5. $(f \circ f)(x) = f(f(x)) = f(x^2+1) = (x^2+1)^2 + 1 = x^4 + 2x^2 + 2.$

예제 5.15

$C(Q) = 20,000Q + 1,000,000$ 는 K기업의 차량용 무선 청소기의 총생산비용을 나타낸다고 한다.

1. Q 대의 청소기를 생산할 때 대당 평균 생산비용을 구하여라.
2. 청소기의 대당 판매가격은 평균 생산비용의 350%로 설정했다고 한다. 만약 5,000대를 생산하였다면 대당 판매가격은 얼마인가?

풀이

1. 대당 평균 생산비용은 $\dfrac{C(Q)}{Q} = 20,000 + \dfrac{1,000,000}{Q}$ 이다.
2. 5,000대 생산시 평균 생산비용은
$\dfrac{C(5,000)}{5,000} = 20,000 + \dfrac{1,000,000}{5,000} = 20,200$ 원이다.

청소기의 판매가격이 평균 생산비용의 350%로 설정되었으므로 5,000대 생산시 대당 판매가격은 $3.5 \times 20,200 = 70,700$가 된다.

예제 5.16

A 회사는 가정용 금고만을 전문적으로 생산하는 중소기업이다. 이 회사가 이번에 시판한 가정용 금고의 생산 비용을 살펴보면 생산량과 관계없이 일정하게 소요되는 고정비용이 5,000,000원이며 금고 하나당 변동비용은 200,000원으로 추정된다고 한다. 현재 금고의 판매가격은 450,000원이다.

1. 생산량을 Q로 한다면 금고 한 대당 평균 생산비용 $\overline{C}(Q)$은 어떤 형태를 취할 것인가?
2. 100개의 금고를 생산할 때 금고 하나당 평균 생산비용은 얼마인가?
3. 이 기업의 월 총수입을 Q의 함수로 나타내어라.

4. 이윤이 0이 될 때의 생산량을 구하여라.

풀이

1. 생산량을 Q라 정의하면 총생산비용은

   $C(Q) = 5,000,000 + 200,000Q$ 이다.

   따라서 생산량을 Q로 한다면 금고 하나당 평균 생산비용은

   $\overline{C}(Q) = \dfrac{C(Q)}{Q} = \dfrac{5,000,000}{Q} + 200,000$

2. $Q = 100$ 일 때 금고 하나당 평균 생산비용은

   $\overline{C}(Q) = \dfrac{5,000,000}{100} + 200,000 = 250,000$원이 된다.

3. 이 기업의 월 총수입은 $R(Q)$는 판매량과 가격을 곱해야 하므로 $450,000Q$ 가 된다.

4. 이윤이 0이 될 때의 생산량은 $R(Q) = C(Q)$를 만족해야 한다. 따라서

   $5,000,000 + 200,000Q = 450,000Q$ 이므로 $Q = 20$ 이다.

5.4 전사, 단사, 전단사함수

역함수의 개념을 알기 위해서는 전사함수, 단사함수, 전단사함수의 개념 정의가 필요하다.

정의 5.6

집합 X에서 집합 Y로의 함수 $f: X \to Y$ 에 대해

1. $f: X \to Y$ 가 단사함수 (일대일 함수)

   $\Leftrightarrow$ 임의의 $x,\ x' \in X$ 에 대해 $f(x) = f(x')$이면 $x = x'$가 될 때

   $\Leftrightarrow$ 임의의 $x,\ x' \in X$ 에 대해 $x \neq x'$이면 $f(x) \neq f(x')$가 될 때

2. $f: X \to Y$ 가 전사함수

   $\Leftrightarrow$ 치역과 공역이 같을 때, 즉 $f(X) = Y$일 때

   $\Leftrightarrow$ 임의의 $y \in Y$ 에 대해 $y = f(x)$를 만족하는 $x \in X$가 적어도 하나 존재할 때

3. $f: X \to Y$ 가 전단사함수 (일대일대응 함수)

   $\Leftrightarrow$ $f: X \to Y$ 가 전사함수이고 단사함수일 때

   $\Leftrightarrow$ 임의의 $y \in Y$ 에 대해 $y = f(x)$를 만족하는 $x \in X$가 단 하나 존재할 때

예제 5.17

다음 함수가 전사함수인지 단사함수인지 또는 전단사함수인지를 판별하고 정의역과 치역을 구하여라.

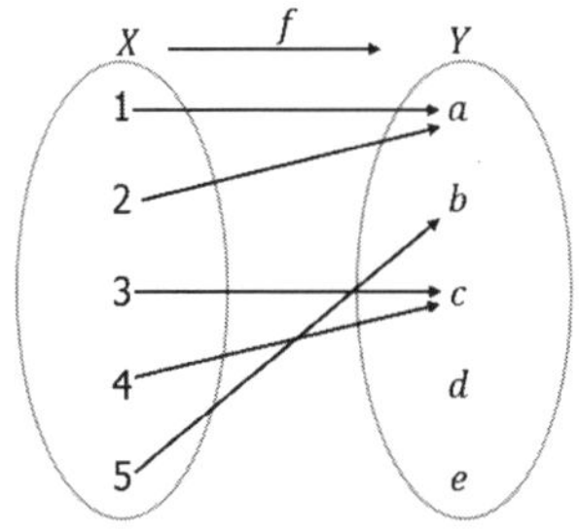

풀이

정의역은 $X = \{1, 2, 3, 4, 5\}$이고 치역은 $f(X) = \{a, b, c\}$이다. $1 \neq 2$이지만 $f(1) = f(2) = a$이다. 그러므로 f는 단사함수가 아니다.
$f(X) = \{a, b, c\} \neq Y$ 이므로 f는 전사함수도 아니다. 따라서 f는 전사함수도 단사함수도 아니다.

예제 5.18

다음 함수가 전사함수인지 단사함수인지 또는 전단사함수인지 결정하여라.

①

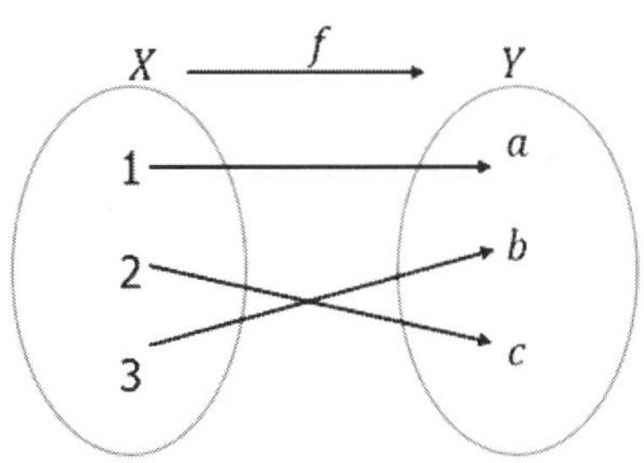

②

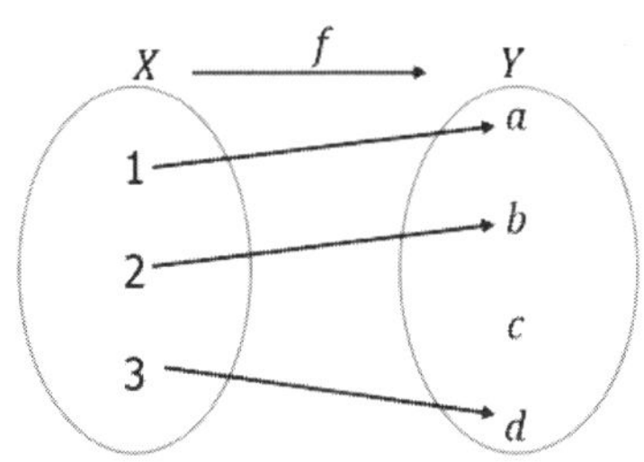

③

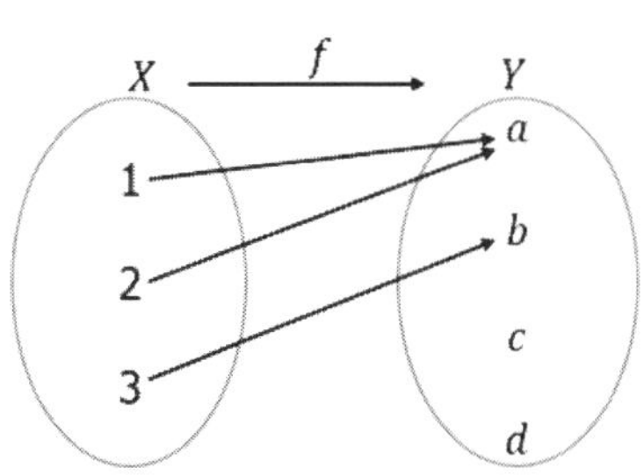

④

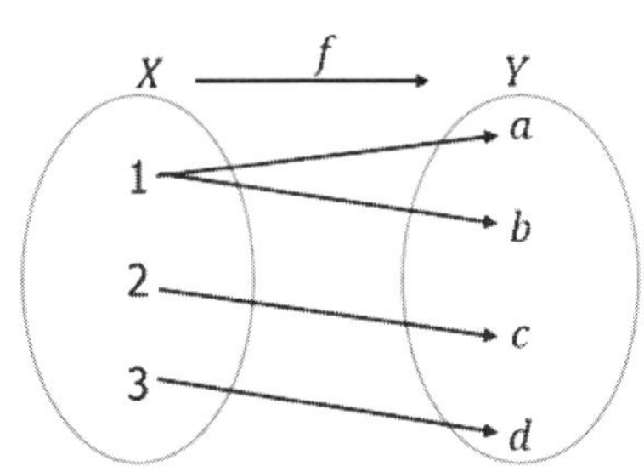

풀이

① 전사함수이고 단사함수이므로 전단사함수이다.

② 단사함수이다.

③ 전사함수도 아니고 단사함수도 아니다.

④ 함수가 아니다.

예제 5.19

다음과 같이 정의된 함수 $f : R \to R$ 가 단사함수, 전사함수 혹은 전단사함수인지 살펴보아라.

1. $f(x) = x + 1$
2. $f(x) = x^2(-2 \le x \le 2)$
3. $f(x) = \sqrt{4 - x^2}(-2 \le x \le 2)$

풀이

1. $f(x) = x + 1$

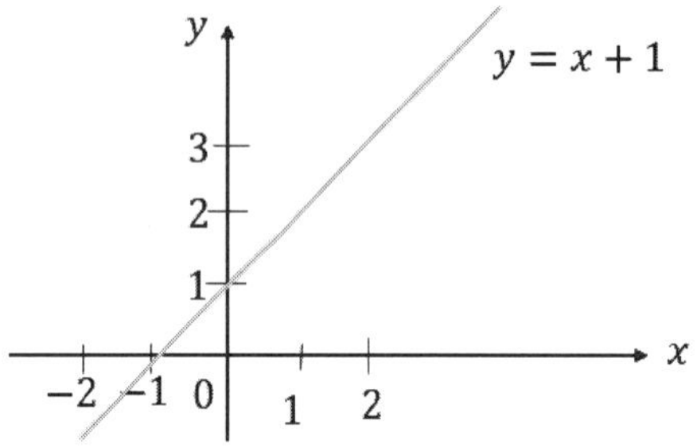

임의의 $x, x' \in R$ 에 대해 $f(x) = f(x')$ 이면 $x+1 = x'+1$. 따라서 $x = x'$ 이다. 그러므로 f 는 단사함수이다. $f(R) = R$ 이므로 f 는 전사함수이다. 그러므로 f 는 전단사함수이다.

2. $f(x) = x^2(-2 \le x \le 2)$

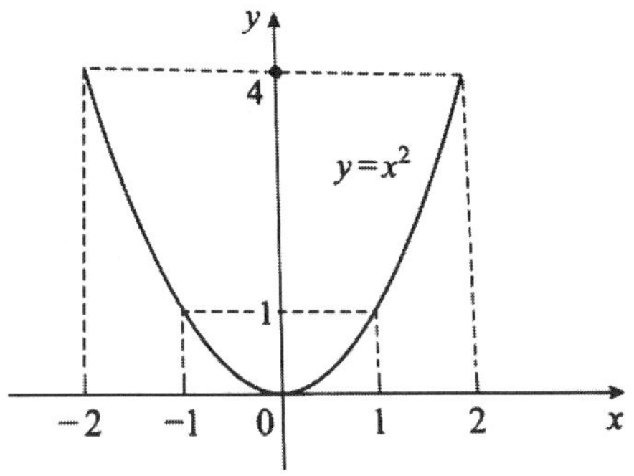

$1 \neq -1$이지만 $f(1) = f(-1) = 1$이다. 그러므로 f는 단사함수가 아니다. 그리고 $f([-2, 2]) = [0, 4] \neq R$ 이므로 f는 전사함수도 아니다. 따라서 f는 전사함수도 단사함수도 아니다.

3. $f(x) = \sqrt{4 - x^2}$

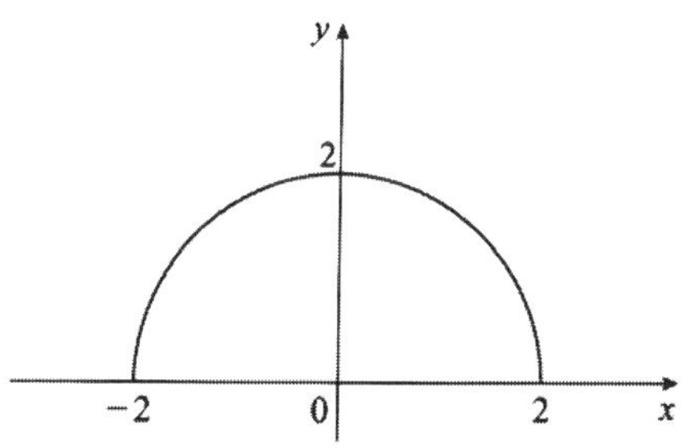

같은 방법으로 f는 전사함수도 단사함수도 아니다.

다음은 함수의 정의역과 공역을 어떻게 선택하는가에 따라서 전사, 단사, 전단사함수의 여부가 달라지는 예이다.

예제 5.20

다음과 같이 정의된 함수가 단사, 전사 혹은 전단사함수인지 살펴보아라.

1. $f : R \to [0, \infty),\ f(x) = x^2$

2. $f : [0, \infty) \to R,\ f(x) = x^2$

3. $f : [0, \infty) \to [0, \infty),\ f(x) = x^2$

풀이

1. $f : R \to [0, \infty),\ f(x) = x^2$ 는 $f(R) = [0, \infty)$ 이므로 f는 전사함수이다.
   그러나 $1 \neq -1$이지만 $f(1) = f(-1) = 1$ 이므로 f는 단사함수가 아니다.

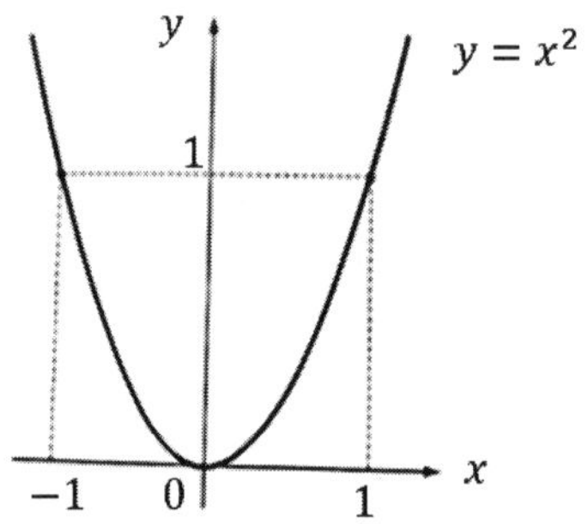

2. $f : [0, \infty) \to R,\ f(x) = x^2$ 는 단사함수이지만 전사함수는 아니다.

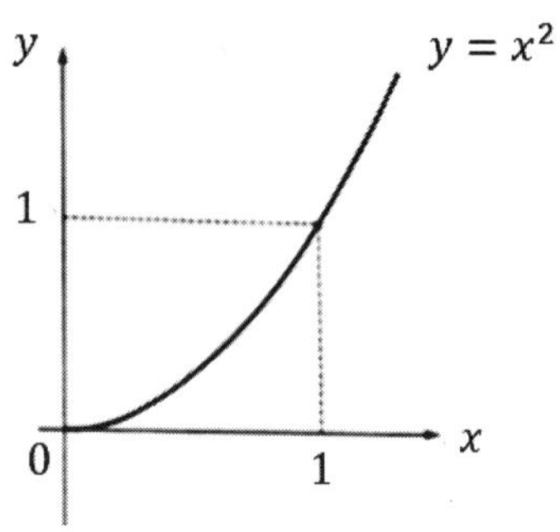

3. $f : [0, \infty) \to [0, \infty),\ f(x) = x^2$ 는 전단사함수이다.

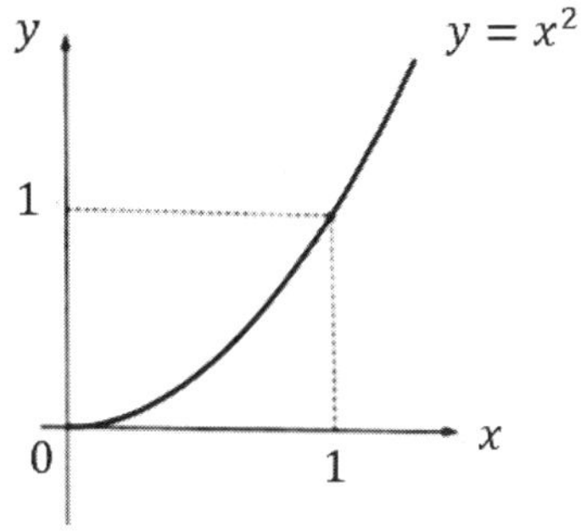

정의 5.7

함수 $f : R \to R$ 이 주어져 있다 할 때,

1. f가 증가함수(단조증가함수)

   $\Leftrightarrow$ 임의의 두 원소 $x_1,\ x_2 \in R$ 에 대하여 $x_1 < x_2$ 이면 $f(x_1) < f(x_2)$ $(f(x_1) \le f(x_2))$이 항상 성립할 때

2. f가 감소함수(단조감소함수)

   $\Leftrightarrow$ 임의의 두 원소 $x_1,\ x_2 \in R$ 에 대하여 $x_1 < x_2$ 이면 $f(x_1) > f(x_2)$ $(f(x_1) \ge f(x_2))$ 이 항상 성립할 때

[NOTE]

증가함수나 감소함수는 단사함수가 됨은 자명하다. 왜냐하면, 단사함수는 $x_1 \neq x_2$ 이면 $f(x_1) \neq f(x_2)$이 성립한다는 뜻인데 증가함수나 감소함수는 정의에 의해 이것이 자명하게 성립하기 때문이다.

예제 5.21

1. $f(x) = x^3$: 증가함수, 전단사함수

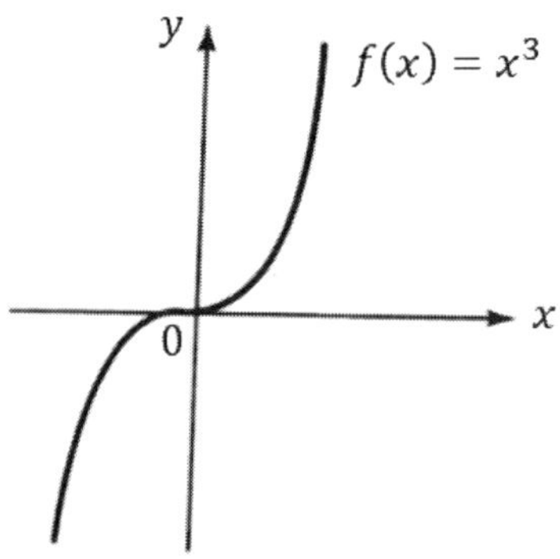

2. $f(x) = [x]$: 단조증가함수

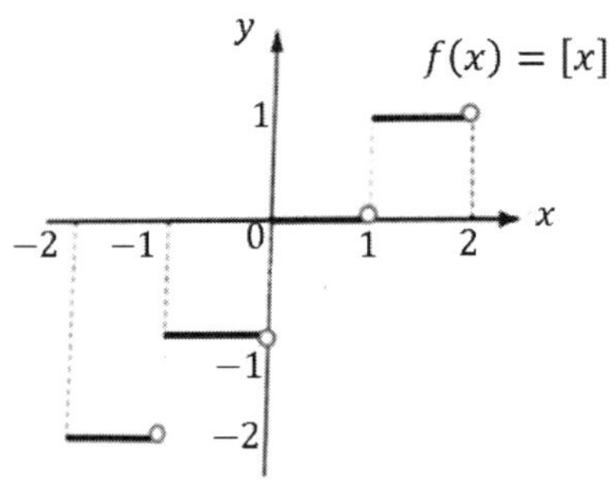

5.5 역함수

정의 5.8

집합 X, Y에 대해 $f : X \to Y$ 가 X에서 Y로의 전단사함수이라고 하자. $g : Y \to X$ 에 대해 $y = f(x) \leftrightarrow x = g(y)$을 만족하는 함수 g를 f의 역함수라 하고 $g = f^{-1}$로 나타낸다.

<역함수의 성질>

$f : X \to Y$ 가 X에서 Y로의 전단사함수라 하고 $g : Y \to X$ 를 f의 역함수라고 하면 $f \circ g = I_Y$, $g \circ f = I_X$ 이다. 즉, 임의의 $y \in Y$에 대해 $(f \circ g)(y) = y$이고 임의의 $x \in X$에 대해 $(g \circ f)(x) = x$를 만족한다.

[NOTE]

$f : X \to Y$ 의 역함수가 존재할 필요충분조건은 $f : X \to Y$ 가 X 에서 Y 로의 전단사함수이다.

[NOTE]

$f : X \to Y$ 가 X 에서 Y 로의 전단사함수일 때 함수 $y = f(x)$ 의 그래프와 역함수 $y = f^{-1}(x)$ 의 그래프는 직선 $y = x$ 에 대하여 대칭이다. 왜냐하면 함수 $y = f(x)$ 의 그래프 위의 임의의 점

$$(x_0,\ y_0)$$

은 관계식

$$y_0 = f(x_0)$$

를 만족한다. 역함수 정의에 의해 $(y_0,\ x_0)$ 는 함수 $y = f^{-1}(x)$ 의 그래프상의 점이 된다. 두 점 $(x_0,\ y_0)$ 와 $(y_0,\ x_0)$ 는 직선 $y = x$ 에 대칭이 되고, $(x_0,\ y_0)$ 은 함수 $y = f(x)$ 의 그래프 위의 임의의 점이므로 $y = f(x)$ 의 그래프와 역함수 $y = f^{-1}(x)$ 의 그래프는 직선 $y = x$ 에 대하여 대칭이다.

<전단사함수 f 의 역함수 f^{-1} 를 구하는 방법>

1. $y = f(x)$ 에서 x 와 y 를 바꾼다. $x = f(y)$
2. y 를 x 의 식으로 나타낸다. $y = g(x)$
3. $g = f^{-1}$ 이다.

예제 5.22

$f(x) = x + 1$ 의 역함수를 구하여라.

풀이

$f(x) = x + 1$ 는 R 에서 R 로의 전단사함수이다. 따라서 f 의 역함수가 존재한다. $y = x + 1$ 에서 x 와 y 를 바꿔쓰면 $x = y + 1$ 이므로 $y = x - 1$ 이다. 그러므로

$g(x) = x - 1$가 f의 역함수이다.

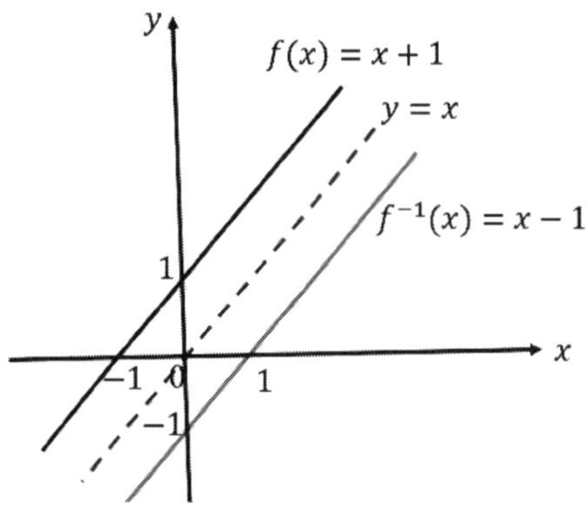

예제 5.23

$f(x) = 3x + 1(-1 \leq x \leq 3)$ 의 역함수를 구하여라.

풀이

$f(x) = 3x + 1\ (-1 \leq x \leq 3)$는 증가함수이므로 단사함수이며,

$$-1 \leq x \leq 3 \text{ 이면 } f(-1) \leq f(x) \leq f(3)$$

이다. 즉,

$$-1 \leq x \leq 3 \text{ 이면 } -2 \leq f(x) \leq 10$$

이다. 따라서 f는 $[-1,\ 3]$에서 $[-2,\ 10]$으로의 전단사함수이다.
그러므로 f^{-1}가 존재하고 f^{-1}는

$$f^{-1} : [-2,\ 10] \to [-1,\ 3]$$

이다. $y = 3x + 1$ 에서 x와 y를 바꾼다. 즉, $x = 3y + 1$ 이다.
정리하면

$$y = \frac{1}{3}x - \frac{1}{3}$$

이다. 그러므로 f 의 역함수는

$$f^{-1}(x) = \frac{1}{3}x - \frac{1}{3}$$

이다.

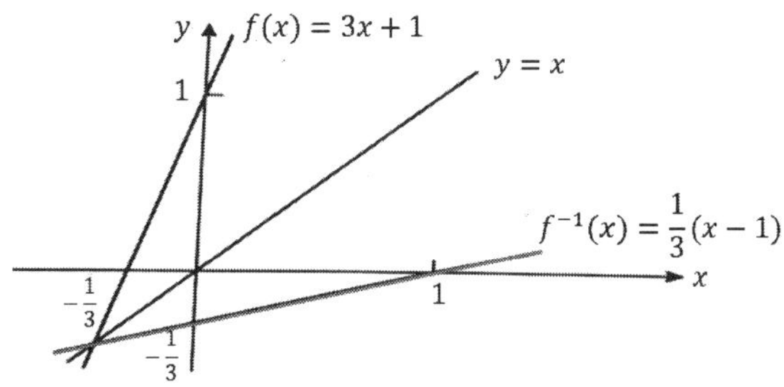

정리 5.1

$f : X \to Y$ 가 전단사함수이면 $f^{-1} : Y \to X$ 도 전단사함수이다.

연습문제

1. 함수 $f : R \to R$ 가 $f(x) = x^2$ 로 주어졌을 때 f의 치역, $f((-1,\ 2])$, $f^{-1}((-1,\ 2])$, $f^{-1}(1)$을 구하여라.

2. 함수 $f : R \to R$ 이라고 할 때 다음 함수 f의 정의역을 구하여라.

   (a) $f(x) = \dfrac{1}{x-3}$ (b) $f(x) = \sqrt{4-x^2}$ (c) $f(x) = \dfrac{1}{x^2+2}$

3. $f(x) = 2x^2 + x + 1$, $g(x) = \dfrac{1}{3x}$ 일 때 다음을 구하여라.

   (a) $(f \circ g)(x)$ (b) $(g \circ f)(1)$

4. 다음과 같이 정의된 함수 $f : R \to R$의 전사, 단사, 전단사, 전사도 단사도 아닌 것으로 분류하라.

   (a) $f(x) = x^3$ (b) $f(x) = x^3 - x$ (c) $f(x) = \sqrt{x}(x \geq 0)$

5. 다음에서 정의된 함수 f가 단사함수인지 전사함수인지를 각각 판별하고, 전단사함수일 경우 역함수를 구하여라.

   (a) $f : R \to R;\ f(x) = 2x + 1$

   (b) $f : R \to [1,\ \infty);\ f(x) = 2x^2 + 1$

   (c) $f : N \to N;\ f(x) = 2x$

6. $f(x) = 5x + 3(-2 \leq x \leq 3)$의 역함수를 구하여라.

제 6 장
지수함수와 로그함수

6.1 지수함수

정의 6.1

양의 실수 a와 자연수 $n \in N$ 에 대해 $a^n = a \cdot a \cdots a$ (n번 거듭제곱), $a^0 = 1$ 그리고 $a^{-n} = \dfrac{1}{a^n}$ 로 정의한다.

이와같이 정의하면 임의의 양의 실수의 정수 지수가 정의된다. 양의 실수의 유리수 지수를 정의하기 위해 n제곱근의 개념이 필요하다.

양의 실수 a와 자연수 $n \in N$ 에 대해 $x = a^{\frac{1}{n}}$은 $a = x^n$일 때이다. 즉, $x = a^{\frac{1}{n}}$ 은 n 번 거듭제곱하여 a가 되는 수를 뜻한다. 여기서 $x = a^{\frac{1}{n}}$을 a의 n제곱근이라고 한다. 그리고 임의의 양의 실수 a와 유리수 $x = \frac{m}{n}$($n \in N$, $m \in Z$)에 대해 $a^{\frac{m}{n}} = (a^m)^{\frac{1}{n}}$ 으로 정의한다. 이와같이 하면 임의의 양의 실수 a에 대해 유리수 지수 a^x를 정의할 수 있다.

[NOTE]

지수법칙

임의의 유리수 n, m과 양의 실수 a, b에 대해 다음이 성립한다.

1. $a^m \cdot a^n = a^{m+n}$
2. $(a^m)^n = a^{mn}$

3. $(ab)^m = a^m \cdot b^m$ 4. $\dfrac{a^m}{a^n} = a^{m-n}$

5. $(\dfrac{a}{b})^m = \dfrac{a^m}{b^m}$

$a^0 = 1$ 이므로 임의의 양수 a 에 대해 유리수 p를 지수로 갖는 실수 a^p를 정의할 수 있다. 실수 전체는 조밀해서 유리수와 유리수 사이에 무수히 많은 유리수가 존재한다. 지수가 무리수인 경우를 정의하기 위해 $2^{\sqrt{2}}$를 생각하자. 먼저 $\sqrt{2}$를 소수로 나타내면 $1.41421356\cdots$ 이므로 다음과 같은 방법으로 유리수 지수를 갖는 수를 생각할 수 있다.

$2 = 2^1 < 2^{\sqrt{2}} < 2^2 = 4$

$2.639016\cdots = 2^{1.4} < 2^{\sqrt{2}} < 2^{1.5} = 2.828427\cdots$

$2.657372\cdots = 2^{1.41} < 2^{\sqrt{2}} < 2^{1.42} = 2.675855\cdots$

$2.664750\cdots = 2^{1.414} < 2^{\sqrt{2}} < 2^{1.415} = 2.666597\cdots$

$2.665119\cdots = 2^{1.4142} < 2^{\sqrt{2}} < 2^{1.4143} = 2.665304\cdots$

$2.665138\cdots = 2^{1.41421} < 2^{\sqrt{2}} < 2^{1.41422} = 2.665156\cdots$

$2.665143\cdots = 2^{1.414213} < 2^{\sqrt{2}} < 2^{1.414214} = 2.665145\cdots$

$2.665144\cdots = 2^{1.4142135} < 2^{\sqrt{2}} < 2^{1.4142136} = 2.665144\cdots$

$2.665144\cdots = 2^{1.41421356} < 2^{\sqrt{2}} < 2^{1.4142137} = 2.665144\cdots$

$\vdots\vdots\vdots$

그러면 소숫점 여섯 자리에서 근삿값으로 $2^{\sqrt{2}} \approx 2.665144$가 된다. 이와 같은 방법으로 임의의 무리수 x에 대해서도 2^x를 정의할 수 있다.

정의 6.2

1이 아닌 양의 실수 a에 대해 $f(x) = a^x$로 정의된 $f : R \to (0, \infty)$를 a를 밑으로 하는 지수함수라고 한다.

정리 6.1 지수법칙

임의의 실수 x, y와 1이 아닌 양의 실수 a, b에 대해 다음이 성립한다.

1. $a^x \cdot a^y = a^{x+y}$
2. $a^{-x} = \dfrac{1}{a^x} = (\dfrac{1}{a})^x$
3. $a^x \div a^y = a^{x-y}$
4. $(a^x)^y = a^{xy}$
5. $(ab)^x = a^x \cdot b^x$

<지수함수 $y = a^x (a \neq 1,\ a > 0)$의 성질>

1. 정의역은 모든 실수 R이고 치역은 $(0,\ \infty)$이다.
2. $f(x) = a^x$는 R에서 $(0,\ \infty)$로의 전단사함수이다.
3. y절편은 1이고 x축이 수평점근선이 된다.
4. $a > 1$이면 $f(x) = a^x$는 증가함수이고 $0 < a < 1$이면 감소함수이다.

$f(x) = a^x (a \neq 1,\ a > 0)$의 그래프

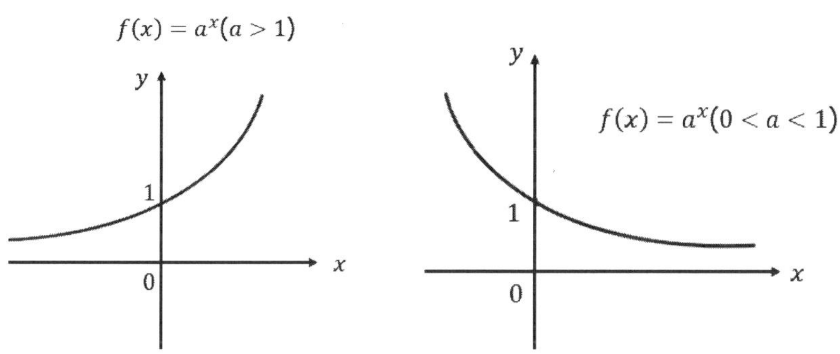

[NOTE]

$e = \lim_{n \to \infty}(1 + \dfrac{1}{n})^n \approx 2.718281828 \cdots$ 에 대해 무리수 e를 밑으로 하는 지수함수 $y = e^x$를 자연지수함수라 한다. $e > 1$이므로 무리수 e를 밑으로 하는 지수함수 $y = e^x$는 다음의 성질을 만족한다.

<지수함수 $y = e^x$ 의 성질>

1. 정의역은 모든 실수 R이고 치역은 $(0, \infty)$이다.

2. $f : R \to (0, \infty)$; $f(x) = e^x$은 증가, 연속, 전단사함수이다.

3. y절편은 1이고 x축이 수평점근선이 된다.

단, $g : R \to (0, \infty)$; $g(x) = e^{-x}$은 감소, 연속, 전단사함수이다.

<u>$f(x) = e^x$와 $f(x) = e^{-x}$의 그래프</u>

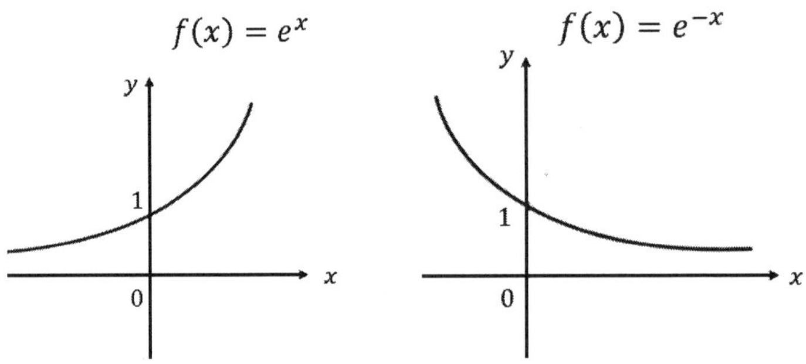

6.2 로그함수

$f : R \to (0, \infty)$; $f(x) = a^x (a > 0,\ a \neq 1)$은 전단사함수이므로 역함수를 가진다. 이 역함수를 로그함수(logarithmic function)라 하고 $f(x) = \log_a x$ 라 쓴다. 이때, a를 밑수라 한다. 즉, $y = \log_a x \Leftrightarrow x = a^y$ 이다.

[NOTE]

1. 임의의 실수 $x \in R$에 대해 $\log_a a^x = x$이다.

2. 임의의 양의 실수 $x \in R$에 대해 $a^{\log_a x} = x$를 만족한다.

3. 로그함수 $y = \log_a x$의 그래프는 지수함수 $y = a^x$의 그래프와 직선 $y = x$에 대칭이다.

<u>$f(x) = \log_a x (a \neq 1,\ a > 0)$의 그래프</u>

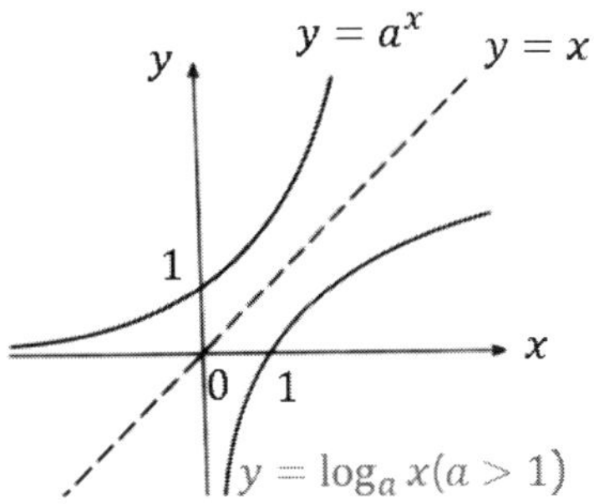

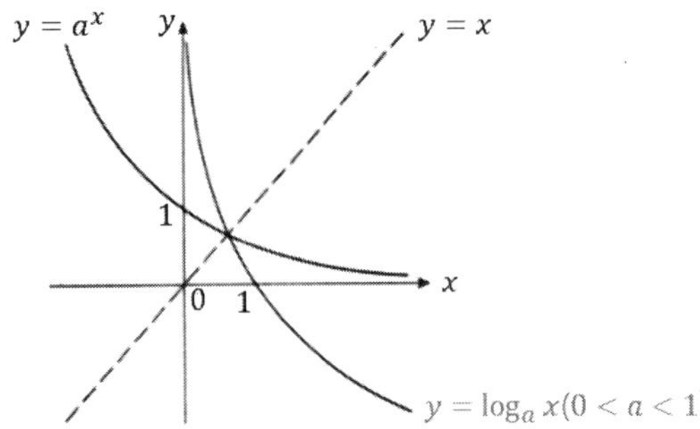

<로그함수의 성질 1>

1. $y = \log_a x$은 정의역이 $(0,\ \infty)$, 치역이 R 인 전단사함수이다.

2. $a > 1$일 때 $y = \log_a x$는 증가함수이고, $0 < a < 1$일 때 $y = \log_a x$는 감소함수이다.

3. $a > 1$인 경우, $0 < x < 1$일 때 $\log_a x < 0$이고 $x > 1$일 때 $\log_a x > 0$이다.

[NOTE]

밑수가 10인 로그를 상용로그라 하고 $y = \log_{10} x$ 대신 간단히 $y = \log x$라 쓴다. 그리고 밑수가 e인 로그를 자연로그라 하고 $y = \log_e x$ 대신 간단히 $y = \ln x$라 쓴다.
여기서 $e = \lim_{x\to\infty}(1 + \dfrac{1}{x})^x$ 이다.

<u>$f(x) = \ln x$의 그래프</u>

로그함수 $y = \ln x$ 는 지수함수 $y = e^x$ 의 역함수이다.
따라서 두 함수의 그래프는 직선 $y = x$ 에 대해서 대칭이다.

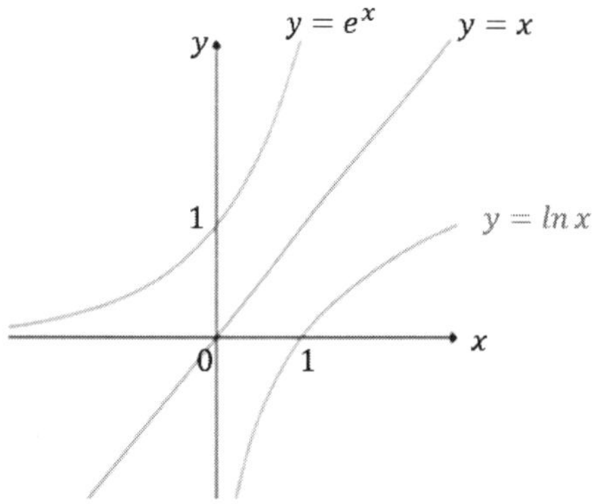

예제 6.1

다음 지수식을 동치인 로그 식으로 나타내어라.

1. $10^0 = 1$ 2. $3^1 = 3$ 3. $3^{-a} = b$ 4. $e^a = 1.5$

풀이

1. $10^0 = 1$ **이면** $\log_{10} 1 = 0$
2. $3^1 = 3$ **이면** $\log_3 3 = 1$
3. $3^{-a} = b$ **이면** $\log_3 b = -a$
4. $e^a = 1.5$ **이면** $\log_e 1.5 = a$

예제 6.2

다음 로그 식을 동치인 지수식으로 나타내어라.

1. $\log_3 3 = 1$ 2. $\log_{10} \frac{1}{c} = -b$ 3. $\log_e 1 = 0$ 4. $\log_7 \frac{1}{49} = -2$

풀이

예제6.1과 같은 방법으로 구할 수 있다.

[NOTE]

$a > 0,\ a \neq 1$ 인 실수 a에 대해 $\log_a a = 1$ 이고 $\log_a 1 = 0$

<로그함수의 성질 2>

$a > 0,\ a \neq 1$ 인 실수 a 와 양수 $b,\ c$에 대해

1. $\log_a bc = \log_a b + \log_a c$
2. $\log_a \frac{b}{c} = \log_a b - \log_a c$
3. $\log_a b^r = r \log_a b$ ($r \in R$)
4. $\log_a b = \frac{\log_c b}{\log_c a}$ ($c \neq 1$ 인 양수)

$(\because)$

1. $\log_a b = A,\ \log_a c = B$ 라 하면 역함수 관계로부터 $b = a^A,\ c = a^B$ 이다.

   따라서 $bc = a^A a^B = a^{A+B}$ 가 된다.

   그러므로 $\log_a bc = A + B = \log_a b + \log_a c$
2. $\log_a b = A,\ \log_a c = B$ 라 하면 역함수 관계로부터 $b = a^A,\ c = a^B$ 이다.

   따라서 $\frac{b}{c} = \frac{a^A}{a^B} = a^{A-B}$ 이다.

   그러므로 $\log_a \frac{b}{c} = A - B = \log_a b - \log_a c$ 를 만족한다.
3. $\log_a b = A$ 라 하면 역함수 관계로부터 $b = a^A$ 이다.

   따라서 $\log_a b^r = \log_a (a^A)^r = \log_a a^{rA} = rA = r \log_a b$ 이다.
4. $\log_a b = A$ 라 하면 역함수 관계로부터 $b = a^A$ 이다.

   따라서 $\log_c b = \log_c a^A = A \log_c a$ 이다.

   그러므로 $\log_a b = \frac{\log_c b}{\log_c a}$ 이다.

[NOTE]

$\log_a b = \frac{\log_c b}{\log_c a}$ 에서 $c = e$를 대입하면 $\log_a b = \frac{\log_e b}{\log_e a} = \frac{\ln b}{\ln a}$ 가 된다.

제 2 부
경영, 경제학에의 응용

제 7 장
수요, 공급함수

7.1 수요, 공급함수

7.1.1 수요함수

정의 7.1

1. 수요: 소비자가 재화와 용역을 구매하고자 하는 욕구.
2. 수요량: 일정기간 동안 소비자가 재화와 용역을 구매하고자 하는 수량.
3. 재화: 사용 또는 소비 등을 통해 사람들의 효용을 증가시킬 수 있는 형태를 가진 모든 것.
4. 용역: 토지, 자본, 노동이라는 각 생산요소나 정부 등이 재(財)를 생산하거나 직접 인간의 욕망을 충족시키고자 하는 봉사활동.
5. 수요함수: 소비자의 수요에 영향을 미치는 요인들과 수요량 간의 관계를 나타내는 함수.

재화의 시장수요함수는 그 재화의 가격, 소득, 소비자의 기호 등 다양한 변수들의 함수로 나타난다. 분석의 단순화를 위해 가격이외의 모든 변수들이 일정하다고 가정하면 하나의 변수로 구성된 함수 $Q_d = D(p)$로 나타낼 수 있다. 여기서 Q_d 는 수요량, p는 재화의 가격을 의미한다.

수요함수의 형태는 다음과 같다.

그림에서 보는 바와 같이 시장수요함수는 가격이 상승하면 수요량이 감소하고 가격이 하락하면 수요량이 증가한다.

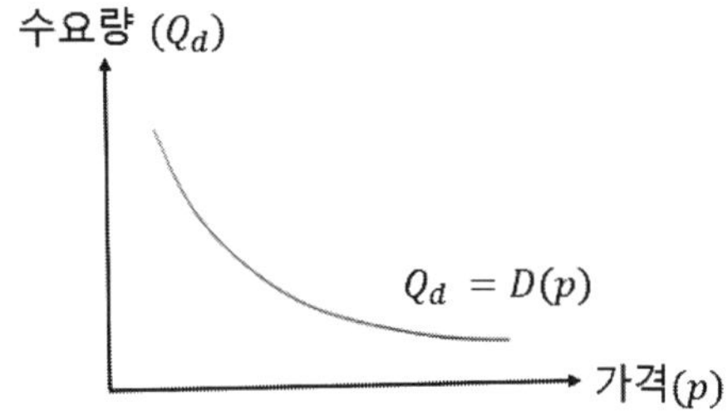

7.1.2 공급함수

정의 7.2

1. 공급: 생산자가 재화나 용역을 판매하고자 하는 욕구.
2. 공급함수: 재화의 가격, 다른 재화들의 가격, 자본과 노동 등의 생산요소 가격, 기술 수준 등의 요인들과 공급량과의 관계를 나타내는 함수.

공급함수는 그 재화의 가격, 다른 재화의 가격, 자본과 노동 등의 생산요소 가격, 기술 수준 등의 요인들과 공급량의 관계를 나타내는 함수이다. 수요함수와 마찬가지로 분석의 단순화를 위해 그 재화의 가격이외의 모든 변수들이 일정불변이라고 가정한다면 공급량 $Q_s = S(p)$로 나타낼 수 있다. 공급함수의 형태는 아래와 같다.

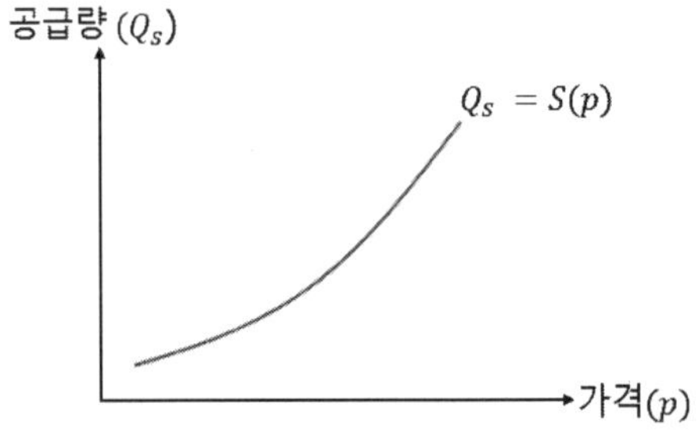

그림에서 보는 바와 같이 공급함수는 가격이 상승하면 공급량이 증가하고 가격이 하락하면 공급량이 감소한다.

일정 재화에 대한 시장수요와 공급이 소비자들의 의도와 생산자들의 의도, 즉 수요량과 공급량이 일치할 때의 균형조건인 균형가격과 균형 수급량은 다음 식을 통해 구할 수 있다.

$$Q_d = Q_s \text{ 또는 } D(p) = S(p).$$

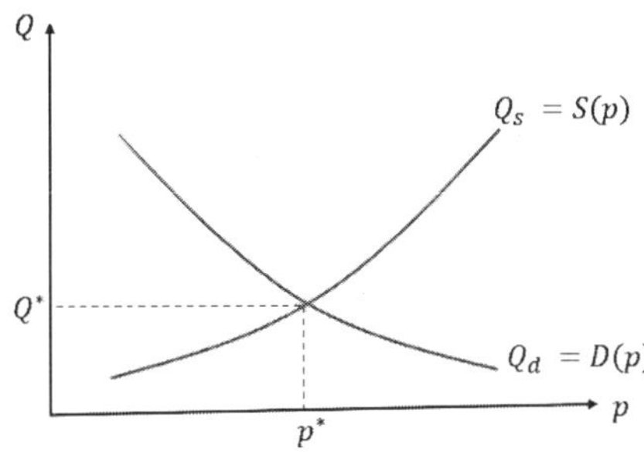

시장의 균형은 수요곡선과 공급곡선이 교차하는 점에서 달성되며 이때 얻어지는 가격 p^*와 수급량 Q^*가 곧 균형가격과 균형 수급량이 된다.

일반적으로 수요함수의 기울기는 음의 값을 가지고 공급함수의 기울기는 양의 값을 가진다.

시장균형은 수요량과 공급량이 일치하는 점에서 발생한다. 수량과 가격에 대한 단위가 두 방정식에서 같다면 균형 수량과 균형가격은 수요함수와 공급함수의 교차점에서 발생한다. 여기서 일반적으로 균형점이 타당하게 이루어지려면 수요·공급함수는 1 사분면에서 교차하여야 한다. 따라서 수요함수의 y절편값이 공급함수의 y절편값보다 크거나 같고 수요함수의 x절편값이 공급함수의 x절편값보다 크거나 같다면 균형점은 타당하다.

예제 7.1

$D(p) = \dfrac{48}{p} - 4$ 은 어떤 상품의 수요량을 나타내는 함수라고 한다.

1. 수요함수의 정의역을 구하여라.
2. 수요함수의 정의역이 $(0, \infty)$ 이 되도록 수요함수를 재정의하여라.

풀이

1. 수요량이 음수일 수 없으므로 $\frac{48}{p} - 4 \geq 0$ 이어야 한다. 따라서 $p \leq 12$.

   p는 가격이므로 $p \geq 0$이어야 하는데 $D(p) = \frac{48}{p} - 4$은 0에서 정의되지 않으므로 $p > 0$이다. 그러므로 수요함수의 정의역은

   $\{p \in R | 0 < p \leq 12\} = (0,\ 12]$ 이다.

2. 수요함수는 $p > 12$이면 재화에 대한 수요량이 음의 값을 갖게 되어 현실적인 의미가 없어지게 된다.

   따라서 수요함수의 정의역이 $(0,\ \infty)$ 이 되도록 하려면 수요함수를

   $D(p) = \begin{cases} \frac{48}{p} - 4,\ 0 < p \leq 12 \\ 0,\ p > 12 \end{cases}$ 으로 재정의해야 한다.

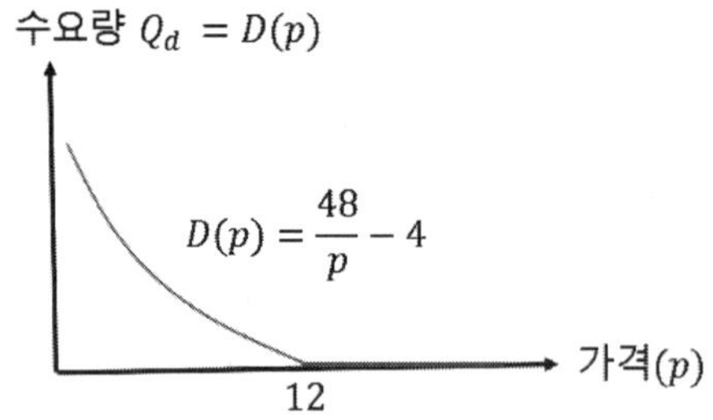

예제 7.2

$D(p) = 36 - p^2$는 수요함수, $S(p) = 2p + 1$는 공급함수일 때

1. 수요함수와 공급함수의 정의역이 $[0,\ \infty)$이 되도록 수요함수와 공급함수를 재정의하여라.
2. 수요와 공급이 일치할 때의 균형가격과 균형 수급량을 구하여라.

풀이

1. 수요함수와 공급함수의 정의역이 $[0, \infty)$이 되도록 수요함수와 공급함수를 재정의하면 아래와 같다.

(a) $D(p) = \begin{cases} 36 - p^2, \ 0 \le p \le 6 \\ 0, \ p > 6 \end{cases}$　　(b) $S(p) = 2p + 1, \ p \ge 0$

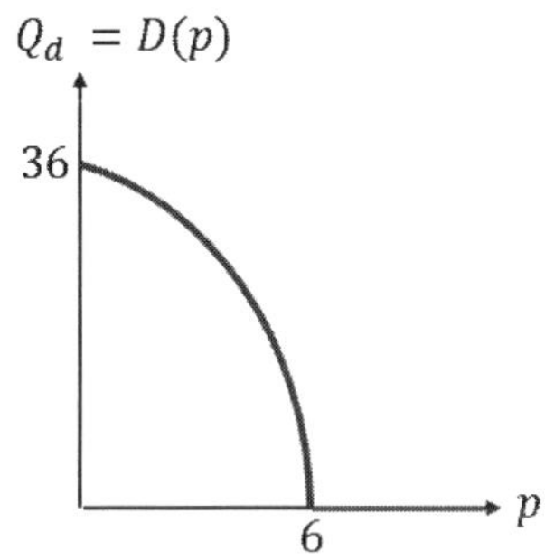

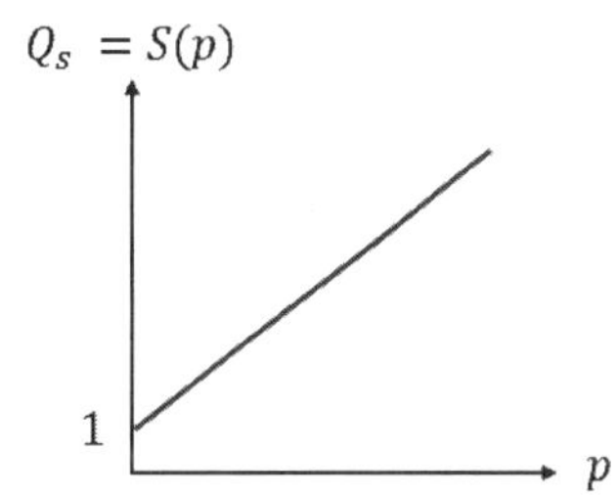

2. $D(p) = S(p)$ 에서 $36 - p^2 = 2p + 1$ 이다. 정리하면 $p^2 + 2p - 35 = (p - 5)(p + 7) = 0$ 이므로 $p = 5$ 또는 $p = -7$이다. 그런데 $p > 0$ 이어야 하므로 균형가격은 $p = 5$가 된다. $p = 5$ 일 때의 균형 수급량은 $2 \times 5 + 1 = 11$ 이다.

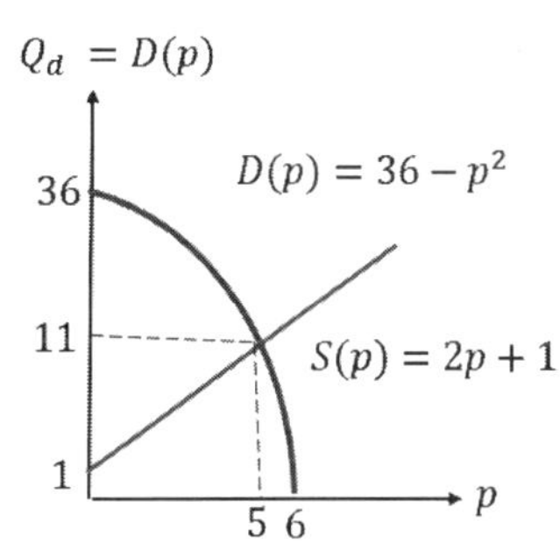

예제 7.3

$D(p) = 36 - \dfrac{p^2}{4}$ 은 수요함수, $S(p) = 4p - 12$ 는 공급함수라고 하자.
다음 물음에 답하여라.

1. 수요함수와 공급함수의 정의역이 $[0, \infty)$이 되도록 수요함수와 공급함수를 재정의하여라.

2. 수요와 공급이 일치할 때의 균형가격과 균형 수급량을 구하여라.

풀이

예제7.2와 같은 방법으로 구하면 된다.

예제 7.4

향수 1개의 가격을 p라 할 때 수진의 수요함수는 $D_1(p) = 24 - 2p$로, 영진의 수요함수는 $D_2(p) = 9 - p$로 추정된다. 수진과 영진이 구입하고자 하는 향수의 양을 p의 함수로 나타내어라.

풀이

$D_1(p)$ 와 $D_2(p)$를 재정의해 보면

$$D_1(p) = \begin{cases} 24 - 2p, \ 0 \le p \le 12 \\ 0, \ p > 12 \end{cases} \quad \text{이고} \quad D_2(p) = \begin{cases} 9 - p, \ 0 \le p \le 9 \\ 0, \ p > 9 \end{cases}$$

가 된다.

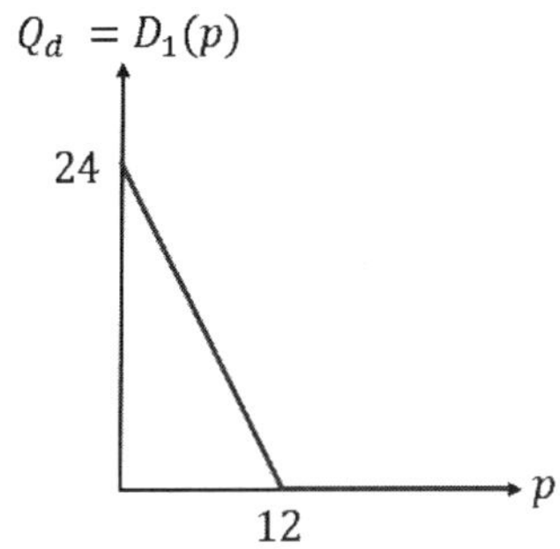

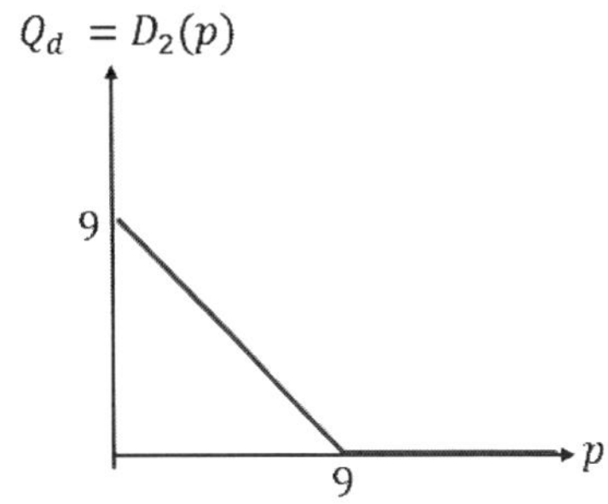

수진과 영진이 구입하고자 하는 향수의 양을 p의 함수로 나타내면

$$D(p) = D_1(p) + D_2(p) = \begin{cases} 33 - 3p, \ 0 \le p \le 9 \\ 24 - 2p, \ 9 < p \le 12 \\ 0, \ p > 12 \end{cases}$$

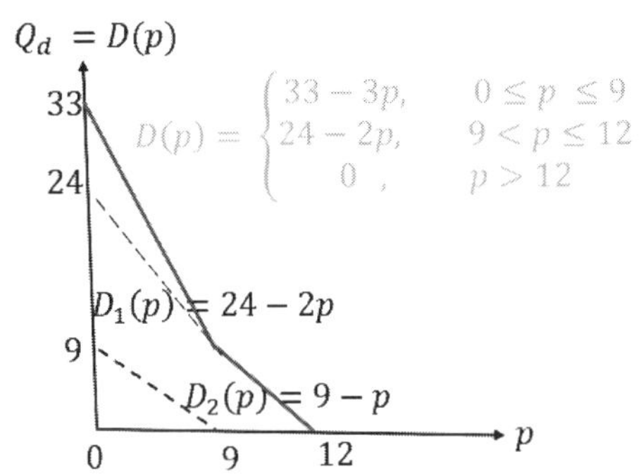

예제 7.5

A 회사는 취미용 드론을 독점 생산, 판매하고 있다. 이 드론의 생산 비용은 생산 대수를 Q라 할 때 $C(Q) = 300 + 20Q$로 추정되며 1주일 수요량 $D(p)$는 가격을 p라 할 때 $D(p) = 50 - \frac{p}{2}$인 것으로 밝혀졌다.

1. A 회사의 수입을 판매량 Q의 함수로 나타내어라.

2. A 회사의 이익을 판매량 Q의 함수로 나타내어라.

풀이

1. A 회사의 수요량 $D(p)$ 를 Q라 하면 $Q = D(p) = 50 - \frac{p}{2}$ 에서 정리하면 $p = 100 - 2Q$ 이다. 따라서 1주일 수입 $R(Q)$는

   $R(Q) = pQ = (100 - 2Q)Q = 100Q - 2Q^2$ 가 된다.

2. A 회사의 1주일 이익은 1주일 수입에서 생산비용을 빼면 된다. 따라서 A 회사의 1주일 이익은 $(100Q - 2Q^2) - (300 + 20Q) = -2Q^2 + 80Q - 300$ 이다.

예제 7.6

K회사에서 독점 생산하고 있는 타이어의 1주일간 수요가 $D(p) = 5000 - 40p$ 인 것으로 추정하고 있다. 1주일간의 총수입을 판매량 Q의 함수로 나타내고 이 함수의 정의역과 치역을 구하여라. 판매량이 얼마일 때 1주일간의 총수입이 최대가 되는가?

풀이

1주일간의 수입 함수를 $R(Q)$라고 한다면 $R(Q) = pQ$ 가 된다. 판매량 Q는 가격 p에 의해 결정되는 수요량과 일치하므로 $Q = 5000 - 40p$ 에서 $p = 125 - \frac{Q}{40}$ 이다. 따라서 수입함수 $R(Q)$는

$$
\begin{aligned}
R(Q) = pQ &= (125 - \frac{Q}{40})Q \\
&= 125Q - \frac{Q^2}{40} \\
&= -\frac{1}{40}(Q^2 - 5,000Q) \\
&= -\frac{1}{40}(Q - 2500)^2 + 156,250
\end{aligned}
$$

따라서 정의역은 $\{Q|0 \leq Q \leq 5,000\}$, 치역은 $\{R(Q)|0 \leq R(Q) \leq 156,250\}$ 이고 판매량 $Q^* = 2,500$ 일 때 1주일간의 총수입은 156,250원으로 최대가 된다.

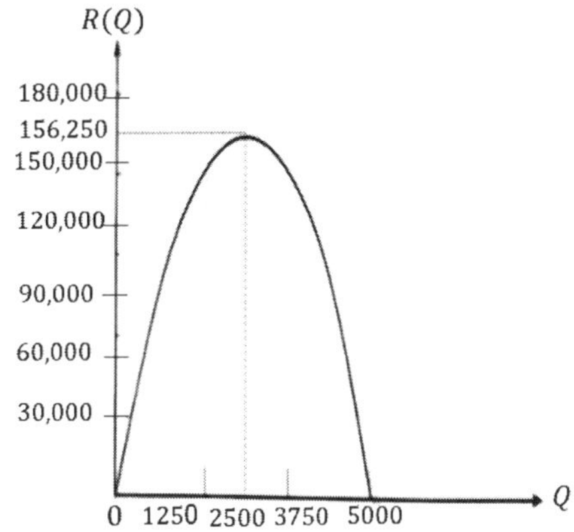

7.2 선형 예측 모형

선형함수는 두 점으로 결정될 수 있으므로 두 점을 이용하여 모형을 구축한 후에 예측할 수 있다.

예제 7.7

A 전자는 가격파괴를 선언하면서 업소용 냉장고 판매촉진을 실시하고 있다. 판매량과 순이익 사이 관계를 조사하니 100대를 팔면 순이익 2,500만 원이 생기고 200대를 팔면 4,500만 원이 생긴다고 한다. 판매량과 순이익 사이에 선형관계가 있다고 할 때 선형모형을 이용하여 250대의 판매량에 대한 순이익을 예측해 보아라.

풀이

x를 냉장고 판매량, y를 순이익이라 하자. 냉장고 100대를 팔면 순이익 2,500만 원이 생기고 200대를 팔면 4,500만 원이 생기므로 판매량과 순이익 사이의 선형함수는

$$y - 25,000,000 = \frac{45,000,000 - 25,000,000}{200 - 100}(x - 100) \text{ 가 된다.}$$

정리하면 $y = 200,000x + 5,000,000$ 이다.

따라서 250대 판매에 대한 예상 순이익은

$y = 200,000 \times 250 + 5,000,000 = 55,000,000$원.

예제 7.8

x개의 상품을 생산하는데 $5x + 1000$원의 총비용이 소요된다고 한다. 이때 $y = 5x + 1000$의 직선에서 y절편과 기울기가 갖는 의미는 무엇인가?

풀이

y절편 1000은 생산업자의 고정비용. 즉, 생산량에 관계없이 반드시 지불해야하는 임대료, 월급, 보험료 등이 해당된다. 기울기 5의 의미는 추가적으로 한 개 더 생산하는데 소요되는 비용이다. 즉, x가 1단위 증가할 때 총비용 y는 5씩 증가한다. 이것을 변동비용이라 한다.

7.3 손익 분기점 분석

정의 7.3

손익분기점은 한 기간의 매출액이 당해 기간의 총비용과 일치하는 점을 말한다. 즉, 매출액이 그 이하로 감소하면 손실이 나며, 그 이상으로 증대하면 이익을 가져오는 기점을 가리킨다.

예제 7.9

어느 상품의 생산 비용은 고정비용 10,000,000원에 생산 단위당 25,000원이고 판매 수입은 단위당 판매가 30,000원이라고 한다. 손익분기점을 계산해보아라.

풀이

생산 비용은 고정비용 10,000,000원에 생산 단위당 25,000원이므로 손익분기점을 구하기 위해 $25,000x + 10,000,000 = 30,000x$를 만족시키는 x의 값을 구하면 된다. 이를 풀면 $x = 2,000$이다. 이는 생산량이 2,000보다 큰 경우는 이익이 발생하고 이보다 적은 양에서는 손실이 발생한다는 뜻이다.

<손익분기점 분석 도표>

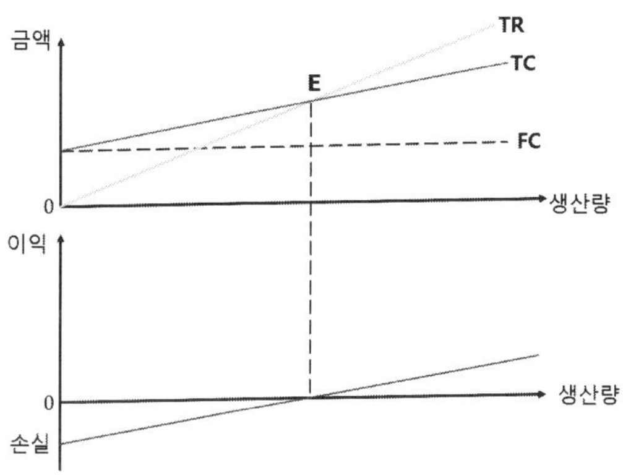

도표에 보는 바와 같이 가로축을 생산량, 세로축을 비용과 수익이라 두자. 여기서 **FC(fixed cost)**는 고정비, 생산량의 크기에 관계없이 일괄적으로 지출되는 고정된 비용이다. **TC(total cost)**는 총비용, **TR(total revenue)**은 매출량의 변동에 따라 변하는 총수익이다. **TC**와 **TR**의 교차점 **E**는 손익분기점이 되는데, 이 점에서 생산자는 비용과 수익의 차가 0이 되며 총수익으로 총비용을 모두 충당할 수 있게 된다. 만약 생산자가 이익을 남기려면 E 이상의 생산량을 판매해야 한다.

<손익분기점 구하는 공식>

Q를 생산량, V를 단위당 변동비, P를 단위당 판매가격이라고 하자. 그러면

1. 총수익은 $TR = P \times Q$ 이다.

2. 총비용은 $TC =$고정비+변동비$= FC + V \times Q$가 된다.

3. 이익은 $G = TR - TC = P \times Q - (FC + V \times Q)$ 가 된다.

손익분기점은 이익이 0인 점이므로 $P \times Q - (FC + V \times Q) = 0$ 이고
손익분기점이 되는 생산량은 $Q = \dfrac{FC}{P - V}$ 이다.

예제 7.10

어느 향수 공방의 1개월 동안의 고정비는 600만 원이고 향수 1병을 만드는 데 드는 재료비, 인건비 등 변동비는 15,000원이다.

1. 향수 한 병을 25,000원에 판매한다고 할 때 손익분기점에서 생산량을 구하여라.
2. 월 1,000,000원의 이익을 보려면 한 달에 향수 몇 병을 팔아야 하는가?

풀이

1. $Q = \dfrac{FC}{P - V} = \dfrac{6,000,000}{25,000 - 15,000} = 600$병
2. $G = P \times Q - (FC + V \times Q)$ 에서

   $Q = \dfrac{G + FC}{P - V} = \dfrac{1,000,000 + 6,000,000}{25,000 - 15,000} = 700$병

손익분기점 분석은 경영자가 최소한의 고정비를 부담할 수 있는 생산량을 결정할 때 도움이 되는 기법이다.

예제 7.11

A 회사의 총생산비용은 생산량과 1차식의 함수관계를 갖는다고 한다. 100개의 휴대폰 대용량 보조배터리를 생산하는데 소요되는 총비용은 150만 원이고 200개의 보조배터리를 생산하는데 250만 원이 소요된다.

1. 생산비용 $C(Q)$를 생산량 Q의 선형함수로 나타내어라.
2. 보조배터리 한 대당 30,000원에 판매할 수 있다면 이 회사의 손익분기점 판매량은 얼마인가?

풀이

1. $C(Q) = aQ + b$ 라 두면 $C(Q)$는 (100, 150만), (200, 250만) 을 지나므로

   $a = \dfrac{2,500,000 - 1,500,000}{200 - 100} = 10,000$ 이고

   $b = C(100) - 100a = 1,500,000 - 1,000,000 = 500,000$ 이다.

   따라서 $C(Q) = 10,000Q + 500,000$ 이다.

2. 손익분기점을 구하기 위해 $30,000Q = 10,000Q + 500,000$을 만족하는 Q를 구하면 된다. 정리하면 $Q = 25$개다.

7.4 선형 수요, 공급함수

한 가지 종류의 상품에 대한 수요와 공급함수가 선형이라고 가정하자.

1. 선형수요함수

수요량이 가격의 증감에 반비례한다. 특별한 경우를 제외하고는 상품의 가격이 오르면 수요는 감소하고 가격이 내리면 수요는 증가한다.

(a) 공급은 생산자가 재화나 용역을 판매하고자 하는 욕구이다.

(b) 공급함수는 재화의 가격, 다른 재화들의 가격, 자본과 노동 등의 생산요소 가격, 기술 수준 등의 요인들과 공급량과의 관계를 나타내는 함수이다.

2. 선형공급함수

공급량은 가격의 증감에 비례한다. 상품의 가격이 오르면 공급량이 증가하고 가격이 내리면 공급량은 감소한다.

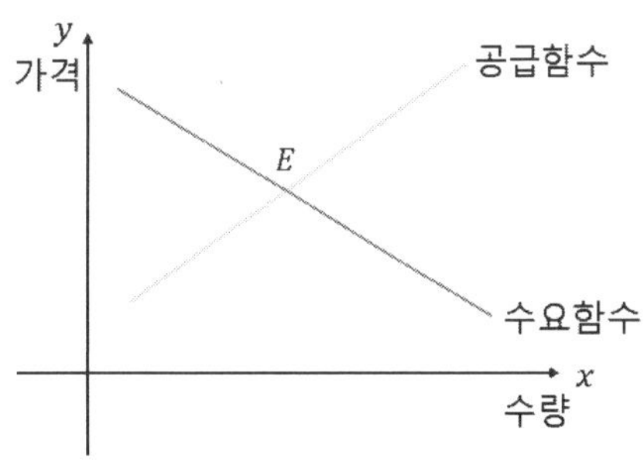

수요·공급함수의 x축에는 수량, y축에는 가격을 표시한다. 균형 수량과 균형가격은 수요 공급함수의 교차점에서 발생하는데 일반적으로 균형점이 타당하게 이루어지려면 수요 공급함수는 1사분면에서 교차해야 한다.

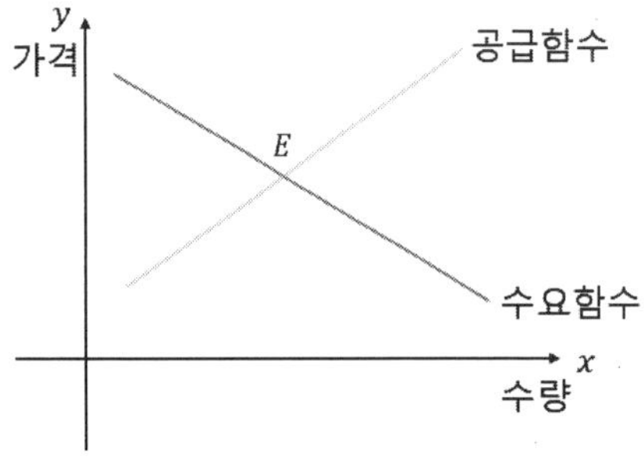

<타당한 균형 발생>

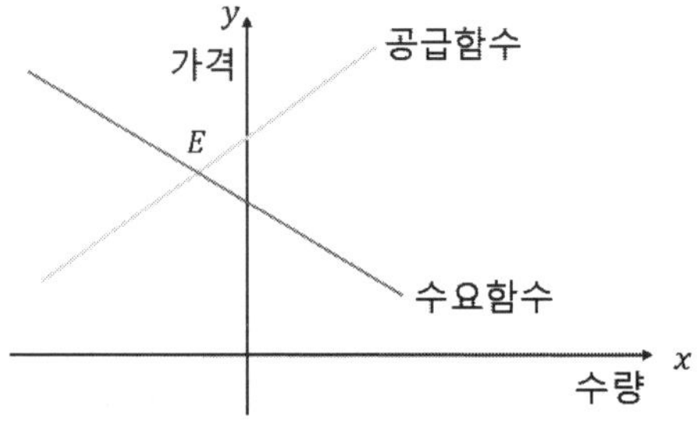

<타당하지 않은 균형 발생>

예제 7.12

단위당 가격 x에 대해 수요량 y의 수요함수 $y = 10 - x$와 단위당 가격 x에 대해 공급량 y의 공급함수 $y = 5 + 4x$에 대해 수요함수와 공급함수의 균형점을 구하여라.

풀이

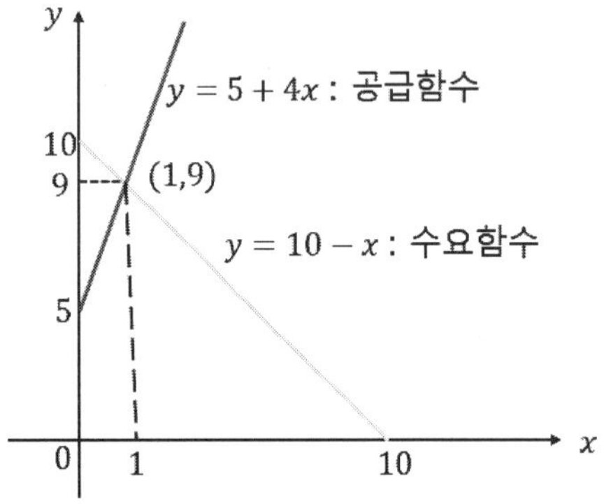

두 방정식을 연립해서 풀면 $10-x = 5 + 4x$이다. 정리하면 $5x = 5$이므로 $x = 1$, $y = 9$이 된다. 그러므로 균형가격은 $x = 1$, 균형수량은 $y = 9$이다.

제 8 장
경제학

8.1 경제학이란 무엇인가?

8.1.1 경제학과 경제적 유인

경제학이란 다양한 사람이나 조직, 가계, 기업, 정부 등 경제주체가 시장에서 재화, 서비스와 돈을 서로 교환하는 경제활동을 어떤 가설을 기초로 모델화해서 간단하면서도 이론적으로 설명하려고 하는 학문을 말한다.

예를 들어 한 재래시장에 야채 가게 두 곳이 나란히 붙어있다고 하자. A 야채가게에서는 오이 하나가 1,000원이고, B 야채 가게에서는 500원이라고 하면 누구나 B 야채가게에서 500원짜리 오이를 살 것이다. 그런데 1,000원짜리 오이를 파는 A 야채가게는 바로 집 근처에 있고 500원짜리 오이를 파는 B 야채가게는 자가용으로 1시간 거리에 있다면 500원짜리 오이를 사기 위해 1시간 동안 차를 몰고 가는 사람은 없을 것이다. 이와같이 일반적으로 사람들은 어떤 경제적인 목적을 달성하기 위해 주어진 제약 속에서 가장 이익이 되는 방법을 선택하는 최적화 행동을 하게 된다.

처벌 가능성이나 보상과 같이 사람이 행동하도록 만드는 경제적인 그 무엇을 경제적 유인이라고 한다. 합리적인 사람은 어떤 행동을 하고자 할 때 그 행동에 따른 이득과 비용을 비교해서 의사결정을 하기 때문에 경제적 유인에 반응하게 된다.

경제적 유인이 있으면 어떤 선택을 할 의욕이 높아진다. 예를 들어 직원은 월급이 올라가면 의욕을 갖고 더 열심히 일하지만, 기업에서 야근 수당을 지불하지 않고 직원에게

일방적으로 야근을 강요한다면 직원들은 제대로 일을 하지 않을 것이다.

8.1.2 미시경제학과 거시경제학

일반적으로 경제학은 미시경제학과 거시경제학으로 나누어진다. 미시경제학은 경제적 의사결정의 주체인 개별단위, 예컨대 가계, 기업, 생산요소의 공급자(노동자, 자본가, 지주 등)와 이들 상호간의 관계, 나아가서 개별시장의 행위를 대상으로 삼는다. 즉 미시경제학은 개별단위를 강조함으로써 상대가격, 교환관계, 주어진 자원의 배분 및 일정 수준의 소득 분배 등을 대상으로 한다.

반면 거시경제학은 경제 전체 또는 경제 전체를 주요 부분(총소비, 총투자, 총저축, 정부지출 등)으로 나누어, 모든 개별적인 재화와 용역을 집계하고 그 총계를 대상으로 삼는다. 즉, 거시경제학은 경제의 총체적 측면을 강조함으로써 소득, 고용 및 가격의 총체적인 수준, 인플레이션 및 경기후퇴, 실업 및 완전고용, 경제성장률 등을 다룬다.

8.1.3 희소성과 가격

희소성이란 그것을 충족시킬 수 있는 물적 수단의 공급이 상대적으로 부족한 상태를 말한다. 경제학에서 희소성은 수요와 공급의 상대적인 크기에 따라 결정된다. 모든 사람이 필요로 하는 수요가 높은 것이어도 흔하다면 희소성은 떨어진다. 생활에 꼭 필요한 재화는 아니지만 양이 적으면 가격이 비싸게 된다.

예를 들어 물은 사람의 생존에 절대적으로 필요한 것이다. 만약 수돗물을 페트병에 담아 거리에서 10,000원에 팔고 있는 사람을 본다면 비싸서 아무도 사먹지 않을 것이다. 그러나 사막에서 길을 잃고 헤매다 거의 탈진 상태에서 10,000원에 팔고 있는 사람을 본다면 물을 당장 사먹게 될 것이다.

실제로 중동 산유국에서는 석유보다도 물이 희소성이 높다. 그래서 물의 가격이 한국보다 비싸다. 그리고 다이아몬드는 생활에 꼭 필요한 재화는 아니지만, 공급이 한정되어있어 희소성이 높다. 그래서 다이아몬드의 가격이 비싸다.

8.1.4 기회비용

경제학에서 비용이란 어떤 경제행위를 할 때 발생하는 손실을 말한다. 그리고 '하나의 대안이 선택되었을 때 다른 대안들에서 얻을 수 있는 잠재적 이익의 상실'을 기회비용(opportunity cost)이라고 한다. 이것은 1914년 오스트리아 경제학자 프리드리히 폰 비저(Friedrich von Wieser)가 만든 말이다.

기회비용은 '어떤 행위를 하기 위해 포기해야 하는 다른 기회의 최대 가치'라는 점에서 '선택의 비용'이기도 하다. 여기서 기회비용은 경제주체가 처한 상황에 따라서 달라진다. 예를 들어 A 씨와 B 씨가 국민참여재판의 배심원으로 참여한다고 가정하자.

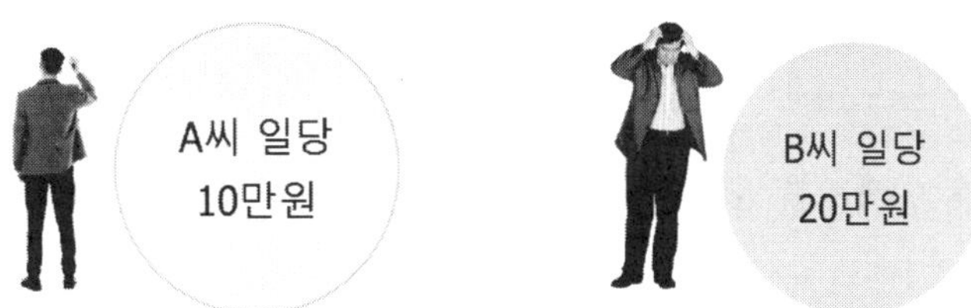

A 씨의 일당은 10만 원이고 B 씨의 일당은 20만 원인 상태에서 국민참여재판의 배심원으로 참여하기 위해 일을 하루 쉰다면 A 씨는 일당 10만 원을 포기해야 하고 B 씨는 일당 20만 원을 포기해야 한다. 즉, A 씨의 기회비용은 10만 원, B 씨의 기회비용은 20만 원이다. 일당이 높은 B 씨 쪽의 기회비용이 더 크다. 결국 배심원이 되어 똑같은 일당을 받는다고 한다면 기회비용이 높은 사람일수록 배심원이 되고 싶지 않을 것이다.

8.1.5 한계비용과 한계편익

한계비용이란 생산량을 한 단위 증가시키는데 필요한 생산비의 증가분을 가리킨다. 한계생산비라고도 한다. 한편, 재화를 하나 살 때 그 만족도를 화폐 단위로 바꾼 것을 한계편익이라고 한다. 어떤 소비재의 구입량을 확대하면 구입 총비용이 증가하지만 소비에서 얻을 수 있는 만족도도 증가한다. 그러나 재화를 하나 살 때마다 얻어지는 만족도는 구입하는 개수가 늘어날수록 작아진다. 재화를 하나 살 때 그 만족도를 화폐 단위로 바꾼 것을 한계편익이라 한다.

예를 들어 A씨가 1,000원짜리 오렌지 세 개를 구입했다고 하자. 이 상태에서 오렌지를 한 개 더 추가로 사는 것이 이익일까 아니면 손해일까?

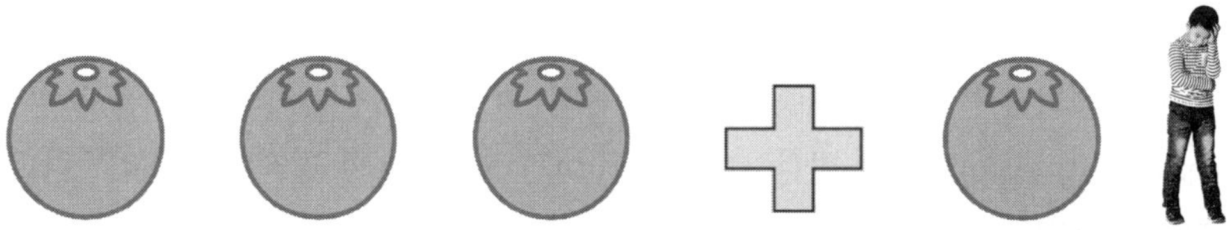

이미 세 개를 구입했으므로 하나 더 추가로 구입하면 총 구입 금액은 3,000원에서 4,000원으로 늘어난다. 재화를 한 단위 더 구입했을 때 지불하는 총비용의 증가분이 한계비용이므로 이 경우 한계비용은 1,000원이 된다. 만일 네 개째 오렌지를 구입할 때의 한계편익이 1,500원이라고 한다면 한계비용 1,000원을 지불한다고 해도 그 돈으로 얻을 수 있는 만족도가 높으니까 이 경우에는 오렌지를 하나 더 사는 것이 이익이다.

그러나 다섯 개째 오렌지를 구입할 때 한계편익이 500원이라고 한다면 한계비용 1,000원보다 얻을 수 있는 만족도가 낮기 때문에 이 경우에는 오렌지를 하나 더 구입하지 않는 것이 바람직하다.

그러면 오렌지 가격이 2,000원으로 상승했다면 이 경우 한계비용은 2,000원이 되므로 네 개째부터 한계비용이 한계편익보다 비싸다. 따라서 오렌지 가격이 2,000원으로 상승했다면 오렌지는 세 개까지만 사는 것이 바람직하다. 실제로 가장 합리적인 소비를 하기 위해서는 한계편익과 한계비용이 일치하는 점에서 소비를 해야 한다.

8.2 수요와 공급

8.2.1 가격과 수요, 공급

1. 수요의 법칙

어떤 재화의 가격이 오르면 수요량이 줄고, 반대로 재화의 가격이 내려가면 수요량이 증가하는 경향이 있다. 즉, 가격과 수요량은 반비례 관계이다. 이를 수요의 법칙이라 한다. 그리고 이 관계를 그림으로 나타낸 것이 수요곡선이다. 오른쪽 그림과 같이 수요곡선은 우하향 곡선이 된다.

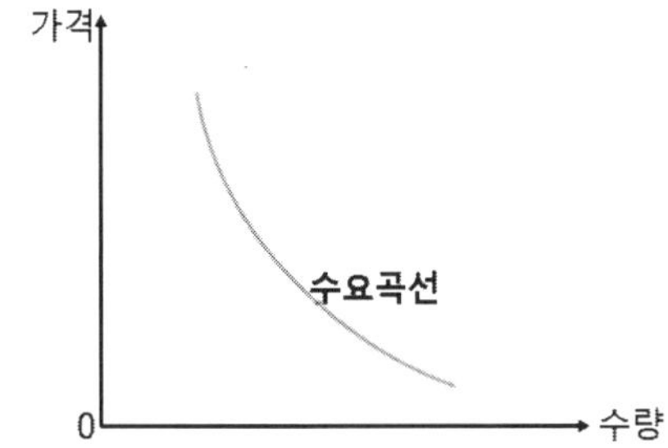

2. 공급의 법칙

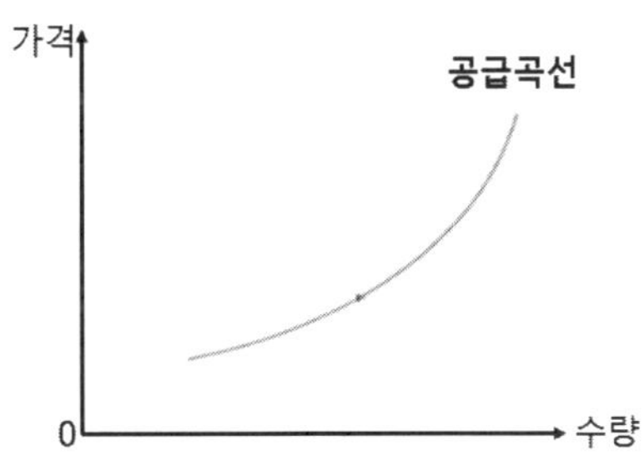

재화의 가격이 오르면 공급량은 증가하고, 재화의 가격이 내려가면 공급량이 줄어드는 경향이 있다. 즉, 가격과 공급량은 비례 관계이다. 이를 공급의 법칙이라 한다. 이러한 관계를 그림으로 나타낸 것이 공급곡선이다. 왼쪽 그림과 같이 공급곡선은 우상향 곡선이 된다.

3. 수요·공급의 법칙

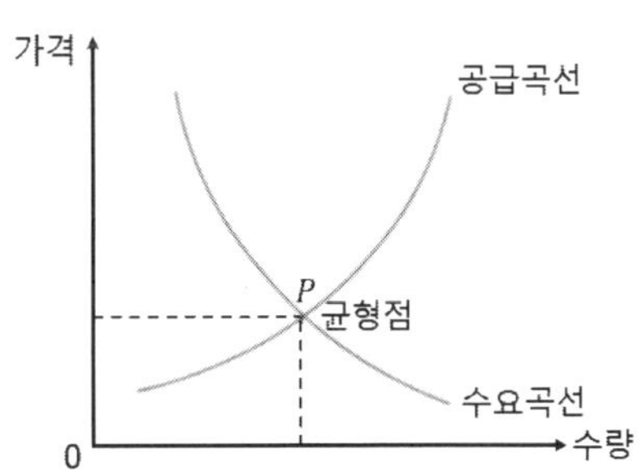

완전 경쟁 시장은 다수의 수요자와 공급자에 의해 이루어지는데, 이때 시장 가격은 수요와 공급이 일치하는 P 점에서 결정된다. 이를 수요 공급의 법칙 또는 수요 공급균등의 법칙이라 한다. 이때 P 점에서 결정되는 가격을 균형가격, 또는 경쟁 가격이라 한다.

4. 수요 법칙의 예외

모든 경우에 수요 법칙이 적용되는 것은 아니다. 자신의 부를 소비하기 위한 과시적 소비의 경우 가격이 상승하는데도 오히려 수요량이 증가한다. 이와같이 가격이 상승해도 수요량이 증가하는 현상을 '베블렌 효과'라고 한다.

8.2.2 시장 가격의 결정

1. 시장 가격의 결정

시장 가격은 수요량과 공급량이 일치할 때의 가격, 균형 거래량은 시장 가격에서 거래되는 상품의 거래량을 말한다.

2. 초과수요, 초과공급

일반적으로 재화의 가격이 결정되면 이에 따라서 그 재화의 수요량과 공급량이 정해지지만, 그 가격이 균형가격이 아닌 경우에는 그 가격에 대한 수요와 공급은 일치하지 않고 구매 부족이나 재고가 생기게 된다. 이 구매 부족을 초과수요라고 하며 재고품을 초과공급이라고 한다.

즉, 어떤 가격하에서 수요량이 공급량보다 많으면 초과수요, 초과 수요량은 수요량에서 공급량을 뺀 것을 말한다. 마찬가지로 공급량이 수요량보다 많으면 초과공급, 초과 공급량은 공급량에서 수요량을 뺀 것을 말한다.

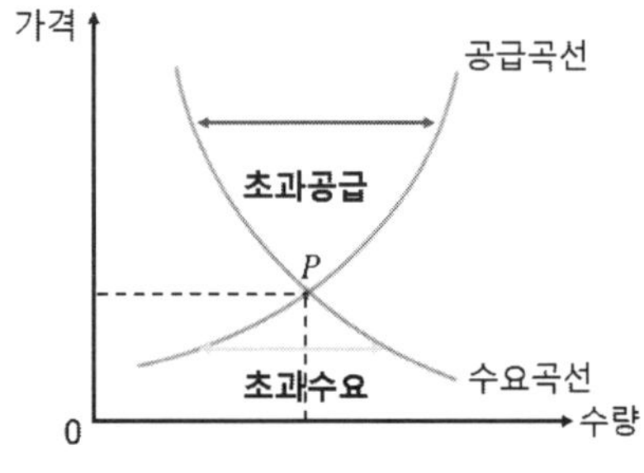

3. 시장 가격의 형성 과정

초과수요(수요량 > 공급량) 이면 수요자끼리 경쟁하므로 가격이 상승하고, 초과공급(수요량 < 공급량) 이면 공급자끼리 경쟁하므로 가격이 하락한다. 그리고 수요량과 공급량이 같을 때 시장 가격이 형성된다.

8.2.3 수요와 공급의 변동

상품의 가격변화에 따른 수요량과 공급량의 변화는 다음과 같이 곡선상에서 점의 이동으로 표현된다.

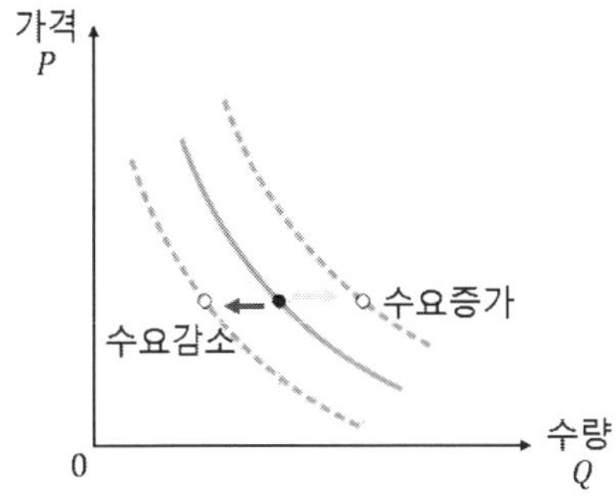

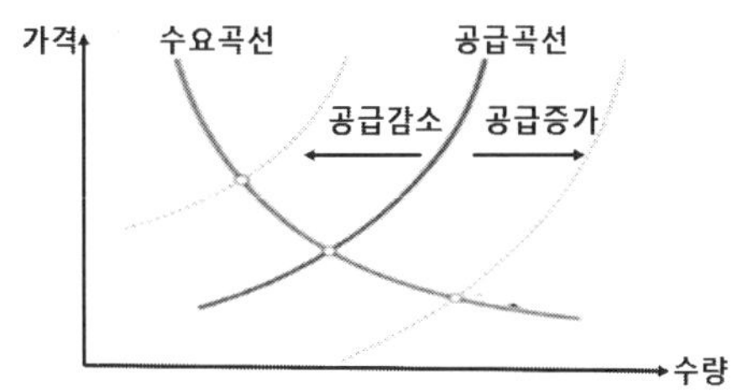

1. 수요와 공급의 변동

수요의 변동은 상품 가격 이외의 요인이 변화하여 수요 자체가 커지거나 작아지는 것인데, 수요 곡선의 이동으로 표현된다. 수요량의 변동은 상품 가격의 변동에 따라 수요자가 구매하려고 하는 구체적인 수량이 변동하는 것이므로, 수요곡선 위의 점이 이동하는 모습으로 나타나지만, 수요의 변동은 상품 가격 이외의 요인이 변화하여 수요 자체가 변화하는 것으로 수요곡선 자체의 이동으로 표현된다.

한편, 공급의 변동은 상품 가격 이외의 요인이 변화하여 공급 자체가 커지거나 작아지는 것인데, 공급곡선의 이동으로 표현된다. 공급량의 변동은 상품 가격의 변동에 따라 공급자가 판매하려고 하는 구체적인 수량이 변동하는 것이므로 공급곡선 위의 점이 이동하는 모습으로 나타나지만, 공급의 변동은 상품 가격 이외의 요인이 변화하여 공급 자체가 변화하는 것으로 공급곡선 자체의 이동으로 표현된다.

2. 수요의 변동 요인

- 소득의 변화: 소득이 증가하면 수요가 증가하고, 소득이 감소하면 수요가 감소한다.

◦ 소비자의 기호 변화: 기호가 상승하면 수요가 증가하고, 기호가 하락하면 수요가 감소한다. 여기서 기호란 소비자들이 특정 재화나 서비스를 좋아하는 성향을 말한다.

◦ 대체재와 보완재의 가격변화: 대체재의 가격이 상승하면 다른 재화의 수요가 증가하고, 대체재의 가격이 하락하면 다른 재화의 수요가 감소한다. 반면 보완재 가격이 상승하면 다른 재화의 수요가 감소하고, 보완재 가격이 하락하면 다른 재화의 수요가 증가한다. 여기서 대체재는 용도가 비슷하여 한 상품을 대신해서 사용할 수 있는 경쟁 관계의 재화이다. 예를 들어 닭고기와 돼지고기, 커피와 녹차, 상추와 깻잎, 버터와 마가린 등은 대체재 관계에 있다. 한편, 보완재는 함께 소비할 때 만족도가 더욱 커지는 재화이다. 예를 들어 자동차와 휘발유, 커피와 설탕, 바늘과 실 등은 보완재 관계에 있다.

◦ 인구수의 변화: 인구가 많아지면 수요가 증가하고, 인구가 줄어들면 수요가 감소한다.

◦ 소비자의 기대(미래에 대한 예상): 미래에 상품 가격상승이 예상되면 수요가 증가하고, 가격하락이 예상되면 수요가 감소한다. 그리고 신제품 출시 소식이 들리면 기존 상품에 대한 수요가 감소한다.

3. 공급의 변동 요인

◦ 생산요소의 가격변화: 원료 가격, 임금, 이자 등 생산요소의 가격이 하락하면 공급이 증가하고, 생산요소의 가격이 상승하면 공급이 감소한다.

◦ 생산 기술의 변화: 어떤 상품을 생산하는 기술이 발전하여 생산성이 높아지면 예전과 같은 비용으로 더 많은 상품을 생산할 수 있으므로 공급이 증가한다. 즉, 생산 기술이 발전하면 생산 비용이 줄어들거나 생산성이 향상되어 공급이 증가한다.

◦ 공급자 수의 변화: 공급자의 수가 증가하면 공급이 증가하고, 공급자의 수가 감소하면 공급이 감소한다.

◦ 미래 상품 가격 변동에 대한 예상: 미래에 상품 가격하락이 예상되면 공급이 증가하고, 가격상승이 예상되면 공급이 감소한다.

8.2.4 수요곡선과 공급곡선의 이동

1. 수요곡선의 이동

가격이 상승하면 수요량은 감소하고 가격이 하락하면 수요량은 증가한다. 따라서 가로축에 수량, 세로축에 가격을 표시하고 그래프를 그리면 우하향하는 곡선이 된다.
가처분소득이란 개인이 마음대로 소비 또는 저축할 수 있는 돈을 의미하는데 가처분소득이 증가하면 수요가 증가한다. 재화 가격 이외의 변화요인인 월급이 올라서 수요에 변화가 생기고 수요곡선이 이동한다.

구분		그래프	가격변동
수요	수요증가	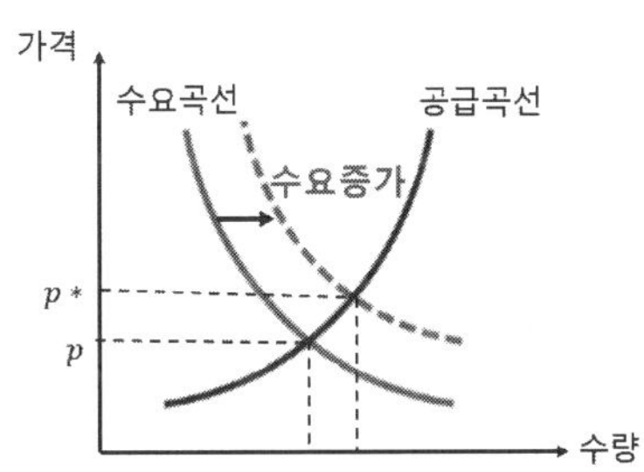	수요가 증가하면 수요곡선이 오른쪽으로 이동한다. 균형가격이 상승하고, 균형 거래량도 증가한다.
	수요감소	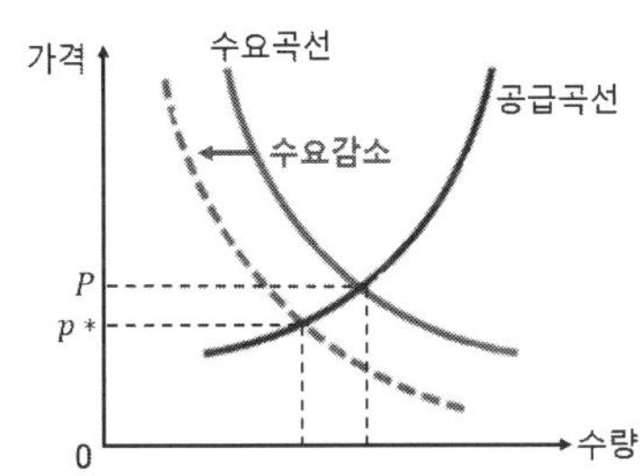	수요가 감소하면 수요곡선이 왼쪽으로 이동한다. 균형가격이 하락하고, 균형 거래량도 감소한다.

2. 공급곡선의 이동

공급곡선은 어떤 재화의 판매가격이나 수량과의 관계를 그래프로 나타낸 것이 공급곡선이다. 세로축에는 가격, 가로축에는 수량을 표시한다. 생산비용에 영향을 미치는 가장 중요한 요인은 생산요소의 가격이다. 예를 들어 임금이 상승하면 생산비용도 상승하기 때문에 지금보다 한계비용이 상승한다. 그러면 지금과 똑같은 시장 가격으로는 이익이 나지 않기 때문에 그 재화의 공급이 감소할 것이다. 그러면 공급곡선이 왼쪽으로 이동한다. 이것이 공급곡선의 이동이다.

<table>
<tr><td rowspan="2">공급</td><td>공급증가</td><td>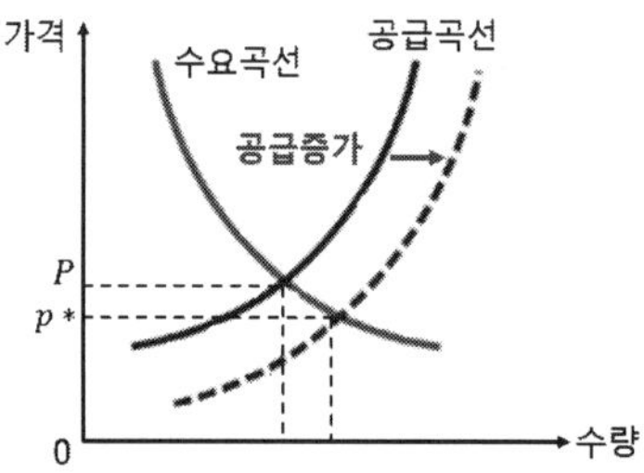
</td><td>공급이 증가하면 공급곡선이 오른쪽으로 이동한다.
균형가격이 하락하고, 균형 거래량은 증가한다.</td></tr>
<tr><td>공급감소</td><td>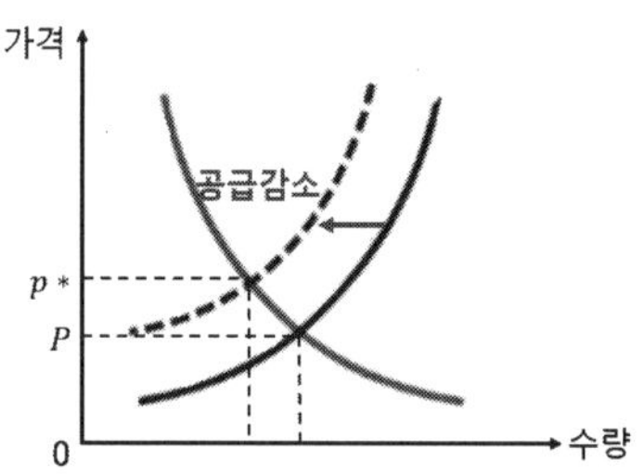
</td><td>공급이 감소하면 공급곡선이 왼쪽으로 이동한다.
균형가격이 상승하고, 균형 거래량은 감소한다.</td></tr>
</table>

8.2.5 수요와 공급의 탄력성

정의 8.1

수요의 가격탄력성은 가격이 1% 상승했을 때 수요량이 몇 % 감소하는지를 나타낸 것이다.

$$\text{즉, 수요의 가격탄력성} = \frac{\text{수요의감소폭}(\%)}{\text{가격의상승폭}(\%)} \text{ 이다.}$$

가격에 대한 수요의 변화 정도를 표시한 것으로 가격의 변화율에 대한 수요의 변화율의 비로 나타낸다. 탄력성 계수라고도 하며 가격이 1% 변화했을 때 수요도 1% 변화하면 탄력계수는 1이 된다.

한편 이 수치가 1보다 크면 수요는 가격에 대해 탄력적이며 반대로 1보다 작으면 비탄력적이라고 한다. 일반적으로 사치품의 경우는 가격 변동에 따라 소비량이 쉽게 조절되므로 그 수요는 가격에 대해 탄력적이며 반대로 필수품의 경우는 비탄력적이다.

정의 8.2

공급의 가격탄력성은 가격이 1% 상승했을 때 공급량이 몇 % 증가하는지를 나타낸 것이다.

$$\text{즉, 공급의 가격탄력성} = \frac{\text{공급의증가폭}(\%)}{\text{가격의상승폭}(\%)}\ \text{이다.}$$

공급의 탄력성은 가격변화에 대한 공급량의 반응도를 말한다. 공급량의 변화율을 가격변화율로 나누는 방식으로 계산된다. 탄력도가 1을 초과할 때 탄력적이라고 하고 1 미만일 때 비탄력적이라고 한다. 공급이 탄력적일수록 가격의 변화가 생산량의 증가에 더욱더 많은 영향을 끼친다.

8.3 경제용어 및 경제법칙

알아두면 유용한 경제용어 및 경제법칙에 대해 알아보자.

8.3.1 덤벨 이코노미

■ 덤벨 이코노미는 운동에 관심 있는 직장인들이 늘고, 맥주잔 대신 덤벨을 드는 분위기가 강조되면서 등장한 용어이다.

피트니스센터 현황 및 시장 여건 분석 보고서(2020년 7월 기준)에 따르면 전국에 영업 중인 피트니스센터는 전국 9,900개인데 서울에 2,690개, 경기도 2,207개로 조사되었다. 피트니스센터는 서울·경기 지역에 거의 50% 가까이 있는 셈이다.

인구 10,000명당 피트니스센터 수를 조사했을 때 전국 평균은 10,000명당 1.9개로 추산되었으며, 아래 표에서 보는 바와 같이 서울 강남구와 서초구에 피트니스센터가 가장 많음을 알 수 있다.

서울 강남구	8.2
서울 중구	8.1
서울 중구	6.2
서울 서초구	4.9

서울 광진구 · 영등포구	3.4
세종	1.3
전남	1.4
울산 · 강원 · 충남	1.5

2010년부터 10년간 피트니스센터의 창업률 및 폐업률을 조사한 결과는 다음과 같다.

	창업률	폐업률
2010	8.1	4.9
2011	8.1	4.4
2012	9.3	4.4
2013	8.3	3.8
2014	10.7	4.2

	창업률	폐업률
2015	13.1	4.0
2016	11.9	4.0
2017	10.4	4.6
2018	9.7	7.2
2019	12	7.7

위 보고서에서도 알 수 있듯이 피트니스센터의 창업률은 점차 증가하지만, 폐업률은 2018년, 2019년을 제외하고는 모두 4%대임을 알 수 있다. 실제로 커피숍, PC방 및 당구장 등과 비교했을 때 폐업률이 훨씬 낮은 것을 알 수 있다. 건강과 체력관리에 관심을 보이는 소비자들이 증가함에 따라 헬스장 외에도 필라테스 센터, 요가원, 볼링장 등 다양한 스포츠 시설이 호황을 맞았고, '홈 트레이닝'을 선호하는 이들이 늘면서 요가 매트, 스쿼트 자세 교정기, 필라테스 소도구 등의 피트니스 용품의 매출도 큰 성장률을 기록하고 있다.

8.3.2 데스크테리어 족(Deskterior 族)

■ 데스크테리어는 데스크(Desk)와 인테리어(Interior)를 붙인 합성어이다. '데스크테리어족'이란 사무실 책상 위를 예쁘고 아기자기한 디자인 문구 제품들로 꾸며 자신의 공간을 만들고 자기표현을 하는 사람들을 말한다.

한 취업포털 사이트에서 직장인 800여 명을 대상으로 '자신의 회사 책상을 꾸미는 일에 관심이 있는가?'에 대해 설문 조사를 하였는데 '그렇다'라고 답변한 비율이 다른 연령대에 비해 20대가 높은 비율을 차지했고, 남성보다는 여성의 비율이 높았다.

	예
남성	62.5%
여성	75.2%

	예
20대	73.1%
30대	69.4%
40대	61.8%

그리고 '자신을 데스크테리어족이라고 생각하는가'라는 질문에 대한 답변에 대해서도 역시 '그렇다'라고 답변한 비율이 다른 연령대에 비해 20대가 높았다.

	예
20대	44.6%
30대	36.5%
40대	26.9%

8.3.3 긱이코노미

■ 긱이코노미(Gig Economy)는 빠른 시대 변화에 대응하기 위해 비정규 프리랜서 근로 형태가 확산되는 경제 현상을 말한다.

긱 이코노미(Gig Economy)는 1920년대 미국 재즈 공연장에서 필요에 따라 연주자를 섭외하여 단기적으로 공연을 진행했던 긱(Gig)에서 유래한 용어이다. 재즈 보컬들은 공연이 잡힐 때마다 공연장 근처에서 임시로 연주팀을 모아 공연을 진행했으며, 이 같은 단기 계약을 맺었던 연주자들을 긱(Gig)이라고 불렀다. 처음에는 주로 IT업계의 비정규직 근무자를 일컫는 말로 사용되었는데 지금은 프리랜서, 파트타임 및 임시직 근무자 등을 포함하여 폭넓게 사용되고 있다.

미국 프리랜서 플랫폼 회사 긱워크에서 긱이코노미 형태의 근무 경험이 있는 프리랜서 약 1,000명을 대상으로 한 조사에서 응답자 68%는 긱이코노미 형태의 근무에 대해 '만족한다고 했고 응답자 44%는 긱이코노미가 3년 이내에 약 25% 이상 성장할 것이라 예측하였다.

8.3.4 윔블던 효과

■ 국내에 유입된 외국자본과의 경쟁으로 인해 자국 기업의 경쟁력이 떨어지거나 국부 유출이 일어날 때, 내수불안이 발생할 때 '윔블던 효과'라고 한다.

윔블던 효과는 테니스 종주국인 영국에서 열리는 윔블던 대회에서 1968년 이후 외국 선수들이 참가하면서 영국 선수보다 외국 선수들이 우승을 거머쥐는 경우가 많아 영국 선수들이 윔블던에서 우승하는 사례는 극히 적었다는 데서 유래한다.

8.3.5 프로도 경제 효과

■ 한 편의 영화가 방아쇠 효과가 되어 지역 경제를 포함한 거대한 변화를 가져오는 것을 일컬어 프로도 경제 효과(Frodo Economy Effect)라고 한다.

대표적 예로 영화 '아바타'를 들 수 있는데 이 영화는 전 세계적으로도 흥행 신기록을 수립하였다. 아바타 한편의 수입이 부가 판권을 포함해 3조 원을 넘어섰다는 추산이 나오기도 했는데 이것은 우리나라의 문화체육관광부 예산(3조 1,747억 원)과 맞먹는 액수이다. 또한 이 액수는 연간 현대자동차 YF 쏘나타 129,375대의 판매액, 서울 강남구 109㎡(약 33평) 아파트 2,771채의 가격과 유사한 수준이다.

또 다른 예를 들면 영화 '반지의 제왕' 시리즈가 개봉했을 당시 400만 명의 관광객이 뉴질랜드를 방문하였고, 영국 관광청은 해리포터를 관광산업의 키워드로 인정하였다. 영화 '노팅힐'은 런던의 노팅힐 지역을 세계적 관광 명소로 탈바꿈시켰다. 이처럼 영화 한 편이 거대한 관광산업 효과를 가져오기도 한다는 것이다.

또한 우리나라 드라마 '대장금'에 70억 원의 제작비가 투입되었는데, 직접적으로 창출한 생산 유발 효과만 1,000억 원대에 달하는 것으로 분석되었다. 대장금과 관련된 광고 수익은 249억 원에 달하고, 테마파크 입장료 28억 원, 출판물 12억 원 등 다양한 수익이 발생했다.

8.3.6 메자닌 투자

■ '채권'과 '주식'의 중간에 있는 상품에 투자하는 것을 '메자닌 투자'라고 한다.

예를 들어 주식은 높은 수익을 낼 수 있지만, 손실 가능성이 큰 공격성 상품이다. 반면 채권은 이자수익이 낮지만, 발행사 만기에 원금과 이자를 지급하기 때문에 방어형 상품인데, 이 둘의 중간 성격을 가지는 상품에 투자하는 것이 바로 메자닌 투자이다. 여기서, 메자닌(Mezzanine)은 오페라가 공연되는 대형 극장에서 1층과 2층 사이에 있는 중층 로얄석을 말한다.

8.3.7 바벨전략(Barbell Maturity)

■ 바벨전략은 투자에 있어서 다양한 선택이 가능할 때 중간은 버리고 극단적인 선택만 하는 것이다. 위험도가 중간인 자산은 편입하지 않고, 안정성이 높은 자산과 위험도는 높지만 고수익을 노릴 수 있는 자산으로 포트폴리오를 짜는 것을 말한다.

예를 들어 경기 민감주와 방어주에 균형 있게 투자하거나 채권 투자를 할 때 중기채권을 제외한 단기채권과 장기채권을 보유하는 것은 바벨전략이다. 이 전략은 보수적 투자와 공격적 투자로 포트폴리오를 구성해서 시장의 충격과 추가적인 수익성 모두를 고려할 수 있고, 시장의 변화에 따라 보수적 투자와 공격적 투자의 비율 변화를 통해 고수익을 낼 수 있다는 장점이 있다. 이것은 시장의 변동성이 클 때, 확실한 추세를 예측하기 어려운 시기에 주로 사용되는 전략이다.

8.3.8 심리적 저항선

■ '아무리 그래도 이것을 사는데 이 돈 주고는 살 순 없어'라고 생각하는 최대의 가격을 심리적 저항선이라고 한다.

예를 들어 2016년까지 스마트폰 가격이 935,000원, 964,000원, 999,000원 등 90만원대였다. 이것은 2016년까지 스마트폰의 심리적 저항선이 1,000,000원이었다는 것이다. 그런데 2017년 갤럭시 S8+가 출고가격 1,150,000원으로 출시되어 1,000,000원의 심리적 저항선이 파괴되었고, 그 후 같은 해 아이폰8은 출고가 1,550,000원, 2018년 아이폰XS는 출고가 1,960,000원을 기록하며 거의 2,000,000원에 육박하였다.

8.3.9 팻핑거(Fat Finger)

■ '팻핑거(Fat Finger)'는 '살이 찐, 뚱뚱한'의 뜻과 '손가락'이 합쳐 '굵은 손가락'을 지칭하는 용어이다. 이는 증권을 매매하는 사람의 손가락이 자판보다 굵어 가격 또는 주문량을 실수로 입력한다는 의미를 지닌다.

2010년 5월, 미국의 한 투자은행 직원이 주식을 팔기 위해 매도 주문을 내는데, 거래 단위로 Million(100만)을 뜻하는 'm' 대신, Billion(10억)을 뜻하는 'b' 버튼을 눌렀고, 주식 시장에서 여러 자동 매매 프로그램이 연쇄반응을 일으켜 15분 사이에 다우존스지수가 998.5p(-9.2%) 폭락한 사건이 있었다.

그리고 2005년 12월 8일 일본 미즈호증권의 한 직원이 제이콤 주식 1주를 63만 엔에 팔려고 했으나, 실수로 해당 주식 63만 주를 1엔에 판매하는 것으로 시스템에 입력하는 바람에 미즈호증권은 거의 1조 원에 가까운 손실을 입었다고 한다.

우리나라에도 비슷한 사례가 있었는데, 2013년 한맥투자증권 직원이 옵션의 가격 계산 프로그램 만기일을 365일이 아닌 0일로 잘못 입력하면서 옵션가격이 급격히 하락했는데, 금액으로는 약 460억 원에 달하는 주문 사고였고 그 금액은 당시 한맥투자증권의 자기자본 수준인 약 200억 원을 훨씬 넘어서는 손실분이었다.

8.3.10 회색코뿔소(Gray Rhino)

■ 우리를 향해 달려오는 위험이지만 이를 보지 못하거나, 두려움에 아무 것도 못하거나 눈앞에 두고도 이를 부정하거나 하여 맞는 위험을 '회색코뿔소'라고 한다.

'회색코뿔소'라는 개념은 2013년 다보스 포럼에서 처음 발표가 되었는데, '회색코뿔소가 온다'의 저자인 세계 정책 연구소의 전 소장 미셸 부커(Michele Wucker)는 자신의 저서에서 "코뿔소가 당신을 향해 달려온다고 생각해보면, 두려움 때문에 또는 어떻게 대처해야 할지 몰라서 순간 몸이 굳어버릴 수 있다. 이처럼 우리를 향해 달려오는 위험이지만 이를 보지 못하거나, 두려움에 아무 것도 못하거나 눈앞에 두고도 이를 부정하거나 하여 맞는 위험을 '회색코뿔소'라고 한다."라고 하였다.

한편, 이와 반대되는 개념인 '블랙스완(Black Swan)'은 도저히 일어날 것 같지 않은 일이 일어나는 것을 표현하는 시사 경제용어로 월가의 나심 니콜라스 탈레브(Nassim

Nicholas Taleb)가 서브프라임 모기지 사태를 예언하면서 두루 쓰이게 된 용어이다.

8.3.11 에펠탑 효과

■ 에펠탑 효과란 처음엔 싫거나 무관심했다가 자주 볼수록 호감도가 증가하는 현상을 말한다. 이를 '단순노출효과'라고도 한다.

에펠탑은 1889년 프랑스 대혁명 100주년과 파리 만국박람회를 기념하기 위해 세워졌는데 당시 건립계획이 발표됐을 때 파리의 많은 예술가와 시민들은 에펠탑 건립을 극구 반대했지만, 지금은 프랑스 시민들은 물론 전 세계 관광객들이 가장 오고 싶어 하는 로맨틱한 명소 중의 하나가 되었다. 이처럼 처음엔 이상하다생각했던 제품도 자주 보면 썩 괜찮게 느껴지고, 비슷한 광고 음악이 나오면 해당 제품의 이미지가 떠오르기도 하는 것 등은 에펠탑 효과와 관계가 있다.

8.3.12 물과 관련된 경제용어들

물과 관련된 몇몇 경제용어들을 살펴보자.

■ 샤워효과는 샤워기의 물줄기처럼 맨 위층에 소비자들을 모이게 유도하면 자연스럽게 아래층의 매출도 상승한다는 이론이다. 맨 위층에 한 번 방문하면 아래층으로 내려오며 계획하지 않았던 구매까지 하게 된다는 것이다.

예를 들어 백화점이나 쇼핑몰에서는 위층에 레스토랑이 있는 경우가 많은데 이것은 위층에서 식사한 후 거기서 한 층 내려가는 길에 예상치 못한 쇼핑을 유도하기 위해서이다. 또한 영화관도 위층에 배치되어있는 경우가 많은데 이것도 같은 이유이다.

■ 분수효과는 샤워효과와 대비되는 개념으로 아래층을 찾는 고객의 동선을 전체 매장의 활성화로 끌어내는 효과를 말한다. 경제학에서 분수효과는 저소득층의 소비를 증대시키면 전체 경제가 성장한다는 이론이다.

예를 들어 대형 소매점에서는 지하 식료품 매장에서 생활용품 매장(지상층)을 거쳐 계산대로 향하도록 제품을 진열하고 계산대를 거쳐 주차장 가는 길에 푸드코트를 진열한다. 이것은 식료품 매장만 이용할 생각이었던 고객이 생활용품 및 푸드코트에서 음식물도 구매하도록 유도하기위함이다.

■ 낙수효과는 경제학적 분수효과와 반대개념인데, 넘치는 물이 바닥을 적신다는 이론으로 대기업, 고소득층의 소득이 증대되면 저소득층으로 흘러내려 갈 것이라는 개념이다.

8.3.13 디드로효과

■ 디드로효과란 하나의 물건을 사고 나서 그에 어울릴만한 물건을 계속 구매하는 현상을 말한다.

디드로효과는 18세기 프랑스 철학자 드니 디드로(Denis Diderot)의 <나의 오래된 가운을 버림으로 인한 후회>라는 에세이에 언급된 아래 일화에서 유래된다.

'우아한 붉은색 가운을 선물 받았는데 그걸 입고 책상 앞에 앉아 있노라니 낡은 책상이 거슬리고, 책상을 새 걸로 바꿨더니 이번엔 벽에 걸린 그림이 마음에 들지 않았다. 그림을 바꾸니 방안 전체 분위기와 어울리지 않아 결국 다른 가구들과 인테리어까지 바꾸기에 이르렀다.'

쇼핑몰에서 셔츠 한 개를 구입하면 <이 제품과 어울리는 가방> 혹은 <이 제품을 구매한 고객들이 많이 본 구두>라는 광고문구는 디드로효과를 적용한 것이라고 볼 수 있다.

8.3.14 나비 효과

■ '나비 효과(Butterfly effect)'란 나비의 날갯짓처럼 작고 경미한 바람이 폭풍우와 같은 커다란 변화를 유발한다는 것이다.

1961년 미국의 기상학자인 에드워드 로렌츠(Edward Norton Lorenz)가 컴퓨터로 기상 모의실험을 하던 중, 수치 0.506127을 입력해야 했는데 잘못해서 0.506만 입력하였다. 그런데 이 실수가 빚어낸 미세한 차이가 엄청나게 증폭돼 판이한 결과를 만들어냈다. 초기 조건의 0.0001에도 못 미치는 아주 미미한 소수점 차이가 상상할 수 없을 만큼의 커다란 결과를 만들어냈기 때문에 로렌츠는 컴퓨터에 의한 기상 예측을 믿을 수 없다고 생각했다.

또 다른 예로서 1930년대 세계 대공황이 미국 중서부의 조그만 은행의 파산에서 비롯됐다거나, 2008년 세계 금융위기가 캘리포니아의 조그만 금융기관의 파산에서 야기됐다는 것도 나비 효과의 한 예가 된다.

8.3.15 메기 효과

■ 강한 경쟁자 덕분에 약한 것들의 활동 수준이 높아져 전체 분위기가 활성화되는 것을 '메기 효과(catfish effect)'라고 한다.

영국의 역사가인 아놀드 토인비는 좋은 환경보다 가혹한 환경이 문명을 낳고 인류를 발전시키는 원동력이라고 했다. 이러한 메기 효과를 기업 조직에 접목한 것이 메기 경영이다. 조직의 정체 현상을 없애고 조직 내에 긴장과 자극, 위기의식 같은 적절한 자극제가 있어야 기업의 경쟁력을 키울 수 있다는 것이다. 부서 인사를 할 때 외부에서 능력 있는 사람을 초빙하여 조직원들이 자극을 받도록 하는 것도 메기효과를 노리는 것이다.

8.3.16 펭귄효과

■ 물건을 선뜻 구매하지 못하고 있다가 누군가가 구입하면 그제서야 따라서 구매하는 소비심리를 '펭귄효과'(Penguin effect)라고 부른다.

소비자가 어떤 상품의 구매를 망설이는 상황에서 지인이나 유명인사 등 누군가가 선두로 구매하면 이를 따라 폭발적으로 구매가 증가하는 현상도 펭귄효과라고 할 수 있다.

참고로 무리 지어 생활하는 펭귄들은 먹잇감을 구하러 바다에 뛰어들어야 하지만, 바다 표범 같은 바다의 포식자들이 두려워 머뭇거린다. 이때 가장 먼저 바다에 뛰어들어 다른 펭귄들도 뒤따라 뛰어들도록 이끄는 펭귄을 퍼스트 펭귄(First penguin)이라 한다.

8.3.17 버핏 효과

■ 워렌버핏(Warren Buffett)의 발언이나 행위가 다른 사람들에게 긍정적인 영향을 미치는 것을 버핏효과(Buffet Effect)라고 한다.

'투자의 귀재'로 불리는 세계적인 투자가 워렌 버핏이 재단에 기부를 하면 다른 사람들의 기부 행위가 늘어나고, 워렌 버핏이 한국 경제를 낙관하는 발언을 하면 외환 투자가들이 우리나라 원화를 대거 매입하면서 원화 가치가 급등하곤 한다. 이처럼 워렌버핏의 발언이나 행위가 다른 사람들에게 긍정적인 영향을 미치는 것을 버핏효과(Buffet Effect)라고 한다.

8.3.18 스놉효과

■ 물건을 살 때 남과 다르게 나만의 개성을 추구하는 의사결정 현상을 스놉효과(Snob-effect)라고 한다. '백로 효과'라고도 한다.

스놉(snob)이란 잘난 척하는 사람을 비꼬는 말인데, 자신이 줄곧 사용하던 물건이라 하더라도 그것이 대중화가 되면 사람들이 잘 모르는 상품으로 소비 대상을 바꾸는 것이다. 마치 까마귀들이 몰려들면 백로가 멀리 떨어지려 하는 것과 같아 보인다. 이런 의미로 '백로 효과'라고도 한다.

8.3.19 밴드왜건효과

■ 밴드왜건 효과(Bandwagon effect)는 타인의 사용 여부에 따라 구매 의도가 증가하는 효과이다.

이 이론은 1950년 미국 경제학자 하비 레이번슈타인(Harvey Leibenstein)가 발표했다. 밴드왜건은 길거리 행사 대열에서 앞서서 행렬을 주도하는 악대차를 말하는데 길거리에서 사람들은 밴드왜건을 보면 무작정 줄지어 따라가 보는 데서 유래한 용어이다.

8.3.20 초인종 효과

■ 고객에게 아무런 정보도 주지 않은 채 무작정 기다리게 하는 상황을 '초인종 효과(Doorbell effect)'라고 부른다.

초인종 효과의 개념은 미국 디자인 전문업체 아이디오(IDEO)의 대표인 톰 켈리(Tom Kelly)의 ≪유쾌한 이노베이션≫에서 처음 언급됐다.

예를 들어 고객 서비스 센터에 전화했을 때 기계 안내 메시지만 들리면서 안내원에게 연결되지 않는 몇 분이나, 물건을 주문한 후에 택배가 오기만을 무작정 기다리는 상황이 발생할 경우 고객들은 자신이 기다린 시간이 실제 소요 시간보다 더 오래 걸렸다고 생각해서 불만을 가지게 된다는 것이다.

8.3.21 선택 부담 효과

■ 선택의 대안이 많은 것이 행복도를 높이기는커녕 오히려 떨어뜨리는 것을 '선택 부담 효과' 혹은 '선택의 역설'이라 한다.

스탠퍼드대학의 마크레퍼(Mark R. Lepper) 교수와 콜롬비아 대학의 쉬나 아이옌거(Sheena S. Iyengar) 교수의 실험에서 어느 슈퍼마켓에 6가지 잼과 24가지 잼을 시식할 수 있는 부스를 각각 설치하고 고객들의 반응을 지켜봤다. 고객의 60%가 24가지 잼이 마련된 시식대에 머물러 시식했고, 6가지 잼 시식대에는 40%의 고객만이 시식대에서 시식했다. 그런데 24가지 잼이 마련된 시식대에서는 단 3%의 고객만이 잼을 구매했고, 6가지 잼이 마련된 시식대에서는 30%의 고객이 잼을 구매했다. 두 교수는 6가지 고급 초콜릿과 30가지 고급 초콜릿을 시식대에 각각 설치하고 사람들이 그중에 초콜릿 2개를 골라 시식하고 10점 만점으로 맛을 평가하도록 했는데, 6가지 초콜릿이 있는 시식대에서 시식 후 사람들이 내린 평균 평가치는 6.25였다. 반면 30가지 시식대에서 시식 후 매긴 평균 평가치는 5.5에 불과했다. 그리고 실험 참가자에게 실험 참가한 답례로 5달러와 초콜릿 한 상자 중에 좋아하는 것을 고르라고 했더니 6가지 그룹에서는 47%가 초콜릿을 선택했는데, 30가지 그룹에서는 겨우 12%만이 초콜릿을 선택했다.

그러면 왜 이런 상황이 발생할까? 선택권이 너무 많아지면, 사람들은 오히려 자신이 잘못된 선택을 하지 않을까 하는 두려움에 자신의 선택에 대한 만족도가 떨어지게 된다.

제 9 장
벡터

9.1 벡터의 정의

벡터는 크기와 방향을 가지는 물리적인 양을 말한다. 예를 들어 바람의 이동이나 어떤 물체에 가해지는 힘, 속도, 가속도 등은 벡터이다. 반면 스칼라는 방향을 갖지 않고 크기만 가지는 물리적인 양을 말한다. 예를 들어 넓이, 길이, 질량, 일 등은 스칼라이다. 2차 및 3차 공간에서의 벡터는 유향선분 또는 화살표로 표시한다. 벡터의 방향은 화살표가 지시하는 방향이고 시점과 종점으로 나타내며, 시점과 종점을 잇는 유향선분의 길이가 벡터의 크기가 된다.

정의 9.1

1. 평면 위의 점 $P(x, y)$ 에 대해 방향이 원점 O에서 P 방향이고 크기가 $|OP|$ 인 벡터를 점 P의 위치벡터라 하고 $\overrightarrow{OP}$ 또는 (x, y)로 적는다.

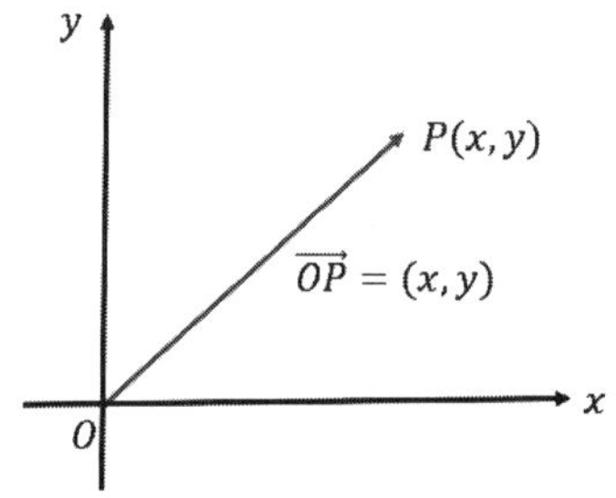

2. $0 = (0, 0)$는 원점의 위치벡터, 크기가 0인 벡터이다.

3. 단위벡터는 크기가 1인 벡터이다.

4. $\overrightarrow{PQ}$ 는 시점이 P, 종점이 Q, 방향은 P에서 Q 방향, 크기는 $|\overrightarrow{PQ}|$ 인 벡터이다.

5. $-\overrightarrow{PQ}$ 는 $\overrightarrow{PQ}$와 크기는 같고 방향이 반대인 벡터 즉, $-\overrightarrow{PQ} = \overrightarrow{QP}$이다.

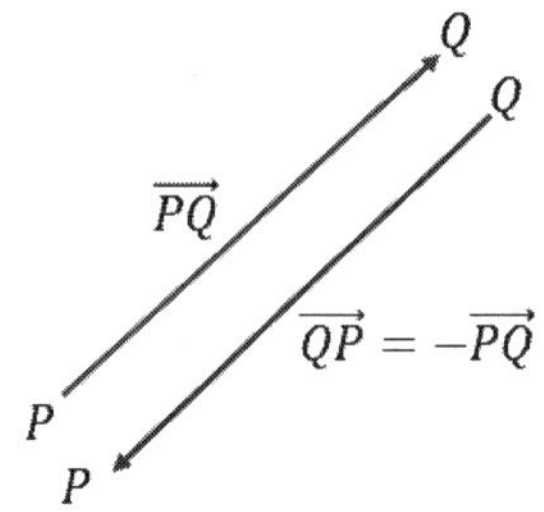

벡터 v에 대해 v 의 시점이 A, 종점이 B이면 $v = \overrightarrow{AB}$ 로 표시한다.

정의 9.2

벡터 u, v와 실수 a에 대해

1. $u = v$ 가 동치라고 하는 것은 u, v 의 시점과 종점이 같을 때, u, v 의 크기와 방향이 같을 때를 말한다.

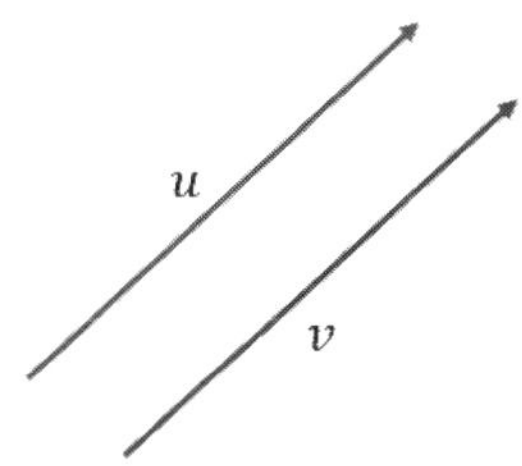

2. $-v$는 v 와 크기는 같고 방향이 반대인 벡터이다.

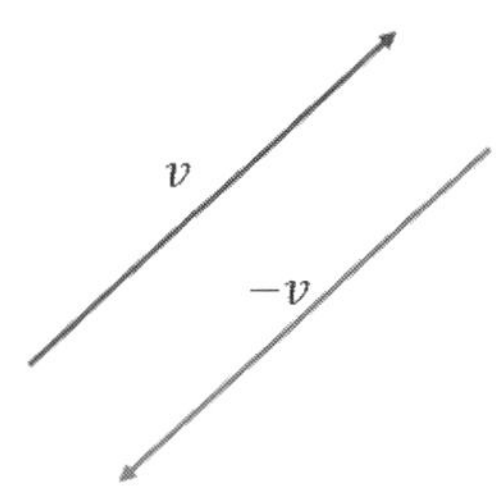

3. av는 $a > 0$ 이면 v와 같은 방향, $a < 0$이면 v와 반대 방향이고 크기는 v의 $|a|$ 인 벡터이다. 즉, $a > 0$ 이면 v 와 같은 방향의 a배의 크기를 가지는 벡터이고, $a < 0$ 이면 v 와 반대 방향의 $|a|$ 배의 크기를 가지는 벡터이다. 그리고 $a = 0$ 이거나 $v = 0$ 이면 $av = 0$이라고 정의한다.

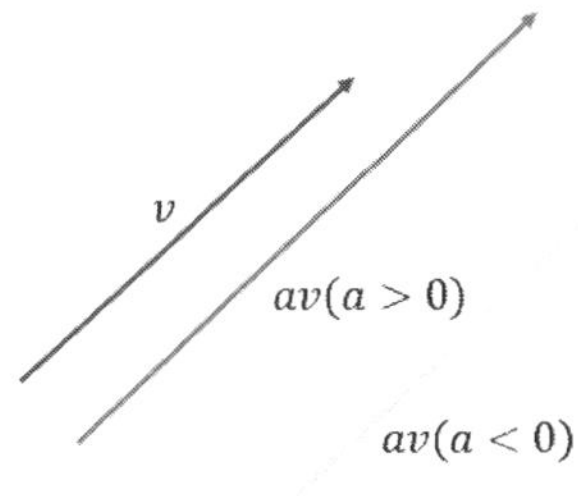

[NOTE]

$-v$ 는 v 와 크기는 같고 방향이 반대인 벡터이므로 $(-1)v = -v$를 만족한다.

9.2 벡터의 연산

1. 두 벡터의 합

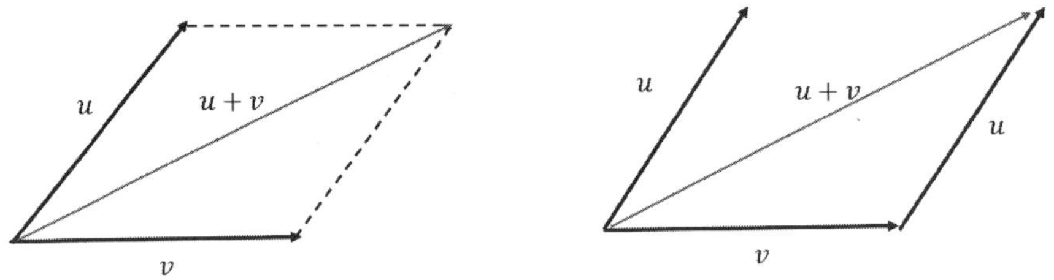

2. 두 벡터의 뺄셈

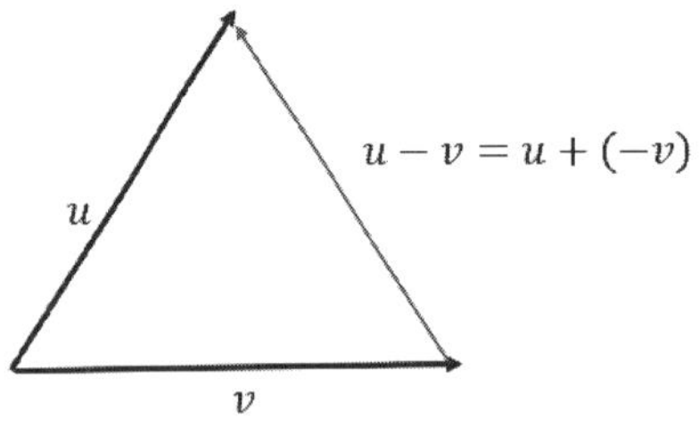

정리 9.1 벡터의 성질

u, v, w 를 R^2 에서의 벡터, k, l 를 임의의 스칼라라고 하자.

1. $u + v = v + u$: 벡터의 합에 대한 교환법칙
2. $(u + v) + w = u + (v + w)$: 벡터의 합에 대한 결합법칙
3. $u + 0 = 0 + u = u$: 벡터의 합에 대한 항등원의 존재
4. $u + (-u) = 0$: 벡터의 합에 대한 음의 벡터의 존재
5. $k(lu) = (kl)u$: 스칼라 곱에 대한 결합법칙

6. $k(u+v) = ku + kv$: 스칼라 곱에 대한 분배법칙

7. $(k+l)u = ku + lu$: 스칼라 곱에 대한 분배법칙

8. $1u = u$: 스칼라 곱에 대한 항등원의 존재

[NOTE]

1. 2차원에서 벡터는 $(x,\ y)$ 좌표로 표현한다.

2. 3차원에서 벡터는 $(x,\ y,\ z)$좌표로 표현한다.

3. R^n 에서 벡터는 $v = (x_1,\ x_2,\ x_3,\ \cdots,\ x_n)$로 표현한다.

정의 9.3

평면상의 두 점 $P(x,\ y)$, $P_1(x_1,\ y_1)$, $P_2(x_2,\ y_2)$와 위치벡터 $\overrightarrow{OP_1} = (x_1,\ y_1)$, $\overrightarrow{OP_2} = (x_2,\ y_2)$에 대해

1. $\overrightarrow{OP_1} + \overrightarrow{OP_2} = (x_1 + x_2,\ y_1 + y_2)$: 두 벡터 $\overrightarrow{OP_1}$, $\overrightarrow{OP_2}$ 의 합

2. $a\overrightarrow{OP} = (ax,\ ay)$

3. $|\overrightarrow{OP}| = |(x,\ y)| = \sqrt{x^2 + y^2}$

4. $\overrightarrow{P_1P_2} = \overrightarrow{OP_2} - \overrightarrow{OP_1} = (x_2 - x_1,\ y_2 - y_1)$

예제 9.1

$P_1 = (3,\ 2)$, $P_2 = (-1,\ 4)$에 대해 다음을 구하여라.

1. 위치벡터 $\overrightarrow{OP_1}$ 의 길이

2. $3\overrightarrow{OP_1} - 2\overrightarrow{OP_2}$

3. 위치벡터 $\overrightarrow{P_1P_2}$

풀이

1. 위치벡터 $\overrightarrow{OP_1}$ 의 길이는 $|OP_1| = \sqrt{3^2 + 2^2} = \sqrt{13}$ 이다.
2. $3\overrightarrow{OP_1} - 2\overrightarrow{OP_2} = 3(3,\ 2) - 2(-1,\ 4) = (9,\ 6) + (2,\ -8) = (11,\ -2)$
3. $\overrightarrow{P_1P_2} = \overrightarrow{OP_2} - \overrightarrow{OP_1} = (-1,\ 4) - (3,\ 2) = (-4,\ 2)$

정의 9.4

$u = (x_1,\ x_2,\ \cdots,\ x_n),\ v = (y_1,\ y_2,\ \cdots,\ y_n)$에 대해

1. $u + v = (x_1 + y_1,\ x_2 + y_2,\ \cdots,\ x_n + y_n)$
2. k 가 스칼라(실수)이면 $ku = (kx_1,\ kx_2,\ \cdots,\ kx_n)$
3. $-u = (-x_1,\ -x_2,\ \cdots,\ -x_n)$
4. $u - v = u + (-v) = (x_1 - y_1,\ x_2 - y_2,\ \cdots,\ x_n - y_n)$

예제 9.2

1. 벡터 $v = (1,\ 3,\ \sqrt{2}-1)$, $w = (-1,\ 3,\ \sqrt{2}+1)$에 대해 $v+w$를 구하여라.
2. $v = (2,\ \sqrt{3},\ -2)$ 에 대해 $(-2)v$를 구하여라.

풀이

1. $v = (1,\ 3,\ \sqrt{2}-1)$, $w = (-1,\ 3,\ \sqrt{2}+1)$에 대해

   $v + w = (1,\ 3,\ \sqrt{2}-1) + (-1,\ 3,\ \sqrt{2}+1) = (0,\ 6,\ 2\sqrt{2})$

2. $v = (2,\ \sqrt{3},\ -2)$ 에 대해

   $(-2)v = (-2)(2,\ \sqrt{3},\ -2) = (-4,\ -2\sqrt{3},\ 4)$

예제 9.3

벡터 $v = (1,\ 2,\ 3,\ 4,\ 5)$, $w = (-2,\ -5,\ 7,\ 4,\ 11)$ 에 대해 다음을 구하여라.

1. $v + w$
2. $3v$
3. $-w$
4. $v - w$

풀이

예제 9.2와 같은 방법으로 풀면 된다.

9.3 벡터의 크기와 내적

<벡터의 크기>

정의 9.5

1. $u = (x_1,\ x_2)$ 에 대해 $u = (x_1,\ x_2)$의 크기는 $||u|| = \sqrt{x_1^2 + x_2^2}$ 이고
2. $u = (x_1,\ x_2,\ \cdots,\ x_n)$에 대해 $u = (x_1,\ x_2,\ \cdots,\ x_n)$의 크기는 $||u|| = \sqrt{x_1^2 + x_2^2 + \cdots + x_n^2}$ 이다.

정의 9.6

$P_1 = (x_1,\ y_1)$, $P_2 = (x_2,\ y_2)$에 대해 $P_1 = (x_1,\ y_1)$, $P_2 = (x_2,\ y_2)$ 사이의 거리는 $d = ||\overrightarrow{P_1P_2}|| = ||\overrightarrow{OP_2} - \overrightarrow{OP_1}|| = \sqrt{(x_2 - x_1)^2 + (y_2 - y_1)^2}$ 이다.

예제 9.4

$u = (4,\ -1)$, $v = (-2,\ 3)$에 대해 다음을 구하여라.

1. $||u||$
2. $||v||$
3. $||u - v||$

풀이

1. $u = (4,\ -1)$의 크기는 $||u|| = \sqrt{4^2 + (-1)^2} = \sqrt{17}$이다.

2. $v = (-2,\ 3)$의 크기는 $||v|| = \sqrt{(-2)^2 + 3^2} = \sqrt{13}$이다.

3. $u = (4,\ -1)$ 에서 $v = (-2,\ 3)$까지의 거리는

   $||u - v|| = \sqrt{(4-(-2))^2 + (-1-3)^2} = \sqrt{36+16} = \sqrt{52}$이다.

[NOTE]

R^2 에서의 벡터 $u,\ v$와 임의의 스칼라 k에 대해 다음이 성립한다.

1. $||u|| \geq 0$. 특히 $||u|| = 0 \Leftrightarrow u = 0$

2. $||ku|| = |k|\ ||u||$

3. $||u+v|| \leq ||u|| + ||v||$

<벡터의 내적>

정의 9.7

벡터 $u,\ v$ 에 대해 두 벡터 $u,\ v$의 내적은 다음과 같이 정의된다.

1. $u = (x_1,\ x_2),\ v = (y_1,\ y_2)$ 이면 두 벡터 $u,\ v$의 내적은

   $u \cdot v = x_1y_1 + x_2y_2$ 이다.

2. $u = (x_1,\ x_2,\ x_3),\ v = (y_1,\ y_2,\ y_3)$ 이면 두 벡터 $u,\ v$의 내적은

   $u \cdot v = x_1y_1 + x_2y_2 + x_3y_3$ 이다.

3. $u = (x_1,\ x_2,\ x_3,\ \cdots,\ x_n),\ v = (y_1,\ y_2,\ y_3,\ \cdots,\ y_n)$ 이면

   두 벡터 $u,\ v$의 내적은 $u \cdot v = x_1y_1 + x_2y_2 + x_3y_{3+\cdots+x_n}y_n$ 이다.

정리 9.2

R^n 에서의 벡터 u, v, w와 임의의 스칼라 k에 대해 다음이 성립한다.

1. $u \cdot v = v \cdot u$
2. $u \cdot (v + w) = (u \cdot v) + (u \cdot w)$
3. $k(u \cdot v) = (ku) \cdot v = u \cdot (kv)$
4. $u \cdot u = ||u||^2$
5. $||ku|| = |k|\ ||u||$
6. $u \neq 0 \Rightarrow u \cdot u > 0$ 이고 $u = 0 \Rightarrow u \cdot u = 0$

증명

$n = 2$ 일 때 $u = (x_1,\ x_2)$, $v = (y_1,\ y_2)$, $w = (z_1,\ z_2)$ 라 하면

1. $u \cdot v = x_1 y_1 + x_2 y_2 = y_1 x_1 + y_2 x_2 = v \cdot u$

2. $$\begin{aligned} u \cdot (v + w) &= (x_1,\ x_2) \cdot (y_1 + z_1,\ y_2 + z_2) = x_1(y_1 + z_1) + x_2(y_2 + z_2) \\ &= x_1 y_1 + x_2 y_2 + x_1 z_1 + x_2 z_2 = (u \cdot v) + (u \cdot w) \end{aligned}$$

3. $$\begin{aligned} k(u \cdot v) &= k(x_1 y_1 + x_2 y_2) = (kx_1)y_1 + (kx_2)y_2 = x_1(ky_1) + x_2(ky_2) \\ &= (ku) \cdot v = u \cdot (kv) \end{aligned}$$

4. $u \cdot u = x_1^2 + x_2^2 = ||u||^2$

5. $||ku||^2 = ku \cdot ku = (kx_1)^2 + (kx_2)^2 = k^2(x_1^2 + x_2^2) = k^2||u||^2$

따라서 $||ku|| = |k|\ ||u||$

6. $u \neq 0 \Rightarrow u \cdot u = x_1^2 + x_2^2 > 0$ 이고 $u = 0 \Rightarrow u \cdot u = 0$

<두 벡터의 사잇각>

정리 9.3

u, v 는 R^2 혹은 R^3 에서의 벡터이고 θ가 두 벡터의 사잇각이면

$$u \cdot v = \cos\theta ||u||\ ||v||$$

이 성립한다.

증명

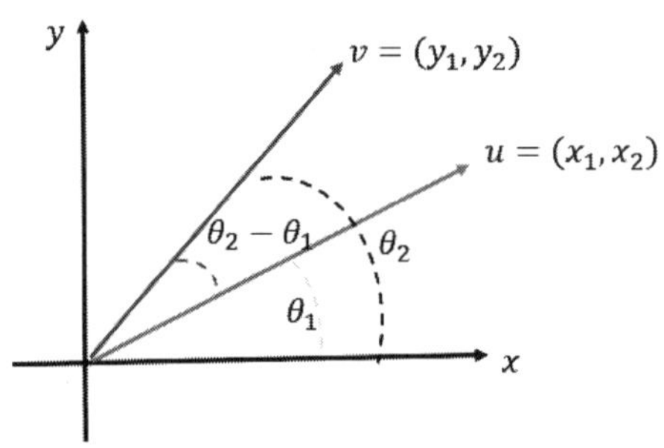

가정에 의해 $||u|| = \sqrt{x_1^2 + x_2^2}$, $||v|| = \sqrt{y_1^2 + y_2^2}$ 이다.

$\cos\theta_1 = \dfrac{x_1}{||u||}$, $\cos\theta_2 = \dfrac{y_1}{||v||}$, $\sin\theta_1 = \dfrac{x_2}{||u||}$, $\sin\theta_2 = \dfrac{y_2}{||v||}$ 이므로

$\cos\theta = \cos(\theta_2 - \theta_1) = \cos\theta_2 \cos\theta_1 + \sin\theta_2 \sin\theta_1 = \dfrac{x_1 y_1 + x_2 y_2}{||u||\ ||v||}$ 가 만족한다.

정의를 이용하면 $\cos\theta = \dfrac{u \cdot v}{||u||\ ||v||}$ 또는 $u \cdot v = \cos\theta ||u||\ ||v||$ 이다.

[NOTE]

u, v가 R^2 혹은 R^3 에서의 벡터이고 θ가 두 벡터의 사잇각이라고 하자.

$u \cdot v = \cos\theta ||u||\ ||v||$ 이 성립하므로 두 벡터의 내적은 $\theta = 0°$ 일 때 최대가 되고, $\theta = 90°$ 일 때 최소이다.

정리 9.4

R^2 혹은 R^3 에서의 벡터 $u,\ v,\ u \neq 0,\ v \neq 0$와 두 벡터 $u,\ v$ 의 사잇각 $\theta\ (0 \leq \theta \leq \pi)$에 대해

1. θ 가 예각 $(0 \leq \theta < \frac{\pi}{2})$ 이면 $u \cdot v > 0$
2. θ 가 둔각 $(\frac{\pi}{2} < \theta \leq \pi)$ 이면 $u \cdot v < 0$
3. θ 가 직각 $(\theta = \frac{\pi}{2})$ 이면 $u \cdot v = 0$ (즉, $u,\ v$ 가 직교하면 $\cos\theta = 0$)이다.

$(\because)\ \cos\theta = \dfrac{u \cdot v}{||u||\ ||v||}$ 이므로 자명하다.

예제 9.5

$u = (1,\ 0),\ v = (-1,\ -1)$ 일 때 두 벡터 $u,\ v$ 의 사잇각 θ를 구하여라.

풀이

$u = (1,\ 0),\ v = (-1,\ -1)$ 이면

$||u|| = \sqrt{1^2 + 0^2} = 1,\ ||v|| = \sqrt{(-1)^2 + (-1)^2} = \sqrt{2}$ 이고

$u \cdot v = 1 \times (-1) + 0 \times (-1) = -1$ 이다.

$\cos\theta = \dfrac{u \cdot v}{||u||\ ||v||} = -\dfrac{1}{\sqrt{2}}$ 이므로 $\theta = 135°$ 이다.

정리 9.5 Schwartz의 부등식

R^n 에서의 벡터 $u,\ v$에 대해 $|u \cdot v| \leq ||u||\ ||v||$이다.

특히 $|u \cdot v| = ||u||\ ||v||$일 필요충분조건은 $u,\ v$가 동일 직선상에 있을 때이다.

증명

$-1 \leq \cos\theta = \dfrac{u \cdot v}{||u||\ ||v||} \leq 1$ 이므로 $-||u||\ ||v|| \leq u \cdot v \leq ||u||\ ||v||$이다.

그러므로 $|u \cdot v| \leq ||u||\ ||v||$이다.

특히 $u \cdot v = \cos\theta ||u||\ ||v||$ 이므로 $|u \cdot v| = ||u||\ ||v||$ 일 필요충분조건은

$\theta = 0$ 이거나 $\theta = \pi$ 이다.

즉, $|u \cdot v| = ||u||\ ||v||$ 일 필요충분조건은 u, v는 동일직선상에 존재한다는 것이다.

[다른 방법]:

$u = (x_1,\ x_2),\ v = (y_1,\ y_2)$에 대해

$u \cdot v = x_1y_1 + x_2y_2,\quad ||u|| = \sqrt{x_1^2 + x_2^2},\ ||v|| = \sqrt{y_1^2 + y_2^2}$

따라서

$$\begin{aligned} ||u||^2||v||^2 - (u \cdot v)^2 &= (x_1^2 + x_2^2)(y_1^2 + y_2^2) - (x_1y_1 + x_2y_2)^2 \\ &= x_1^2y_1^2 + x_1^2y_2^2 + x_2^2y_1^2 + x_2^2y_2^2 - x_1^2y_1^2 - 2x_1y_1x_2y_2 - x_2^2y_2^2 \\ &= (x_1y_2 - x_2y_1)^2 \geq 0 \end{aligned}$$

따라서 $|u \cdot v| \leq ||u||\ ||v||$.

정리 9.6

R^n 에서의 벡터 u, v와 임의의 스칼라 k 에 대해 다음이 성립한다.

1. $||u|| \geq 0$. 특히 $||u|| = 0 \Leftrightarrow u = 0$
2. $||ku|| = |k|\ ||u||$
3. $||u + v|| \leq ||u|| + ||v||$

증명

1, 2는 벡터의 합과 스칼라곱의 정의를 이용하면 쉽게 얻어진다.

3. Schwartz의 부등식에 의해

$$\begin{aligned}||u+v||^2 &= (u+v)\cdot(u+v) = ||u||^2 + ||v||^2 + 2u\cdot v \\ &\le ||u||^2 + ||v||^2 + 2||u||\,||v|| = (||u|| + ||v||)^2\end{aligned}$$

그러므로

$$||u+v|| \le ||u|| + ||v||$$

이다.

정의 9.8

길이가 1인 벡터를 단위벡터(unit vector), 단위벡터 중에서 한 좌푯값만 0이 아닌 경우를 기초벡터라 한다.

[예]

$e_1 = (1,\ 0,\ 0)$, $e_2 = (0,\ 1,\ 0)$, $e_3 = (0,\ 0,\ 1)$은 공간상의 기초벡터이다.

[NOTE]

$e_1 = (1, 0, 0)$, $e_2 = (0, 1, 0)$, $e_3 = (0, 0, 1)$ 이면 $u = (x_1, x_2, x_3) = x_1e_1 + x_2e_2 + x_3e_3$로 표현된다.

예제 9.6

$u = (3,\ -2,\ 7)$을 $e_1 = (1, 0, 0)$, $e_2 = (0, 1, 0)$, $e_3 = (0, 0, 1)$으로 나타내어라.

풀이

$u = (3,\ -2,\ 7) = 3e_1 + (-2)e_2 + 7e_3$

[NOTE]

$||u|| \ne 0$ 일 때 $\dfrac{u}{||u||}$는 u 와 같은 방향의 단위벡터이다.

$(\because)$

$||u|| \neq 0$이므로

$$\frac{1}{||u||} > 0.$$

따라서 $\frac{u}{||u||}$는 u 와 같은 방향의 벡터이다. 그리고

$$||\frac{u}{||u||}|| = \frac{1}{||u||}||u|| = 1$$

이므로 $\frac{u}{||u||}$는 단위벡터이다.

예제 9.7

$u = (3,\ -5,\ 4)$와 같은 방향의 단위벡터를 구하여라.

풀이

$||u|| = \sqrt{3^2 + (-5)^2 + 4^2} = \sqrt{50} = 5\sqrt{2}$이므로 $u = (3,\ -5,\ 4)$ 와 같은 방향의 단위벡터는 $\frac{u}{||u||} = \frac{1}{5\sqrt{2}}(3,\ -5,\ 4)$ 이다.

예제 9.8

K씨가 커피 종류별로 팔리고 있는 커피잔 수와 가격을 조사한 결과 하루 평균 팔리는 커피잔의 수는 각각 아메리카노 100잔, 카푸치노 75잔, 카페라떼 80잔, 에스프레소 22잔, 녹차라떼 30잔이었다. 커피 가격이 각각 2,500원, 4,000원, 4,000원, 4,500원, 5,500원이면 하루 평균 매출은 얼마일까?

종류별 하루 평균 커피잔 수를 벡터 $u = (100,\ 75,\ 80,\ 22,\ 30)$로 놓고 종류별 각각의 가격을 벡터 $v = (2500,\ 4000,\ 4000,\ 4500,\ 5500)$로 놓은 다음 평균 일일 매출액을 벡터의 내적을 이용하여 구하여라.

풀이

구분	아메리카노	카푸치노	카페라떼	에스프레소	녹차라떼
일일평균 매출 잔수	100	75	80	22	30
가격	2500	4000	4000	4500	5500

커피 종류별 일일 평균 매출액을 구하기 위해 종류별로 일일 평균 매출 잔수 × 가격을 한 후 모든 커피 종류에 대해 더하여 일일 평균 매출액을 구한다. 이때 벡터 내적을 이용하면

하루 평균 매출액은

$$
\begin{aligned}
u \cdot v &= (100,\ 75,\ 80,\ 22,\ 30) \cdot (2500,\ 4000,\ 4000,\ 4500,\ 5500) \\
&= 100 \times 2500 + 75 \times 4000 + 80 \times 4000 + 22 \times 4500 + 30 \times 5500 \\
&= 1,134,000
\end{aligned}
$$

예제 9.9

1. A 회사의 주식이 시장 상황이 좋으면 1년간 수익률이 35%, 보통은 10%, 또 시장 상황이 별로 좋지 않으면 −25%가 예상된다고 하자. A 회사 향후 예상 수익률을 나타내는 3차원 벡터를 구하여라.

2. B 회사의 주식이 시장 상황이 좋으면 1년간 수익률이 30%, 보통은 8%, 또 시장 상황이 별로 좋지 않으면 −15%가 예상된다고 하자. B 회사의 향후 예상 수익률을 나타내는 3차원 벡터를 구하여라.

3. A 회사의 주식과 B 회사의 주식에 반반씩 투자하여 포트폴리오를 형성하는 경우 포트폴리오의 향후 1년간 예상 수익률 벡터를 구하여라.

풀이

1. A 회사 향후 예상 수익률을 나타내는 3차원 벡터를 R_A 라 하면

   $R_A = (35,\ 10,\ -25)$ 으로 표시할 수 있다.

2. B 회사의 향후 예상 수익률을 나타내는 3차원 벡터를 R_B 라 하면

   $R_B = (30,\ 8,\ -15)$으로 표시할 수 있다.

3. A 회사의 주식과 B 회사의 주식에 반반씩 투자하여 포트폴리오를 형성하는 경우 포트폴리오의 향후 1년간 예상 수익률 벡터를 R_P 라고 하면

$$
\begin{aligned}
R_P &= 0.5 \times R_A + 0.5 \times R_B = 0.5 \times (35,\ 10,\ -25) + 0.5 \times (30,\ 8,\ -15) \\
&= (17.5,\ 5,\ -12.5) + (15,\ 4,\ -7.5) = (32.5,\ 9,\ -20)
\end{aligned}
$$

제 10 장
행렬

10.1 행렬의 정의와 연산

행렬(matrix)은 숫자 또는 문자를 직사각형 모양으로 배열한 것을 말한다. 행렬의 가로 배열을 행, 세로 배열을 열이라 한다. 행렬의 각 문자나 숫자를 행렬의 성분, 크기는 행렬을 구성하는 행과 열의 개수로 정해진다.

$$A = \begin{pmatrix} a_{11} & a_{12} & \cdots & a_{1n} \\ a_{21} & a_{22} & \cdots & a_{2n} \\ \vdots & \vdots & \cdots & \vdots \\ a_{m1} & a_{m2} & \cdots & a_{mn} \end{pmatrix}$$ 는 m개의 행과 n개의 열을 갖는 $m \times n$ 행렬이다.

간단히 $A = (a_{ij})_{m\times n}$ 로 표기한다. 여기서 a_{ij} 는 행렬 A의 i 행 j열에 대응하는 성분이다. 특히, 행의 개수와 열의 개수가 같으면 즉, $m = n$ 이면 $A = (a_{ij})_{n\times n}$를 n 차 정방행렬이라 한다. $a_{11},\ a_{22},\ \cdots,\ a_{nn}$ 은 주 대각선상의 성분이라 한다.

수와 마찬가지로 행렬에 대해서도 덧셈, 뺄셈, 곱셈 등의 연산을 시행할 수 있다. 예를 들어 2차 정사각행렬인 A와 B의 덧셈과 뺄셈은 두 행렬에서 대응하는 성분들을 각각 더하거나 빼면 된다.

즉, $A = \begin{pmatrix} a_{11} & a_{12} \\ a_{21} & a_{22} \end{pmatrix}$, $B = \begin{pmatrix} b_{11} & b_{12} \\ b_{21} & b_{22} \end{pmatrix}$ 일 때 $A + B = \begin{pmatrix} a_{11}+b_{11} & a_{12}+b_{12} \\ a_{21}+b_{21} & a_{22}+b_{22} \end{pmatrix}$

가 된다.

정의 10.1

$A=(a_{ij})_{m\times n},\ B=(b_{ij})_{m\times n}$ 을 주어진 $m\times n$ 행렬이라고 하자.

1. 모든 성분이 같을 때 $A=B$ 라고 정의한다.

   즉 모든 $i=1,\ 2,\ \cdots,\ m,\ j=1,\ 2,\ \cdots,\ n$에 대해 $a_{ij}=b_{ij}$ 일 때이다.

2. 두 행렬의 덧셈은 두 행렬의 같은 성분끼리 서로 더하면 된다.

   즉, $A+B=(a_{ij}+b_{ij})_{m\times n}$ 로 정의된다. 여기서 두 행렬의 덧셈이 잘 정의되기 위해서는 두 행렬의 크기가 같아야 한다.

3. 행렬의 상수곱은 행렬의 각 성분에 모두 c을 곱하면 된다.

   즉, $cA=(ca_{ij})_{m\times n}$ (여기서 c 는 상수)로 정의된다.

특히 $c=-1$ 일 때 즉, $-A=(-1)A$로 표기하고, $A-B=A+(-1)B$ 으로 정의한다. 모든 성분이 0인 행렬을 영행렬이라 하고, $0_{m\times n}$ 으로 표기한다.

예제 10.1

행렬이 $A=\begin{pmatrix}2 & 5\\ 3 & -4\end{pmatrix}$, $B=\begin{pmatrix}1 & 3\\ 2 & 4\end{pmatrix}$ 로 주어졌을 때 $A-B$ 를 구하여라.

풀이

$$A-B=\begin{pmatrix}2 & 5\\ 3 & -4\end{pmatrix}-\begin{pmatrix}1 & 3\\ 2 & 4\end{pmatrix}=\begin{pmatrix}1 & 2\\ 1 & -8\end{pmatrix}.$$

예제 10.2

$A = \begin{pmatrix} 2 & 5 & 6 \\ -8 & 1 & -3 \end{pmatrix}$ 일 때 $2A$ 를 구하여라.

풀이

$$2A = 2\begin{pmatrix} 2 & 5 & 6 \\ -8 & 1 & -3 \end{pmatrix} = \begin{pmatrix} 4 & 10 & 12 \\ -16 & 2 & -6 \end{pmatrix}.$$

10.2 행렬의 곱셈

행렬의 곱셈은 대응되는 성분끼리 곱하는 것이 아니라 다른 방식으로 약속한다. 2차 정방행렬인 A와 B를 곱한 행렬 AB의 i행 j열 성분은 행렬 A의 i행과 행렬 B의 j열의 성분을 차례로 곱하여 합한 것이다.

즉, $A = \begin{pmatrix} a_{11} & a_{12} \\ a_{21} & a_{22} \end{pmatrix}$, $B = \begin{pmatrix} b_{11} & b_{12} \\ b_{21} & b_{22} \end{pmatrix}$ 이면 행렬의 곱셈은

$AB = \begin{pmatrix} a_{11}b_{11} + a_{12}b_{21} & a_{11}b_{12} + a_{12}b_{22} \\ a_{21}b_{11} + a_{22}b_{21} & a_{21}b_{12} + a_{22}b_{22} \end{pmatrix}$ 가 된다.

정의 10.2

즉, $A = (a_{ij})_{m\times n}$, $B = (b_{ij})_{n\times p}$ 일 때 $AB = (\sum_{k=1}^{n} a_{ik}b_{kj})_{m\times p}$ 로 정의한다.

즉 $A \times B = C$

$$\begin{pmatrix} a_{11} & a_{12} & \cdots & a_{1n} \\ \vdots & \vdots & \vdots & \vdots \\ a_{i1} & a_{i2} & \cdots & a_{in} \\ \vdots & \vdots & \vdots & \vdots \\ a_{m1} & a_{m2} & \cdots & a_{mn} \end{pmatrix} \begin{pmatrix} b_{11} & \cdots & b_{1j} & \cdots & b_{1p} \\ b_{21} & \cdots & b_{2j} & \cdots & b_{2p} \\ \vdots & \cdots & \vdots & \cdots & \vdots \\ b_{n1} & \cdots & b_{nj} & \cdots & b_{np} \end{pmatrix} = \begin{pmatrix} c_{11} & \cdots & c_{1j} & \cdots & c_{1p} \\ \vdots & \cdots & \vdots & \cdots & \vdots \\ c_{i1} & \cdots & c_{ij} & \cdots & c_{ip} \\ \vdots & \cdots & \vdots & \cdots & \vdots \\ c_{m1} & \cdots & c_{mj} & \cdots & c_{mp} \end{pmatrix}$$

c_{ij} 는 A의 i행과 B의 j열의 내적이다.

여기서 주목해야 할 것은 두 행렬의 덧셈이 잘 정의되기 위해서는 두 행렬의 크기가 같아야 하지만, 두 행렬의 곱셈이 잘 정의되기 위해서는 앞의 행렬의 열의 개수와 뒤의 행렬의 행의 개수가 같아야 한다.

예제 10.3

다음 행렬의 곱셈을 구하여라.

1. $\begin{pmatrix} 5 \\ 3 \end{pmatrix} \begin{pmatrix} -10 & 20 \end{pmatrix}$

2. $\begin{pmatrix} a & b & c \\ a^2 & b^2 & c^2 \end{pmatrix} \begin{pmatrix} -a & -a^2 \\ b & -b^2 \\ -b & -c^2 \end{pmatrix}$

3. $\begin{pmatrix} 1 & 3 & -2 \\ 3 & 0 & 5 \end{pmatrix} \begin{pmatrix} 4 & 5 & -1 & 3 \\ 1 & -2 & 0 & 1 \\ 2 & -1 & 0 & 2 \end{pmatrix}$

풀이

1. $\begin{pmatrix} 5 \\ 3 \end{pmatrix} \begin{pmatrix} -10 & 20 \end{pmatrix} = \begin{pmatrix} -50 & 100 \\ -30 & 60 \end{pmatrix}$

2. $\begin{pmatrix} a & b & c \\ a^2 & b^2 & c^2 \end{pmatrix} \begin{pmatrix} -a & -a^2 \\ b & -b^2 \\ -b & -c^2 \end{pmatrix} = \begin{pmatrix} -a^2 + b^2 - bc & -a^3 - b^3 - c^3 \\ -a^3 + b^3 - bc^2 & -a^4 - b^4 - c^4 \end{pmatrix}$

3. $\begin{pmatrix} 1 & 3 & -2 \\ 3 & 0 & 5 \end{pmatrix} \begin{pmatrix} 4 & 5 & -1 & 3 \\ 1 & -2 & 0 & 1 \\ 2 & -1 & 0 & 2 \end{pmatrix} = \begin{pmatrix} 3 & 1 & -1 & 2 \\ 22 & 10 & -3 & 19 \end{pmatrix}$

[NOTE]

일반적으로 행렬은 곱셈에 관해 교환법칙이 성립하지 않는다.

[예]

$A = \begin{pmatrix} 1 & 2 \\ 0 & 3 \end{pmatrix}$, $B = \begin{pmatrix} -1 & 2 \\ 1 & 3 \end{pmatrix}$

에 대해

$$AB = \begin{pmatrix} 1 & 2 \\ 0 & 3 \end{pmatrix} \begin{pmatrix} -1 & 2 \\ 1 & 3 \end{pmatrix} = \begin{pmatrix} 1 & 8 \\ 3 & 9 \end{pmatrix}$$

그러나

$$BA = \begin{pmatrix} -1 & 2 \\ 1 & 3 \end{pmatrix} \begin{pmatrix} 1 & 2 \\ 0 & 3 \end{pmatrix} = \begin{pmatrix} -1 & 4 \\ 1 & 11 \end{pmatrix}$$

따라서 $AB \neq BA$

[NOTE]

1. $AB = AC$이라고 해서 $A = 0$ 또는 $B = C$ 이라고 할 수 없다. 즉, $A \neq 0$ 이고 $B \neq C$ 인 경우에도 $AB = AC$ 일 수 있다.

   [예]

   $A = \begin{pmatrix} 1 & -1 \\ 1 & -1 \end{pmatrix}$, $B = \begin{pmatrix} 1 & 2 \\ 1 & 3 \end{pmatrix}$, $C = \begin{pmatrix} 0 & 2 \\ 0 & 3 \end{pmatrix}$

   에 대해

$$AB = \begin{pmatrix} 1 & -1 \\ 1 & -1 \end{pmatrix} \begin{pmatrix} 1 & 2 \\ 1 & 3 \end{pmatrix} = \begin{pmatrix} 0 & -1 \\ 0 & -1 \end{pmatrix}$$

이고

$$AC = \begin{pmatrix} 1 & -1 \\ 1 & -1 \end{pmatrix} \begin{pmatrix} 0 & 2 \\ 0 & 3 \end{pmatrix} = \begin{pmatrix} 0 & -1 \\ 0 & -1 \end{pmatrix}$$

이므로 $AB = AC$ 이지만 $A \neq 0$이고 $B \neq C$이다.

2. $AB = 0$이라고 해서 $A = 0$ 또는 $B = 0$ 이라고 할 수 없다. 즉, $A \neq 0$ 이고 $B \neq 0$ 인 경우에도 $AB = 0$ 일 수 있다.

[예]

$$A = \begin{pmatrix} 1 & 1 \\ 1 & 1 \end{pmatrix},\ B = \begin{pmatrix} 1 & -1 \\ -1 & 1 \end{pmatrix}$$

에 대해

$$AB = \begin{pmatrix} 1 & 1 \\ 1 & 1 \end{pmatrix} \begin{pmatrix} 1 & -1 \\ -1 & 1 \end{pmatrix} = \begin{pmatrix} 0 & 0 \\ 0 & 0 \end{pmatrix} = 0$$

이다. 그러나 $A \neq 0$이고 $B \neq 0$이다.

정리 10.1

A, B, C 를 주어진 연산이 수행될 수 있도록 크기가 정의된 행렬이라 하고 O 를 크기가 같은 영행렬, s, t 를 임의의 실수라고 하자. 다음이 성립한다.

1. $(A+B)+C = A+(B+C)$
2. $A+B = B+A$
3. $A+O = O+A = A$
4. $A+(-1)A = (-1)A+A = O$

5. $(st)A = s(tA)$

6. $(s+t)A = sA + tA$

7. $s(A+B) = sA + sB$

8. $s(AB) = (sA)B = A(sB)$

9. $1A = A$

10. $(AB)C = A(BC)$

11. $A(B+C) = AB + AC$

12. $(A+B)C = AC + BC$

예제 10.4

아래와 같은 상품 표에서 세트1을 12개, 세트2를 15개 사려고 한다. 젤리 1봉지당 2,000원, 초콜릿 과자 1봉지당 5,000원일 때 필요한 금액을 세 개의 행렬로 나타내어라.

	젤리(봉)	초콜릿(봉)
세트1	6	3
세트2	5	4

풀이

각 세트의 젤리와 초콜릿 과자의 개수를 행렬로 나타내면

$$\begin{pmatrix} 6 & 3 \\ 5 & 4 \end{pmatrix}$$

세트1과 세트2를 각각 12개, 15개씩 구입하므로 총구입하는 젤리와 초콜릿과자

개수를 행렬로 나타내면

$$\begin{pmatrix} 12 & 15 \end{pmatrix} \begin{pmatrix} 6 & 3 \\ 5 & 4 \end{pmatrix}$$

이 된다. 다음으로 젤리와 초콜릿 과자의 가격을 행렬로 나타내면

$$\begin{pmatrix} 2,000 \\ 5,000 \end{pmatrix}$$

이므로 구입하는 젤리와 초콜릿 과자의 총가격을 행렬로 나타내면

$$\begin{pmatrix} 12 & 15 \end{pmatrix} \begin{pmatrix} 6 & 3 \\ 5 & 4 \end{pmatrix} \begin{pmatrix} 2,000 \\ 5,000 \end{pmatrix}$$

이 된다.

예제 10.5

K 대학교 경영학부 및 경영대학원 그리고 남녀학생 수가 다음과 같은 행렬로 주어졌다고 하자.

$$A = \begin{matrix} & \text{학부} & \text{대학원} \\ \text{남} & 2,000 & 1,000 \\ \text{여} & 1,800 & 800 \end{matrix} \qquad B = \begin{matrix} & \text{등록금} & \text{기숙사비} \\ \text{학부} & 800 & 400 \\ \text{대학원생} & 580 & 450 \end{matrix}$$

행렬의 곱 AB 를 구하여라. AB의 각 원소는 무엇을 의미하는가? (단위: 만원)

풀이

$$AB = \begin{pmatrix} 2,000 & 1,000 \\ 1,800 & 800 \end{pmatrix} \begin{pmatrix} 800 & 400 \\ 580 & 450 \end{pmatrix} = \begin{matrix} & \text{등록금} & \text{기숙사비} \\ \text{남} & 2,180,000 & 1,250,000 \\ \text{여} & 1,904,000 & 1,080,000 \end{matrix}$$

$$= \begin{pmatrix} \text{전체남학생등록금} & \text{전체남학생기숙사비} \\ \text{전체여학생등록금} & \text{전체여학생기숙사비} \end{pmatrix}$$

행렬의 곱 AB는 남녀학생별 납부금 종류별 총수입액을 뜻한다. 예를 들어 남학생의 등록금 총액은 2,180,000만원이고 여학생의 기숙사비 총액은 1,080,000만원이다.

10.3 행렬의 종류

1. 단위행렬(Identity matrix, unit matrix)

단위행렬은 대각선 원소가 모두 1이고 나머지 원소는 0인 정방행렬이다.

즉, $I = (a_{ij})_{n\times n}$, 단 $a_{ij} = \begin{cases} 1, & i = j \\ 0, & i \neq j \end{cases}$

n차 단위행렬, 즉 $n \times n$ 단위행렬을 I_n로 표기한다. 예를 들어 2차, 3차 단위행렬은 각각

$I_2 = \begin{pmatrix} 1 & 0 \\ 0 & 1 \end{pmatrix}$, $I_3 = \begin{pmatrix} 1 & 0 & 0 \\ 0 & 1 & 0 \\ 0 & 0 & 1 \end{pmatrix}$ 으로 주어진다.

[NOTE]

A가 $n \times n$ 행렬일 때 $AI_n = I_nA = A$가 된다.

k 가 0이 아닌 상수일 때 $kI_3 = \begin{pmatrix} k & 0 & 0 \\ 0 & k & 0 \\ 0 & 0 & k \end{pmatrix}$ 이다. 이를 스칼라행렬이라 한다.

2. 대각행렬(diagonal matrix)

대각행렬은 대각선 원소 외에는 모두 0인 행렬이다. 즉, $A = (a_{ij})_{n\times n}$일 때 $i \neq j$인 $i,\ j$에 대해 $a_{ij} = 0$ 이다.

[예]

$$A = \begin{pmatrix} 3 & 0 & 0 \\ 0 & -1 & 0 \\ 0 & 0 & 10 \end{pmatrix}, \ B = \begin{pmatrix} -6 & 0 & 0 \\ 0 & 2 & 0 \\ 0 & 0 & 4 \end{pmatrix}$$

3. **삼각행렬**(Triangular matrix)

삼각행렬은 대각선 원소의 아랫부분 혹은 윗부분의 원소가 모두 0인 행렬이다. 즉, $A = (a_{ij})_{n \times n}$에 대해 $i > j$인 i, j에 대해 $a_{ij} = 0$ 일 때나 혹은 $i < j$인 i, j에 대해 $a_{ij} = 0$ 일 때 $A = (a_{ij})_{n \times n}$를 삼각행렬이라고 한다.

[예]

$$A = \begin{pmatrix} 1 & 2 & 3 \\ 0 & 4 & 5 \\ 0 & 0 & 6 \end{pmatrix}, \ B = \begin{pmatrix} 1 & 0 & 0 \\ 3 & 4 & 0 \\ 2 & 5 & 6 \end{pmatrix}$$

4. **전치행렬**(Transpose matrix)

전치행렬은 행렬 A의 행과 열을 바꾼 행렬이다. 즉, $A = (a_{ij})_{m \times n}$ 이면 A의 전치행렬은 ${}^tA = (a_{ji})_{n \times m}$이다.

[예]

$$A = \begin{pmatrix} 1 & 2 & 3 \\ 4 & 5 & 6 \end{pmatrix}, \ {}^tA = \begin{pmatrix} 1 & 4 \\ 2 & 5 \\ 3 & 6 \end{pmatrix}$$

정리 10.2

A, B를 주어진 연산이 수행될 수 있도록 크기가 정의된 행렬이라 하자. 그러면 다음이 성립한다.

1. ${}^t(A+B) = {}^tA + {}^tB$
2. ${}^t(AB) = {}^tB \ {}^tA$

3. ${}^t({}^tA) = A$

예제 10.6

$A = \begin{pmatrix} 1 & 1 & -1 \\ 2 & -1 & 4 \end{pmatrix}$, $B = \begin{pmatrix} 1 & 2 & 1 \\ 0 & 2 & 4 \\ 3 & 3 & 7 \end{pmatrix}$ 일 때 ${}^t(AB) = {}^tB\ {}^tA$ 임을 보여라.

풀이

$$AB = \begin{pmatrix} 1 & 1 & -1 \\ 2 & -1 & 4 \end{pmatrix} \begin{pmatrix} 1 & 2 & 1 \\ 0 & 2 & 4 \\ 3 & 3 & 7 \end{pmatrix} = \begin{pmatrix} -2 & 1 & -2 \\ 14 & 14 & 26 \end{pmatrix}$$ 이므로

$${}^t(AB) = \begin{pmatrix} -2 & 14 \\ 1 & 14 \\ -2 & 26 \end{pmatrix}$$ 이다.

한편 $${}^tB\ {}^tA = \begin{pmatrix} 1 & 0 & 3 \\ 2 & 2 & 3 \\ 1 & 4 & 7 \end{pmatrix} \begin{pmatrix} 1 & 2 \\ 1 & -1 \\ -1 & 4 \end{pmatrix} = \begin{pmatrix} -2 & 14 \\ 1 & 14 \\ -2 & 26 \end{pmatrix}$$ 이므로

${}^t(AB) = {}^tB\ {}^tA$ 이다.

5. 대칭행렬(Symmetric matrix)

$A = {}^t A$ 일 때 A를 대칭행렬이라 한다. 즉, $A = (a_{ij})_{n \times n}$ 일 때 모든 i, j에 대해 $a_{ij} = a_{ji}$ 이다.

[예]

$$A = \begin{pmatrix} 1 & 7 & 8 \\ 7 & 0 & 4 \\ 8 & 4 & -1 \end{pmatrix}$$

은 대칭행렬이다.

6. 역행렬(Inverse matrix)

정의 10.3

정방행렬 A가 가역행렬(invertible matrix)이라고 하는 것은 A와 같은 크기의 정방행렬 B가 존재해서 $AB = I = BA$를 만족할 때를 말한다. 이때 B를 A의 역행렬이라고 하고 $B = A^{-1}$로 표기한다.

정리 10.3

A의 역행렬이 존재한다면 A의 역행렬은 유일하다.

증명

B, C 가 A의 역행렬이면 정의에 의해 $AB = I = BA$이고 $AC = I = CA$이다. 따라서 $B = BI = B(AC) = (BA)C = IC = C$ 이다. 그러므로 A의 역행렬은 유일하다.

[NOTE]

모든 정방행렬이 역행렬을 가지는 것은 아니다. 다음 예를 살펴보자.

예제 10.7

다음 행렬은 역행렬을 가지지 않는다.

1. $0 = \begin{pmatrix} 0 & 0 \\ 0 & 0 \end{pmatrix}$

2. $A = \begin{pmatrix} 1 & 2 \\ 1 & 2 \end{pmatrix}$

풀이

1. 모든 행렬 B 에 대해 $0B = 0$ 이므로 $0B = I$ 가 성립하는 행렬 B는 존재하지 않는다.

2. $B = \begin{pmatrix} a & b \\ c & d \end{pmatrix}$ 에 대해 $AB = \begin{pmatrix} 1 & 2 \\ 1 & 2 \end{pmatrix}\begin{pmatrix} a & b \\ c & d \end{pmatrix} = \begin{pmatrix} a+2c & b+2d \\ a+2c & b+2d \end{pmatrix}$ 이므로 $AB = I$가 되려면 $a+2c=1$ 이고 동시에 $a+2c=0$ 이 되어야 한다. 이것은 모순이다. 그러므로 $A = \begin{pmatrix} 1 & 2 \\ 1 & 2 \end{pmatrix}$ 의 역행렬은 존재하지 않는다.

[NOTE]

2차 정방행렬 $A = \begin{pmatrix} a & b \\ c & d \end{pmatrix}$ 에 대해 $ad - bc = 0$이면 A의 역행렬은 존재하지 않는다. 그러나 $ad - bc \neq 0$ 이면 A의 역행렬이 존재하고 $A^{-1} = \dfrac{1}{ad-bc}\begin{pmatrix} d & -b \\ -c & a \end{pmatrix}$ 이다.

예제 10.8

$\begin{pmatrix} 5 & 2 \\ 3 & 4 \end{pmatrix}$ 의 역행렬을 구하여라.

풀이

$\begin{pmatrix} 5 & 2 \\ 3 & 4 \end{pmatrix}$ 의 역행렬은 $\dfrac{1}{14}\begin{pmatrix} 4 & -2 \\ -3 & 5 \end{pmatrix}$ 이다. 실제로,

$$\begin{pmatrix} 5 & 2 \\ 3 & 4 \end{pmatrix} \cdot \frac{1}{14}\begin{pmatrix} 4 & -2 \\ -3 & 5 \end{pmatrix} = \frac{1}{14}\begin{pmatrix} 14 & 0 \\ 0 & 14 \end{pmatrix} = \begin{pmatrix} 1 & 0 \\ 0 & 1 \end{pmatrix}$$

이고

$$\frac{1}{14}\begin{pmatrix} 4 & -2 \\ -3 & 5 \end{pmatrix} \cdot \begin{pmatrix} 5 & 2 \\ 3 & 4 \end{pmatrix} = \frac{1}{14}\begin{pmatrix} 14 & 0 \\ 0 & 14 \end{pmatrix} = \begin{pmatrix} 1 & 0 \\ 0 & 1 \end{pmatrix}$$

이다.

따라서 $\begin{pmatrix} 5 & 2 \\ 3 & 4 \end{pmatrix}$ 의 역행렬은

$$\frac{1}{14}\begin{pmatrix} 4 & -2 \\ -3 & 5 \end{pmatrix}$$

이다.

정리 10.4

A, B를 같은 크기의 가역행렬이라고 하면 AB 도 가역행렬이고

$$(AB)^{-1} = B^{-1}A^{-1}$$

가 성립한다.

증명

$$(AB)(B^{-1}A^{-1}) = A(BB^{-1})A^{-1} = AIA^{-1} = AA^{-1} = I$$

이고

$$(B^{-1}A^{-1})(AB) = B^{-1}(A^{-1}A)B = BIB^{-1} = BB^{-1} = I$$

이다. 따라서 AB 가 가역행렬이고

$$(AB)^{-1} = B^{-1}A^{-1}$$

이다.

정리 10.5

A, B를 같은 크기의 가역행렬이라고 하면 다음이 성립한다.

1. A^{-1} 도 가역행렬이고 $(A^{-1})^{-1} = A$
2. AB 도 가역행렬이고 $(AB)^{-1} = B^{-1}A^{-1}$
3. A^n 도 가역행렬이고 $(A^n)^{-1} = (A^{-1})^n,\ n = 0,\ 1,\ 2,\ \cdots$
4. $kA(k \neq 0)$ 도 가역행렬이고 $(kA)^{-1} = \dfrac{1}{k}A^{-1}$
5. ${}^tA$ 도 가역행렬이고 ${}^t(A^{-1}) = ({}^tA)^{-1}$

연습문제

1. $A = \begin{pmatrix} 1 & 2 \\ 3 & 4 \end{pmatrix}$, $B = \begin{pmatrix} x & y \\ z & w \end{pmatrix}$ 가 주어졌을 때 $(A+B)(A-B) = A^2 - B^2$ 가 성립하는가?

2. $A = \begin{pmatrix} 1 & 0 & -1 \\ 2 & -1 & 3 \end{pmatrix}$, $B = \begin{pmatrix} 1 & 1 & 1 \\ 0 & 2 & 4 \\ 3 & 0 & 7 \end{pmatrix}$ 일 때 ${}^t(AB) = {}^tB\ {}^tA$ 가 성립하는가?

3. $\begin{pmatrix} 7 & 3 \\ 4 & 2 \end{pmatrix}$ 의 역행렬을 구하여라.

4. 다음 행렬 $T = \begin{pmatrix} 5000 & 2000 & 1500 \\ 2000 & 3000 & 1000 \end{pmatrix}$ $P = \begin{pmatrix} 2 \\ 4 \\ 3 \end{pmatrix}$ $S = \begin{pmatrix} 1.8 \\ 3.5 \\ 2.5 \end{pmatrix}$ 에 대해 다음을 구하여라.

   (a) TP (b) TS (c) $2TP - 3TS$

제 11 장 행렬식

11.1 행렬식의 정의

정의 11.1

1. $A = \begin{pmatrix} a \end{pmatrix}$ 의 행렬식은 $\det A = a$ 이다.

2. $A = \begin{pmatrix} a & b \\ c & d \end{pmatrix}$ 의 행렬식은 $\det A = \begin{vmatrix} a & b \\ c & d \end{vmatrix} = ad - bc$ 이다.

3. $A = \begin{pmatrix} a_{11} & a_{12} & a_{13} \\ a_{21} & a_{22} & a_{23} \\ a_{31} & a_{32} & a_{33} \end{pmatrix}$ 의 행렬식은

$$\begin{aligned} \det A = & \begin{vmatrix} a_{11} & a_{12} & a_{13} \\ a_{21} & a_{22} & a_{23} \\ a_{31} & a_{32} & a_{33} \end{vmatrix} \\ = & a_{11}a_{22}a_{33} + a_{12}a_{23}a_{31} + a_{13}a_{21}a_{32} \\ & - (a_{13}a_{22}a_{31} + a_{11}a_{23}a_{32} + a_{12}a_{21}a_{33}) \end{aligned}$$

이다. 정방행렬 A 의 행렬식을 $\det A$ 혹은 $|A|$ 로 표기한다.

[예]

$$A = \begin{pmatrix} 1 & 2 & 3 \\ -1 & -2 & 0 \\ 2 & 4 & 5 \end{pmatrix} \text{ 이면 } \det A = -10 - 12 - (-12 - 10) = 0$$

예제 11.1

다음 행렬의 행렬식을 구하여라.

1. $A = \begin{pmatrix} 2 & 4 \\ 3 & 5 \end{pmatrix}$　　2. $A = \begin{pmatrix} 1 & 2 & 3 \\ 2 & 3 & 4 \\ 3 & 4 & 5 \end{pmatrix}$　　3. $A = \begin{pmatrix} 2 & 7 & -1 \\ 4 & 3 & 1 \\ 5 & 2 & -8 \end{pmatrix}$

풀이

1. $\det A = 10 - 12 = -2$

2. $\det A = 15 + 24 + 24 - (27 + 16 + 20) = 0$

3. $\det A = -48 - 8 + 35 - (-15 + 4 - 224) = 214$

11.2 여인수 전개에 의한 행렬식 계산

정의 11.2

$A = (a_{ij})_{n\times n}$ 의 행렬식(determinant)은

$$\det A = \begin{cases} a_{i1}A_{i1} + a_{i2}A_{i2} + \cdots + a_{in}A_{in}, \ (i = 1,\ 2,\ \cdots,\ n) : i\text{행전개} \\ a_{1j}A_{1j} + a_{2j}A_{2j} + \cdots + a_{nj}A_{nj}, \ (j = 1,\ 2,\ \cdots,\ n) : j\text{열전개} \end{cases}$$

로 정의된다. 단, 여기서 $A_{ij} = (-1)^{i+j}\det M_{ij}$($a_{ij}$ 의 여인수(cofactor)), M_{ij} 는 A에서 i행과 j열을 뺀 부분행렬(소행렬)이다.

[NOTE]

$A=(a_{ij})_{n\times n}$의 행렬식(determinant)은 어느 행, 어느 열로 전개하더라도 같은 값을 가진다. 예를 들어

$$A=\begin{pmatrix} a & b \\ c & d \end{pmatrix}\text{에 대해}$$

1행 전개를 하면 $\det A = aA_{11}+bA_{12}=a(-1)^{1+1}d+b(-1)^{1+2}c=ad-bc$,

2행 전개를 하면 $\det A = cA_{21}+dA_{22}=c(-1)^{2+1}b+d(-1)^{2+2}a=ad-bc$

1열 전개를 하면 $\det A = aA_{11}+cA_{21}=a(-1)^{1+1}d+c(-1)^{2+1}b=ad-bc$,

2열 전개를 하면 $\det A = bA_{12}+dA_{22}=b(-1)^{1+2}c+d(-1)^{2+2}a=ad-bc$

행렬식(determinant)은 어느 행, 어느 열로 전개하더라도 같은 값을 가진다.

예제 11.2

다음 행렬의 행렬식을 구하여라.

1. $A=\begin{pmatrix} a_{11} & a_{12} \\ a_{21} & a_{22} \end{pmatrix}$

2. $A=\begin{pmatrix} a_{11} & a_{12} & a_{13} \\ a_{21} & a_{22} & a_{23} \\ a_{31} & a_{32} & a_{33} \end{pmatrix}$

풀이

1. $A=\begin{pmatrix} a_{11} & a_{12} \\ a_{21} & a_{22} \end{pmatrix}$에 대해 1행 전개를 하면

$$\begin{aligned}\det A &= a_{11}A_{11}+a_{12}A_{12}\\ &= a_{11}(-1)^{1+1}a_{22}+a_{12}(-1)^{1+2}a_{21}\\ &= a_{11}a_{22}-a_{12}a_{21}\end{aligned}$$

2. $A = \begin{pmatrix} a_{11} & a_{12} & a_{13} \\ a_{21} & a_{22} & a_{23} \\ a_{31} & a_{32} & a_{33} \end{pmatrix}$ 에 대해 1행 전개를 하면

$$\begin{aligned} \det A = \ & a_{11}A_{11} + a_{12}A_{12} + a_{13}A_{13} \\ = \ & a_{11}(-1)^{1+1} \begin{vmatrix} a_{22} & a_{23} \\ a_{32} & a_{33} \end{vmatrix} + a_{12}(-1)^{1+2} \begin{vmatrix} a_{21} & a_{23} \\ a_{31} & a_{33} \end{vmatrix} \\ & + a_{13}(-1)^{1+3} \begin{vmatrix} a_{21} & a_{22} \\ a_{31} & a_{32} \end{vmatrix} \\ = \ & a_{11}(a_{22}a_{33} - a_{23}a_{32}) - a_{12}(a_{21}a_{33} - a_{23}a_{31}) \\ & + a_{13}(a_{21}a_{32} - a_{22}a_{31}) \\ = \ & a_{11}a_{22}a_{33} + a_{12}a_{23}a_{31} + a_{13}a_{21}a_{32} - a_{13}a_{22}a_{31} \\ & - a_{11}a_{23}a_{32} - a_{12}a_{21}a_{33} \end{aligned}$$

예제 11.3

다음 행렬의 행렬식을 구하여라.

1. $A = \begin{pmatrix} 2 & -1 & 1 \\ 1 & 4 & 0 \\ 2 & 0 & -2 \end{pmatrix}$

2. $A = \begin{pmatrix} 2 & 7 & -1 \\ 4 & 3 & 1 \\ 5 & 2 & -8 \end{pmatrix}$

풀이

1. 행렬 A에 대해 1행 전개를 하면

$$\det A = 2A_{11} + (-1)A_{12} + A_{13} = 2(-1)^{1+1}\begin{vmatrix} 4 & 0 \\ 0 & -2 \end{vmatrix}$$

$$+ (-1)(-1)^{1+2}\begin{vmatrix} 1 & 0 \\ 2 & -2 \end{vmatrix} + (-1)^{1+3}\begin{vmatrix} 1 & 4 \\ 2 & 0 \end{vmatrix}$$

$$= 2 \times (-8) + (-2) + (-8) = -26$$

2. 행렬 A에 대해 1행 전개를 하면

$$\det A = 2A_{11} + 7A_{12} + (-1)A_{13} = 2(-1)^{1+1}\begin{vmatrix} 3 & 1 \\ 2 & -8 \end{vmatrix}$$

$$+ 7(-1)^{1+2}\begin{vmatrix} 4 & 1 \\ 5 & -8 \end{vmatrix} + (-1)(-1)^{1+3}\begin{vmatrix} 4 & 3 \\ 5 & 2 \end{vmatrix}$$

$$= 2 \times (-24 - 2) + (-7)(-32 - 5) + (-1)(8 - 15) = 214$$

정리 11.1

$A = (a_{ij})_{n\times n}$ 가 삼각행렬이면 A의 행렬식은 대각선 원소의 곱이다. 즉,

$$\det A = a_{11}a_{22}\cdots a_{nn}$$

증명

$n = 2$ 인 경우 $A = \begin{pmatrix} a_{11} & a_{12} \\ 0 & a_{22} \end{pmatrix}$ 이면 $\det A = a_{11}a_{22}$

$n = k$ 일 때 성립한다고 가정하자. 즉,

$$A = \begin{pmatrix} a_{11} & a_{12} & a_{13} & \cdots & a_{1k} \\ 0 & a_{22} & a_{23} & \cdots & a_{2k} \\ 0 & 0 & a_{33} & \cdots & a_{2k} \\ \vdots & \vdots & \vdots & \vdots & \vdots \\ 0 & 0 & \cdots & 0 & a_{kk} \end{pmatrix}$$

이면

$$\det A = a_{11}a_{22}\cdots a_{kk}$$

가 된다. 1열 전개하면 귀납법 가정에 의해

$$\det \begin{pmatrix} a_{11} & a_{12} & a_{13} & \cdots & a_{1k} & a_{1k+1} \\ 0 & a_{22} & a_{23} & \cdots & a_{2k} & a_{2k+1} \\ 0 & 0 & a_{33} & \cdots & a_{3k} & a_{3k+1} \\ \vdots & \vdots & \vdots & \vdots & \vdots & \vdots \\ 0 & 0 & \cdots & 0 & a_{kk} & a_{kk+1} \\ 0 & 0 & \cdots & 0 & 0 & a_{k+1k+1} \end{pmatrix}$$

$$= a_{11} \det \begin{pmatrix} a_{22} & a_{23} & a_{24} & \cdots & a_{2k+1} \\ 0 & a_{33} & a_{34} & \cdots & a_{3k+1} \\ 0 & 0 & a_{44} & \cdots & a_{4k+1} \\ \vdots & \vdots & \vdots & \vdots & \vdots \\ 0 & 0 & \cdots & 0 & a_{k+1k+1} \end{pmatrix} = a_{11}a_{22}\cdots a_{k+1k+1}.$$

따라서 수학적 귀납법에 의해 모든 자연수 n 에 대해

$$\det A = a_{11}a_{22}\cdots a_{nn}$$

이다.

[예]

단위행렬의 행렬식은 1이다.

[참고] **수학적 귀납법**

N: 자연수들의 집합, $S \subset N$

(a) $1 \in S$ 이고,

(b) 자연수 $k \in N$에 대해 $k \in S$ 이면 $k+1 \in S$ 이다.

(a), (b)를 만족하면 $S = N$ 이 성립한다.

11.3 행렬식의 성질

정리 11.2 행렬식의 성질

A : 임의의 $n \times n$ 정방행렬에 대해

1. A'을 A의 한 행에 상수 k 를 곱한 행렬이라고 하면 $\det A' = k \det A$ 이다. 즉, 한 행에 공통인 인수는 행렬식 밖으로 나온다.

$$\det A' = \begin{vmatrix} a_{11} & a_{12} & \cdots & a_{1n} \\ a_{21} & a_{22} & \cdots & a_{2n} \\ \vdots & \vdots & \ddots & \vdots \\ ka_{i1} & ka_{i2} & \cdots & ka_{in} \\ \vdots & \vdots & \ddots & \vdots \\ a_{n1} & a_{n2} & \cdots & a_{nn} \end{vmatrix} = k \begin{vmatrix} a_{11} & a_{12} & \cdots & a_{1n} \\ a_{21} & a_{22} & \cdots & a_{2n} \\ \vdots & \vdots & \ddots & \vdots \\ a_{i1} & a_{i2} & \cdots & a_{in} \\ \vdots & \vdots & \ddots & \vdots \\ a_{n1} & a_{n2} & \cdots & a_{nn} \end{vmatrix} = k \det A$$

[예]

$$\begin{vmatrix} ka & kb \\ c & d \end{vmatrix} = (ka)d - (kb)c = k(ad - bc) = k \begin{vmatrix} a & b \\ c & d \end{vmatrix}.$$

2. A'을 A의 두 행을 교환한 행렬이라고 하면 $\det A' = -\det A$ 이다. 즉, 두 행을 교환하면 행렬식의 부호가 변한다.

$$\begin{vmatrix} a_{11} & a_{12} & \cdots & a_{1n} \\ a_{21} & a_{22} & \cdots & a_{2n} \\ \vdots & \vdots & \ddots & \vdots \\ a_{n1} & a_{n2} & \cdots & a_{nn} \end{vmatrix} = (-1) \begin{vmatrix} a_{21} & a_{22} & \cdots & a_{2n} \\ a_{11} & a_{12} & \cdots & a_{1n} \\ \vdots & \vdots & \ddots & \vdots \\ a_{n1} & a_{n2} & \cdots & a_{nn} \end{vmatrix}$$

[예]

$\begin{vmatrix} a & b \\ c & d \end{vmatrix} = ad - bc$ 이고, $\begin{vmatrix} c & d \\ a & b \end{vmatrix} = bc - ad = -(ad - bc)$ 이다.

3. A'을 A의 한 행에 상수 k 배 하여 다른 행에 더한 행렬이라고 하면 $\det A' = \det A$이다. 즉, 한 행에 상수 k 배 하여 다른 행에 더해도 행렬식은 변하지 않는다.

$$\det A' = \begin{vmatrix} a_{11} & a_{12} & \cdots & a_{1n} \\ a_{21} & a_{22} & \cdots & a_{2n} \\ \vdots & \vdots & \ddots & \vdots \\ a_{i1}+ka_{11} & a_{i2}+ka_{12} & \cdots & a_{in}+ka_{1n} \\ \vdots & \vdots & \ddots & \vdots \\ a_{n1} & a_{n2} & \cdots & a_{nn} \end{vmatrix}$$

$$= \begin{vmatrix} a_{11} & a_{12} & \cdots & a_{1n} \\ a_{21} & a_{22} & \cdots & a_{2n} \\ \vdots & \vdots & \ddots & \vdots \\ a_{i1} & a_{i2} & \cdots & a_{in} \\ \vdots & \vdots & \ddots & \vdots \\ a_{n1} & a_{n2} & \cdots & a_{nn} \end{vmatrix} + \begin{vmatrix} a_{11} & a_{12} & \cdots & a_{1n} \\ a_{21} & a_{22} & \cdots & a_{2n} \\ \vdots & \vdots & \ddots & \vdots \\ ka_{11} & ka_{12} & \cdots & ka_{1n} \\ \vdots & \vdots & \ddots & \vdots \\ a_{n1} & a_{n2} & \cdots & a_{nn} \end{vmatrix}$$

$$= \begin{vmatrix} a_{11} & a_{12} & \cdots & a_{1n} \\ a_{21} & a_{22} & \cdots & a_{2n} \\ \vdots & \vdots & \ddots & \vdots \\ a_{i1} & a_{i2} & \cdots & a_{in} \\ \vdots & \vdots & \ddots & \vdots \\ a_{n1} & a_{n2} & \cdots & a_{nn} \end{vmatrix} + k\begin{vmatrix} a_{11} & a_{12} & \cdots & a_{1n} \\ a_{21} & a_{22} & \cdots & a_{2n} \\ \vdots & \vdots & \ddots & \vdots \\ a_{11} & a_{12} & \cdots & a_{1n} \\ \vdots & \vdots & \ddots & \vdots \\ a_{n1} & a_{n2} & \cdots & a_{nn} \end{vmatrix}$$

$$= \det A$$

[예]

$$\begin{vmatrix} a & b \\ c+ka & d+kb \end{vmatrix} = a(d+kb) - b(c+ka) = ad - bc = \begin{vmatrix} a & b \\ c & d \end{vmatrix}$$

4. 한 행이 모두 0이면 행렬식은 0이다.

[예]

$$\begin{vmatrix} a & b \\ 0 & 0 \end{vmatrix} = 0.$$

5. 두 행이 같은 행렬의 행렬식은 0이다.

(∵) 행이 같은 두 행의 순서를 교환하면 2.에 의해서 행렬식의 부호가 반대가 되므로

$$\det A = -\det A$$

이다. 따라서

$$\det A = 0$$

[예]

$$\begin{vmatrix} a & b \\ a & b \end{vmatrix} = ab - ab = 0.$$

6. 한 행이 두 수의 합이면 행렬식은 두 행렬식의 합으로 표시할 수 있다.

$$\begin{vmatrix} a_{11} & a_{12} & \cdots & a_{1n} \\ \vdots & \vdots & \ddots & \vdots \\ a_{i1}+b_{i1} & a_{i2}+b_{i2} & \cdots & a_{in}+b_{in} \\ \vdots & \vdots & \ddots & \vdots \\ a_{n1} & a_{n2} & \cdots & a_{nn} \end{vmatrix}$$

$$= \begin{vmatrix} a_{11} & \cdots & a_{1n} \\ \vdots & \ddots & \vdots \\ a_{i1} & \cdots & a_{in} \\ \vdots & \ddots & \vdots \\ a_{n1} & \cdots & a_{nn} \end{vmatrix} + \begin{vmatrix} a_{11} & \cdots & a_{1n} \\ \vdots & \ddots & \vdots \\ b_{i1} & \cdots & b_{in} \\ \vdots & \ddots & \vdots \\ a_{n1} & \cdots & a_{nn} \end{vmatrix}$$

[예]

$$\begin{vmatrix} a & b \\ c+e & d+f \end{vmatrix} = a(d+f) - b(c+e) = (ad-bc) + (af-be)$$

$$= \begin{vmatrix} a & b \\ c & d \end{vmatrix} + \begin{vmatrix} a & b \\ e & f \end{vmatrix}.$$

예제 11.4

다음 행렬 A에 대해 $\det A$ 를 구하여라.

1. $A = \begin{pmatrix} 0 & 1 & 5 \\ 3 & -6 & 9 \\ 2 & 6 & 1 \end{pmatrix}$

2. $A = \begin{pmatrix} 1 & 3 & -2 & 4 \\ 2 & 6 & -4 & 8 \\ 3 & 9 & 1 & 5 \\ 1 & 1 & 4 & 8 \end{pmatrix}$

풀이

1.

$$\det A = \begin{vmatrix} 0 & 1 & 5 \\ 3 & -6 & 9 \\ 2 & 6 & 1 \end{vmatrix} = -\begin{vmatrix} 3 & -6 & 9 \\ 0 & 1 & 5 \\ 2 & 6 & 1 \end{vmatrix} = -3\begin{vmatrix} 1 & -2 & 3 \\ 0 & 1 & 5 \\ 2 & 6 & 1 \end{vmatrix}$$

$$= -3\begin{vmatrix} 1 & -2 & 3 \\ 0 & 1 & 5 \\ 0 & 10 & -5 \end{vmatrix} = -3 \times 5\begin{vmatrix} 1 & -2 & 3 \\ 0 & 1 & 5 \\ 0 & 2 & -1 \end{vmatrix}$$

$$= -15\begin{vmatrix} 1 & -2 & 3 \\ 0 & 1 & 5 \\ 0 & 0 & -11 \end{vmatrix} = (-15) \times (-11) = 165$$

2. $\det A = \begin{vmatrix} 1 & 3 & -2 & 4 \\ 2 & 6 & -4 & 8 \\ 3 & 9 & 1 & 5 \\ 1 & 1 & 4 & 8 \end{vmatrix} = 2 \begin{vmatrix} 1 & 3 & -2 & 4 \\ 1 & 3 & -2 & 4 \\ 3 & 9 & 1 & 5 \\ 1 & 1 & 4 & 8 \end{vmatrix} = 0.$

정리 11.3

임의의 정방행렬 A에 대해 $\det A = \det({}^tA)$이다. 즉, 행렬식에서 열과 행을 바꾸어도 행렬식의 값은 불변이다.

$$\begin{vmatrix} a_{11} & a_{12} & \cdots & a_{1n} \\ a_{21} & a_{22} & \cdots & a_{2n} \\ \vdots & \vdots & \ddots & \vdots \\ a_{n1} & a_{n2} & \cdots & a_{nn} \end{vmatrix} = \begin{vmatrix} a_{11} & a_{21} & \cdots & a_{n1} \\ a_{12} & a_{22} & \cdots & a_{n2} \\ \vdots & \vdots & \ddots & \vdots \\ a_{1n} & a_{2n} & \cdots & a_{nn} \end{vmatrix}$$

[예]

$$\begin{vmatrix} a & b \\ c & d \end{vmatrix} = ad - bc, \begin{vmatrix} a & c \\ b & d \end{vmatrix} = ad - bc.$$

[NOTE]

기본행 연산의 행을 열로 바꾸어도 같은 결과를 얻을 수 있다. 즉, 임의의 $n \times n$ 정방행렬 A에 대해

1. A'을 A의 한 열에 상수 k를 곱한 행렬이라고 하면 $\det A' = k \det A$ 이다.

   [예]

   $$\begin{vmatrix} ka & b \\ kc & d \end{vmatrix} = (ka)d - b(kc) = k(ad - bc) = k \begin{vmatrix} a & b \\ c & d \end{vmatrix}.$$

2. A'을 A의 두 열을 교환한 행렬이라고 하면 $\det A' = -\det A$이다.

   [예]

$\begin{vmatrix} a & b \\ c & d \end{vmatrix} = ad - bc$ 이고, $\begin{vmatrix} b & a \\ d & c \end{vmatrix} = bc - ad = -(ad - bc)$ 이다.

3. A'을 A의 한 열에 상수 k 배 하여 다른 열에 더한 행렬이라고 하면 $\det A' = \det A$ 이다.

[예]

$$\begin{vmatrix} a & b + ka \\ c & d + kc \end{vmatrix} = a(d + kc) - c(b + ka) = ad - bc = \begin{vmatrix} a & b \\ c & d \end{vmatrix}.$$

4. 한 열이 모두 0이면 행렬식은 0이다.

[예]

$$\begin{vmatrix} a & 0 \\ b & 0 \end{vmatrix} = 0.$$

5. 두 열이 같은 행렬의 행렬식은 0이다.

[예]

$$\begin{vmatrix} a & a \\ b & b \end{vmatrix} = ab - ab = 0.$$

6. 한 열이 두 수의 합이면 행렬식은 두 행렬식의 합으로 표시할 수 있다.

[예]

$$\begin{vmatrix} a & b + e \\ c & d + f \end{vmatrix} = a(d + f) - c(b + e) = (ad - bc) + (af - ce) = \begin{vmatrix} a & b \\ c & d \end{vmatrix} + \begin{vmatrix} a & e \\ c & f \end{vmatrix}.$$

증명

1. A'을 A의 한 열에 상수 k 를 곱한 행렬이라고 하면 ${}^t(A')$은 ${}^tA$의 한 행에 상수 k 를 곱한 행렬이 된다. 따라서

$$\det A' = \overset{t}{\det}(A') = k\det({}^tA) = k\det A$$

2. A'을 A의 r열과 s열을 교환한 행렬이라 하면 ${}^t(A')$은 ${}^tA$의 r행과 s행을 교환한 행렬이 된다. 따라서

$$\det A' = \overset{t}{\det}(A') = -\det({}^tA) = -\det A$$

예제 11.5

다음 행렬 A에 대해 $\det A$를 구하여라.

1. $A = \begin{pmatrix} 1 & -3 & 7 \\ -4 & 12 & 5 \\ 2 & -6 & 3 \end{pmatrix}$

2. $A = \begin{pmatrix} 1 & 0 & 0 & 3 \\ 2 & 5 & 0 & 6 \\ 0 & 6 & 3 & 0 \\ 3 & 7 & 2 & -5 \end{pmatrix}$

풀이

1. $\det A = \begin{vmatrix} 1 & -3 & 7 \\ -4 & 12 & 5 \\ 2 & -6 & 3 \end{vmatrix} = -3\begin{vmatrix} 1 & 1 & 7 \\ -4 & -4 & 5 \\ 2 & 2 & 3 \end{vmatrix} = 0$

2. 1열에 -3배 하여 4열에 더하면

$$\det A = \begin{vmatrix} 1 & 0 & 0 & 3 \\ 2 & 5 & 0 & 6 \\ 0 & 6 & 3 & 0 \\ 3 & 7 & 2 & -5 \end{vmatrix} = \begin{vmatrix} 1 & 0 & 0 & 0 \\ 2 & 5 & 0 & 0 \\ 0 & 6 & 3 & 0 \\ 3 & 7 & 2 & -14 \end{vmatrix} = 1\cdot 5\cdot 3\cdot(-14) = -210.$$

예제 11.6

다음 행렬 A에 대해 $\det A$를 구하여라.

1. $A = \begin{pmatrix} 2 & 7 & -1 & 0 \\ 0 & 4 & 2 & 6 \\ 4 & 3 & 1 & 2 \\ 5 & -2 & -8 & 0 \end{pmatrix}$ 2. $A = \begin{pmatrix} 3 & 5 & -2 & 6 \\ 1 & 2 & -1 & 1 \\ 2 & 4 & 1 & 5 \\ 3 & 7 & 5 & 3 \end{pmatrix}$

풀이

1. $A = \begin{pmatrix} 2 & 7 & -1 & 0 \\ 0 & 4 & 2 & 6 \\ 4 & 3 & 1 & 2 \\ 5 & -2 & -8 & 0 \end{pmatrix}$ 에서 4열전개를 하면

$$\det A = -0 \cdot \begin{vmatrix} 0 & 4 & 2 \\ 4 & 3 & 1 \\ 5 & -2 & 8 \end{vmatrix} + 6 \cdot \begin{vmatrix} 2 & 7 & -1 \\ 4 & 3 & 1 \\ 5 & -2 & -8 \end{vmatrix} - 2 \cdot \begin{vmatrix} 2 & 7 & -1 \\ 0 & 4 & 2 \\ 5 & -2 & -8 \end{vmatrix} + 0 \cdot \begin{vmatrix} 2 & 7 & -1 \\ 0 & 4 & 2 \\ 4 & 3 & 1 \end{vmatrix}$$

$$= 6 \begin{vmatrix} 2 & 7 & -1 \\ 4 & 3 & 1 \\ 5 & -2 & -8 \end{vmatrix} - 2 \begin{vmatrix} 2 & 7 & -1 \\ 0 & 4 & 2 \\ 5 & -2 & -8 \end{vmatrix}$$

여기서

$$\begin{vmatrix} 2 & 7 & -1 \\ 4 & 3 & 1 \\ 5 & -2 & -8 \end{vmatrix} = -48 + 8 + 35 - (-15 - 4 - 224) = 238$$

이고,

$$\begin{vmatrix} 2 & 7 & -1 \\ 0 & 4 & 2 \\ 5 & -2 & -8 \end{vmatrix} = -64 + 0 + 70 - (-20 - 8 + 0) = 34$$

이다. 따라서

$$\det A = 6\begin{vmatrix} 2 & 7 & -1 \\ 4 & 3 & 1 \\ 5 & -2 & -8 \end{vmatrix} - 2\begin{vmatrix} 2 & 7 & -1 \\ 0 & 4 & 2 \\ 5 & -2 & -8 \end{vmatrix} = 6 \times 238 - 2 \times 34 = 1360.$$

2. $A = \begin{pmatrix} 3 & 5 & -2 & 6 \\ 1 & 2 & -1 & 1 \\ 2 & 4 & 1 & 5 \\ 3 & 7 & 5 & 3 \end{pmatrix}$ 에서

2행에 -3을 곱한 후 1행에 더하고,
2행에 -2을 곱한 후 3행에 더하고,
2행에 -3을 곱한 후 4행에 더하면

$$\det A = \begin{vmatrix} 3 & 5 & -2 & 6 \\ 1 & 2 & -1 & 1 \\ 2 & 4 & 1 & 5 \\ 3 & 7 & 5 & 3 \end{vmatrix} = \begin{vmatrix} 0 & -1 & 1 & 3 \\ 1 & 2 & -1 & 1 \\ 0 & 0 & 3 & 3 \\ 0 & 1 & 8 & 0 \end{vmatrix} = -\begin{vmatrix} -1 & 1 & 3 \\ 0 & 3 & 3 \\ 1 & 8 & 0 \end{vmatrix} = -\begin{vmatrix} -1 & 1 & 3 \\ 0 & 3 & 3 \\ 0 & 9 & 3 \end{vmatrix}$$

$$= \begin{vmatrix} 3 & 3 \\ 9 & 3 \end{vmatrix} = -18.$$

[NOTE]

1. 임의의 $n \times n$ 정방행렬 A에 대해 $\det(kA) = k^n \det A$

[예]

$A = \begin{pmatrix} a & b \\ c & d \end{pmatrix}$ 이면

$$\det(kA) = \begin{vmatrix} ka & kb \\ kc & kd \end{vmatrix} = k^2ad - k^2bc = k^2(ad - bc) = k^2 \begin{vmatrix} a & b \\ c & d \end{vmatrix} = k^2 \det A.$$

2. $\det(A + B) \neq \det A + \det B$

[예]

$A = \begin{pmatrix} 1 & 2 \\ 2 & 5 \end{pmatrix}$, $B = \begin{pmatrix} 3 & 1 \\ 1 & 3 \end{pmatrix}$ 라 하면 $A + B = \begin{pmatrix} 4 & 3 \\ 3 & 8 \end{pmatrix}$ 이므로

$$\det(A + B) = \begin{vmatrix} 4 & 3 \\ 3 & 8 \end{vmatrix} = 23$$

이다. 그런데

$$\det A + \det B = \begin{vmatrix} 1 & 2 \\ 2 & 5 \end{vmatrix} + \begin{vmatrix} 3 & 1 \\ 1 & 3 \end{vmatrix} = 1 + 8 = 9$$

이므로

$$\det(A + B) \neq \det A + \det B.$$

정리 11.4

곱의 행렬식은 각 행렬식의 곱과 같다. 즉, $\det(AB) = \det A \det B$ 이다.

[예]

$A = \begin{pmatrix} a_1 & a_2 \\ a_3 & a_4 \end{pmatrix}$, $B = \begin{pmatrix} b_1 & b_2 \\ b_3 & b_4 \end{pmatrix}$라 하면

$$\det A = a_1a_4 - a_2a_3,\ \det B = b_1b_4 - b_2b_3$$

따라서

$$\det A \det B = (a_1a_4 - a_2a_3)(b_1b_4 - b_2b_3)$$

한편

$$AB = \begin{pmatrix} a_1 & a_2 \\ a_3 & a_4 \end{pmatrix} \begin{pmatrix} b_1 & b_2 \\ b_3 & b_4 \end{pmatrix} = \begin{pmatrix} a_1b_1 + a_2b_3 & a_1b_2 + a_2b_4 \\ a_3b_1 + a_4b_3 & a_3b_2 + a_4b_4 \end{pmatrix}$$

이므로

$$\begin{aligned} \det AB &= (a_1b_1 + a_2b_3)(a_3b_2 + a_4b_4) - (a_1b_2 + a_2b_4)(a_3b_1 + a_4b_3) \\ &= (a_1a_4 - a_2a_3)(b_1b_4 - b_2b_3) \end{aligned}$$

그러므로

$$\det(AB) = \det A \det B.$$

예제 11.7

$A = \begin{pmatrix} 3 & 1 \\ 2 & 1 \end{pmatrix}$, $B = \begin{pmatrix} -1 & 3 \\ 5 & 8 \end{pmatrix}$이면

$$\det(AB) = \det A \det B$$

인지 확인해 보아라.

풀이

$$A = \begin{pmatrix} 3 & 1 \\ 2 & 1 \end{pmatrix},\ B = \begin{pmatrix} -1 & 3 \\ 5 & 8 \end{pmatrix}$$

이므로

$$AB = \begin{pmatrix} 3 & 1 \\ 2 & 1 \end{pmatrix} \begin{pmatrix} -1 & 3 \\ 5 & 8 \end{pmatrix} = \begin{pmatrix} 2 & 17 \\ 3 & 14 \end{pmatrix}$$

이다. 따라서

$$\det(AB) = \begin{vmatrix} 2 & 17 \\ 3 & 14 \end{vmatrix} = -23$$

이다. 한편

$$\det A \det B = \begin{vmatrix} 3 & 1 \\ 2 & 1 \end{vmatrix} \cdot \begin{vmatrix} -1 & 3 \\ 5 & 8 \end{vmatrix} = 1 \cdot (-23) = -23$$

이다. 따라서

$$\det(AB) = \det A \det B.$$

11.4 여인수 전개를 이용한 역행렬의 계산

정의 11.3

n 차 정방행렬 A에 대해 $A_{ij} = (-1)^{i+j} \det M_{ij}$($a_{ij}$ 의 여인수(cofactor)), M_{ij} 는 A에서 i행과 j 열을 뺀 부분행렬(소행렬)이라고 하자.

n 차 정방행렬 $(A_{ij})_{n\times n}$ 을 A 의 여인수 행렬이라고 하고 A 의 여인수 행렬의 전치행렬

$$adjA = \begin{pmatrix} A_{11} & A_{21} & \cdots & A_{n1} \\ A_{12} & A_{22} & \cdots & A_{n2} \\ \vdots & \vdots & \ddots & \vdots \\ A_{1n} & A_{2n} & \cdots & A_{nn} \end{pmatrix}$$

을 A 의 수반행렬이라고 한다.

예제 11.8

A 의 여인수행렬과 수반행렬을 구하여라.

1. $A = \begin{pmatrix} a & b \\ c & d \end{pmatrix}$ 2. $A = \begin{pmatrix} 3 & 2 & -1 \\ 1 & 6 & 3 \\ 2 & -4 & 0 \end{pmatrix}$

풀이

1. $A_{11} = d,\ A_{12} = -c,\ A_{21} = -b,\ A_{22} = a$ 이므로 A 의 여인수행렬은

$$\begin{pmatrix} A_{11} & A_{12} \\ A_{21} & A_{22} \end{pmatrix} = \begin{pmatrix} d & -c \\ -b & a \end{pmatrix}$$

이고 A 의 수반행렬은

$${}^t\begin{pmatrix} A_{11} & A_{12} \\ A_{21} & A_{22} \end{pmatrix} = \begin{pmatrix} A_{11} & A_{21} \\ A_{12} & A_{22} \end{pmatrix} = \begin{pmatrix} d & -b \\ -c & a \end{pmatrix}$$

이다.

2. (a) $A_{11} = \begin{vmatrix} 6 & 3 \\ -4 & 0 \end{vmatrix} = 12$ (b) $A_{12} = -\begin{vmatrix} 1 & 3 \\ 2 & 0 \end{vmatrix} = 6$

(c) $A_{13} = \begin{vmatrix} 1 & 6 \\ 2 & -4 \end{vmatrix} = -16$ (d) $A_{21} = -\begin{vmatrix} 2 & -1 \\ -4 & 0 \end{vmatrix} = 4$

(e) $A_{22} = \begin{vmatrix} 3 & -1 \\ 2 & 0 \end{vmatrix} = 2$ (f) $A_{23} = -\begin{vmatrix} 3 & 2 \\ 2 & -4 \end{vmatrix} = 16$

(g) $A_{31} = \begin{vmatrix} 2 & -1 \\ 6 & 3 \end{vmatrix} = 12$ (h) $A_{32} = -\begin{vmatrix} 3 & -1 \\ 1 & 3 \end{vmatrix} = -10$

(i) $A_{33} = \begin{vmatrix} 3 & 2 \\ 1 & 6 \end{vmatrix} = 16.$

따라서 A 의 여인수행렬은

$$\begin{pmatrix} A_{11} & A_{12} & A_{13} \\ A_{21} & A_{22} & A_{23} \\ A_{31} & A_{32} & A_{33} \end{pmatrix} = \begin{pmatrix} 12 & 6 & -16 \\ 4 & 2 & 16 \\ 12 & -10 & 16 \end{pmatrix}$$

이고 A 의 수반행렬은

$$^t\begin{pmatrix} A_{11} & A_{12} & A_{13} \\ A_{21} & A_{22} & A_{23} \\ A_{31} & A_{32} & A_{33} \end{pmatrix} = {}^t\begin{pmatrix} 12 & 6 & -16 \\ 4 & 2 & 16 \\ 12 & -10 & 16 \end{pmatrix} = \begin{pmatrix} 12 & 4 & 12 \\ 6 & 2 & -10 \\ -16 & 16 & 16 \end{pmatrix}$$

이다.

정리 11.5

n 차 정방행렬 $A = (a_{ij})_{n\times n}$ 에 대해 $\det A \neq 0$이면 A는 가역행렬이고

$$A^{-1} = \frac{1}{|A|} adj A$$

이다.

증명

$$A \cdot adj A = \begin{pmatrix} a_{11} & a_{12} & \cdots & a_{1n} \\ a_{21} & a_{22} & \cdots & a_{2n} \\ \vdots & \vdots & \ddots & \vdots \\ a_{n1} & a_{n2} & \cdots & a_{nn} \end{pmatrix} \begin{pmatrix} A_{11} & A_{21} & \cdots & A_{n1} \\ A_{12} & A_{22} & \cdots & A_{n2} \\ \vdots & \vdots & \ddots & \vdots \\ A_{1n} & A_{2n} & \cdots & A_{nn} \end{pmatrix}$$

$$= \begin{pmatrix} |A| & 0 & \cdots & 0 \\ 0 & |A| & \cdots & 0 \\ \vdots & \vdots & \ddots & \vdots \\ 0 & 0 & \cdots & |A| \end{pmatrix} = |A| \begin{pmatrix} 1 & 0 & \cdots & 0 \\ 0 & 1 & \cdots & 0 \\ \vdots & \vdots & \ddots & \vdots \\ 0 & 0 & \cdots & 1 \end{pmatrix} = |A| I$$

따라서

$$A \cdot adj A = \det A \times I$$

이다. 그러므로

$$A \cdot \frac{1}{\det A} adj A = I$$

같은 방법으로

$$\frac{1}{\det A} adj A \cdot A = I$$

를 만족한다. 그러므로

$$A^{-1} = \frac{1}{|A|} adj A$$

이다.

[예]

$A = \begin{pmatrix} a & b \\ c & d \end{pmatrix}$ 에 대해 $adj A = \begin{pmatrix} d & -b \\ -c & a \end{pmatrix}$ 이다. 그러므로

$$A^{-1} = \frac{1}{ad - bc} \begin{pmatrix} d & -b \\ -c & a \end{pmatrix}$$

이다.

예제 11.9

A 의 역행렬을 여인수 전개를 이용하여 구하여라.

1. $A = \begin{pmatrix} 1 & 0 & 2 \\ 2 & -1 & 3 \\ 4 & 1 & 8 \end{pmatrix}$ 2. $A = \begin{pmatrix} 2 & 2 & 0 \\ -2 & 1 & 1 \\ 3 & 0 & 1 \end{pmatrix}$

풀이

1. $\det A = \begin{vmatrix} 1 & 0 & 2 \\ 2 & -1 & 3 \\ 4 & 1 & 8 \end{vmatrix} = -8 + 4 - (-8 + 3) = 1 \neq 0$ 이므로

A^{-1} 가 존재한다.

$A_{11} = \begin{vmatrix} -1 & 3 \\ 1 & 8 \end{vmatrix} = -11$ $A_{12} = -\begin{vmatrix} 2 & 3 \\ 4 & 8 \end{vmatrix} = -4$

$A_{13} = \begin{vmatrix} 2 & -1 \\ 4 & 1 \end{vmatrix} = 6$ $A_{21} = -\begin{vmatrix} 0 & 2 \\ 1 & 8 \end{vmatrix} = 2$

$A_{22} = \begin{vmatrix} 1 & 2 \\ 4 & 8 \end{vmatrix} = 0$ $A_{23} = -\begin{vmatrix} 1 & 0 \\ 4 & 1 \end{vmatrix} = -1$

$A_{31} = \begin{vmatrix} 0 & 2 \\ -1 & 3 \end{vmatrix} = 2$ $A_{32} = -\begin{vmatrix} 1 & 2 \\ 2 & 3 \end{vmatrix} = 1$

$A_{33} = \begin{vmatrix} 1 & 0 \\ 2 & -1 \end{vmatrix} = -1$

이므로

$$A^{-1} = \frac{1}{|A|} adj A = \begin{pmatrix} -11 & 2 & 2 \\ -4 & 0 & 1 \\ 6 & -1 & -1 \end{pmatrix}$$

가 된다.

2. 1번과 같은 방법으로 풀면 된다.

11.5 기본행연산을 이용한 역행렬의 계산-가우스 조르단 소거법

[NOTE]

$(A : I_n)$에 유한 번의 기본행연산을 시행하면 $(I_n : A^{-1})$ 이 된다.

[예]

$A = \begin{pmatrix} a & b \\ c & d \end{pmatrix}$ 에서 $adj A = \begin{pmatrix} d & -b \\ -c & a \end{pmatrix}$ 이므로

$$A^{-1} = \frac{1}{ad - bc} \begin{pmatrix} d & -b \\ -c & a \end{pmatrix}$$

이다.

기본행연산을 이용해서 풀어보자.

$(A : I_2) = \begin{pmatrix} a & b : & 1 & 0 \\ c & d : & 0 & 1 \end{pmatrix}$ 에서 1행에 $\frac{1}{a}$ 을 곱하면

$$\begin{pmatrix} 1 & \frac{b}{a} : & \frac{1}{a} & 0 \\ c & d : & 0 & 1 \end{pmatrix}$$

1행에 $-c$을 곱한 후 2행에 더하면

$$\begin{pmatrix} 1 & \frac{b}{a} & : & \frac{1}{a} & 0 \\ 1 & \frac{ad-bc}{a} & : & -\frac{c}{a} & 1 \end{pmatrix}$$

2행에 $\frac{a}{ad-bc}$를 곱하면

$$\begin{pmatrix} 1 & \frac{b}{a} : & \frac{1}{a} & 0 \\ 0 & 1 : & -\frac{c}{ad-bc} & \frac{a}{ad-bc} \end{pmatrix}$$

이다. 2행에 $-\frac{b}{a}$을 곱한 후 1행에 더하면

$$\begin{pmatrix} 1 & 0 : & \frac{d}{ad-bc} & \frac{-b}{ad-bc} \\ 0 & 1 : & \frac{-c}{ad-bc} & \frac{a}{ad-bc} \end{pmatrix}$$

이다. 따라서

$$A^{-1} = \begin{pmatrix} \frac{d}{ad-bc} & \frac{-b}{ad-bc} \\ \frac{-c}{ad-bc} & \frac{a}{ad-bc} \end{pmatrix} = \frac{1}{ad-bc} \begin{pmatrix} d & -b \\ -c & a \end{pmatrix}$$

이다.

예제 11.10

A 의 역행렬을 기본행연산을 이용하여 구하여라.

1. $A = \begin{pmatrix} 1 & 4 \\ 3 & -2 \end{pmatrix}$

2. $A = \begin{pmatrix} 1 & 2 & 3 \\ 2 & 5 & 3 \\ 1 & 0 & 8 \end{pmatrix}$

풀이

1. $\left(A : I_2\right) = \begin{pmatrix} 1 & 4 : & 1 & 0 \\ 3 & -2 : & 0 & 1 \end{pmatrix}$ 에서 1행에 -3을 곱한 후 2행에 더하면

$$\begin{pmatrix} 1 & 4 : & 1 & 0 \\ 0 & -14 : & -3 & 1 \end{pmatrix}$$

2행에 $-\dfrac{1}{14}$ 을 곱하면

$$\begin{pmatrix} 1 & 4 : & 1 & 0 \\ 0 & 1 : & \dfrac{3}{14} & -\dfrac{1}{14} \end{pmatrix}$$

2행에 -4를 곱한 후 1행에 더하면

$$\begin{pmatrix} 1 & 0 : & \dfrac{1}{7} & \dfrac{2}{7} \\ 0 & 1 : & \dfrac{3}{14} & -\dfrac{1}{14} \end{pmatrix}$$

이다. 따라서

$$A^{-1} = \begin{pmatrix} \dfrac{1}{7} & \dfrac{2}{7} \\ \dfrac{3}{14} & -\dfrac{1}{14} \end{pmatrix}$$

이다.

2. $(A : I_3) = \begin{pmatrix} 1 & 2 & 3 : 1 & 0 & 0 \\ 2 & 5 & 3 : 0 & 1 & 0 \\ 1 & 0 & 8 : 0 & 0 & 1 \end{pmatrix}$

에 1행에 -2를 곱한 후 2행에 더하고 1행에 -1을 곱한 후 3행에 더하면

$$\begin{pmatrix} 1 & 2 & 3 : & 1 & 0 & 0 \\ 0 & 1 & -3 : & -2 & 1 & 0 \\ 0 & -2 & 5 : & -1 & 0 & 1 \end{pmatrix}$$

2행에 -2를 곱한 후 1행에 더하고 2행에 2를 곱한 후 3행에 더하면

$$\begin{pmatrix} 1 & 0 & 9: & 5 & -2 & 0 \\ 0 & 1 & -3: & -2 & 1 & 0 \\ 0 & 0 & -1: & -5 & 2 & 1 \end{pmatrix}$$

3행에 -1을 곱하고 3행에 9를 곱하고 1행에 더하고 3행에 -3을 곱하고 2행에 더하면

$$\begin{pmatrix} 1 & 0 & 0: & -40 & 16 & 9 \\ 0 & 1 & 0: & 13 & -5 & -3 \\ 0 & 0 & 1: & 5 & -2 & -1 \end{pmatrix}$$

따라서

$$A^{-1} = \begin{pmatrix} -40 & 16 & 9 \\ 13 & -5 & -3 \\ 5 & -2 & -1 \end{pmatrix}$$

이다.

연습문제

1. 다음 행렬 A와 B에 대해 $\det(AB) = \det A \det B$ 인지 확인해 보아라.

$$A = \begin{pmatrix} 1 & 0 & 2 \\ 0 & 1 & 0 \\ 2 & 0 & 1 \end{pmatrix}, \quad B = \begin{pmatrix} 1 & 2 & 0 \\ 2 & 1 & 2 \\ 0 & 2 & 1 \end{pmatrix}$$

2. 다음 행렬의 행렬식을 기본행연산과 여인수 전개 두 가지 방법으로 구하여라.

(a) $A = \begin{pmatrix} 1 & 0 & 0 \\ 0 & 1 & 0 \\ 0 & 0 & 1 \end{pmatrix}$

(b) $A = \begin{pmatrix} 2 & 7 & -1 & 0 \\ 0 & 4 & 2 & 6 \\ 4 & 3 & 1 & 2 \\ 5 & -2 & -8 & 0 \end{pmatrix}$

(c) $A = \begin{pmatrix} 3 & 5 & -2 & 6 \\ 1 & 2 & -1 & 1 \\ 2 & 4 & 1 & 5 \\ 3 & 7 & 5 & 3 \end{pmatrix}$

3. A 의 역행렬을 기본행연산과 여인수 전개 두 가지 방법을 이용하여 구하여라.

$$A = \begin{pmatrix} 2 & 0 & 1 \\ -2 & 3 & 4 \\ -5 & 5 & 6 \end{pmatrix}$$

제 12 장
선형 연립방정식

12.1 선형 연립방정식의 해

연립방정식의 해

[예] $\begin{cases} x+y=1, \\ 6x+2z=8, \\ 3y-z=3 \end{cases}$: 선형연립방정식

일반적인 형태는 다음과 같다.

$$\begin{cases} a_{11}x_1 + a_{12}x_2 + \ldots + a_{1n}x_n = b_1 \\ a_{21}x_1 + a_{22}x_2 + \ldots + a_{2n}x_n = b_2 \\ \vdots \\ a_{m1}x_1 + a_{m2}x_2 + \ldots + a_{mn}x_n = b_m \end{cases}$$

1. 유일해

예제 12.1

$\begin{cases} x+y=4, \\ 2x-y=5 \end{cases}$ 이면 해는 유일하고 $x=3,\ y=1$가 해가 된다.

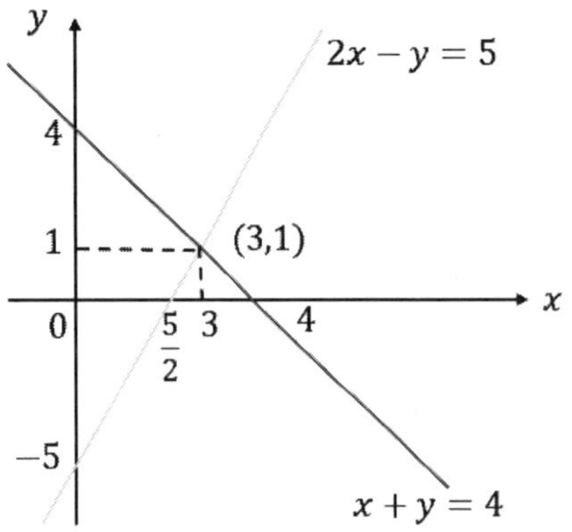

2. 부정=무수히 많은 해

예제 12.2

$$\begin{cases} x + 2y = 3, \\ 3x + 6y = 9 \end{cases}$$ 은 무수히 많은 해를 가진다.

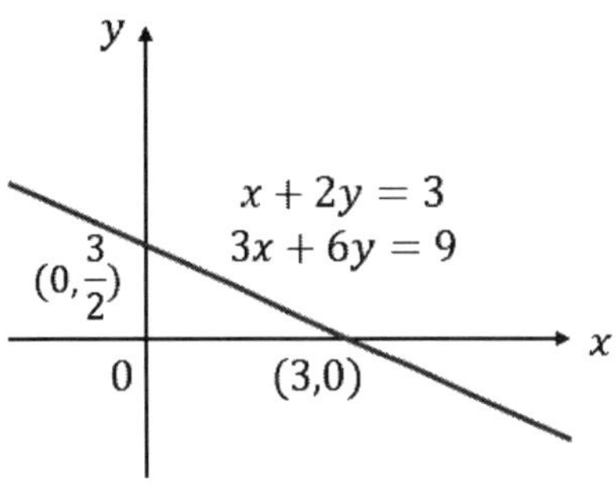

3. 불능=해가 존재하지 않는 경우

예제 12.3

$$\begin{cases} 2x + 4y = 3, \\ 3x + 6y = 1 \end{cases}$$: 해가 존재하지 않는다.

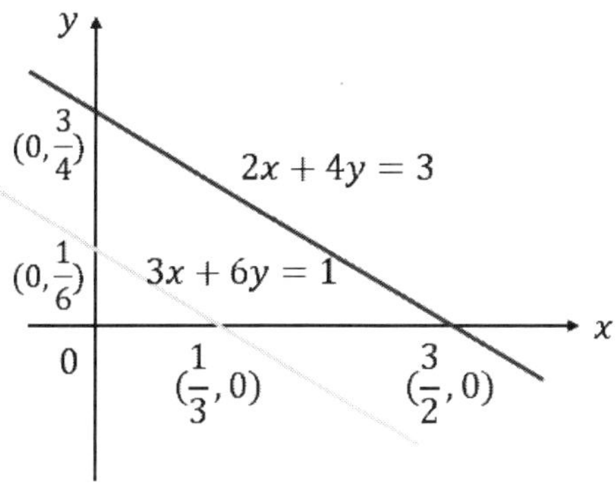

12.2 연립방정식의 해법-역행렬 이용

[NOTE]

- $ax + by = c$ ($a,\ b,\ c$: 실수)은 직선의 방정식 ($x,\ y$ 에 관한 1차 방정식),
- $ax + by + cz = d$ ($a,\ b,\ c,\ d$: 실수)은 평면의 방정식($x,\ y,\ z$ 에 관한 1차 방정식)의 일반형이다.

일반적으로

$$a_1x_1 + a_2x_2 + \cdots + a_nx_n = b\ (a_1,\ a_2,\ \cdots,\ a_n,\ b : \text{실수})\ \text{은}$$

$$x_1,\ x_2,\ \cdots,\ x_n$$

에 관한 1차 방정식이다.

[NOTE]

연립1차방정식 $\begin{cases} a_{11}x + a_{12}y = b_1 \\ a_{21}x + a_{22}y = b_2 \end{cases}$ $(a_{11},\ a_{12},\ a_{21},\ a_{22},\ b_1,\ b_2 : \text{실수})$

을 행렬을 이용해서 간단하게 표현해보자.

$\begin{cases} a_{11}x + a_{12}y = b_1 \\ a_{21}x + a_{22}y = b_2 \end{cases}$ 은 $\begin{pmatrix} a_{11}x + a_{12}y \\ a_{21}x + a_{22}y \end{pmatrix} = \begin{pmatrix} b_1 \\ b_2 \end{pmatrix}$ 로 쓸 수 있으며 이것은

$$\begin{pmatrix} a_{11} & a_{12} \\ a_{21} & a_{22} \end{pmatrix} \begin{pmatrix} x \\ y \end{pmatrix} = \begin{pmatrix} b_1 \\ b_2 \end{pmatrix}$$

으로 표현된다. 여기서

$$A = \begin{pmatrix} a_{11} & a_{12} \\ a_{21} & a_{22} \end{pmatrix},\ X = \begin{pmatrix} x \\ y \end{pmatrix},\ B = \begin{pmatrix} b_1 \\ b_2 \end{pmatrix}$$

라 두면

$$AX = B$$

가 된다.

A 를 연립방정식의 계수행렬이라고 한다. 같은 방법으로

연립방정식 $\begin{cases} a_{11}x_1 + a_{12}x_2 + \cdots + a_{1n}x_n = b_1 \\ a_{21}x_1 + a_{22}x_2 + \cdots + a_{2n}x_n = b_2 \vdots \\ a_{m1}x_1 + a_{m2}x_2 + \cdots + a_{mn}x_n = b_m \end{cases}$

을 행렬을 이용해서 간단하게 표현하면 $AX = B$ 이다. 여기서

$$A = \begin{pmatrix} a_{11} & a_{12} & \dots & a_{1n} \\ a_{21} & a_{22} & \dots & a_{2n} \\ \vdots & \vdots & \vdots & \vdots \\ a_{m1} & a_{m2} & \dots & a_{mn} \end{pmatrix},\ X = \begin{pmatrix} x_1 \\ x_2 \\ \vdots \\ x_n \end{pmatrix},\ B = \begin{pmatrix} b_1 \\ b_2 \\ \vdots \\ b_m \end{pmatrix}$$

이다.

연립방정식 $AX = B$ 에서 $B = 0$ (즉 모든 i 에 대해 $b_i = 0$) 이면 동차 연립방정식, 아니면 비동차 연립방정식이라 한다.

$$x_1 = 0,\ x_2 = 0,\ \cdots,\ x_n = 0$$

인 해를 자명해라고 한다. 혹은 연립방정식을 풀어서 쓰면

$$x_1 \begin{pmatrix} a_{11} \\ a_{21} \\ \vdots \\ a_{m1} \end{pmatrix} + x_2 \begin{pmatrix} a_{12} \\ a_{22} \\ \vdots \\ a_{m2} \end{pmatrix} + \cdots + x_n \begin{pmatrix} a_{1n} \\ a_{2n} \\ \vdots \\ a_{mn} \end{pmatrix} = \begin{pmatrix} b_1 \\ b_2 \\ \vdots \\ b_m \end{pmatrix}$$

으로 쓸 수 있다. 여기서

$$A_1 = \begin{pmatrix} a_{11} \\ a_{21} \\ \vdots \\ a_{m1} \end{pmatrix},\ A_2 = \begin{pmatrix} a_{12} \\ a_{22} \\ \vdots \\ a_{m2} \end{pmatrix},\ A_n = \begin{pmatrix} a_{1n} \\ a_{2n} \\ \vdots \\ a_{mn} \end{pmatrix}$$

라 두면 연립방정식은

$$x_1A_1 + x_2A_2 + \cdots + x_nA_n = B$$

로 표현할 수 있다. 즉, $Ax = B$ 가 해를 가질 필요충분조건은 B 가 A의 열벡터들의 1 차 결합으로 표현되는 것이다.

예제 12.4

다음 연립방정식을 행렬을 이용하여 간단하게 표현해보아라.

1. $\begin{cases} 2x_1 + 4x_2 + x_3 = 15 \\ x_1 - 2x_2 + 5x_3 = 10 \\ 5x_1 + x_2 - 10x_3 = 5 \end{cases}$

2. $\begin{cases} 3x_1 - x_2 + 2x_3 + x_4 = 8 \\ x_1 - 2x_2 - 3x_4 = -2 \\ -5x_1 + 2x_2 - x_3 + 6x_4 = 12 \end{cases}$

3. $\begin{cases} x + y = 10, \\ 6x - 2z = -8 \\ 3y - z = -2 \end{cases}$

풀이

1. 연립방정식은

$$\begin{pmatrix}15\\10\\5\end{pmatrix}=\begin{pmatrix}2x_1+4x_2+x_3\\x_1-2x_2+5x_3\\5x_1+x_2-10x_3\end{pmatrix}=\begin{pmatrix}2&4&1\\1&-2&5\\5&1&-10\end{pmatrix}\begin{pmatrix}x_1\\x_2\\x_3\end{pmatrix}$$

로 쓸 수 있다.

$$A=\begin{pmatrix}2&4&1\\1&-2&5\\5&1&-10\end{pmatrix},\ B=\begin{pmatrix}15\\10\\5\end{pmatrix}$$

로 설정하면 $AX=B$를 만족한다.

2. 연립방정식은

$$\begin{pmatrix}3&-1&2&1\\1&-2&0&-3\\-5&2&-1&6\end{pmatrix}\begin{pmatrix}x_1\\x_2\\x_3\\x_4\end{pmatrix}=\begin{pmatrix}8\\-2\\12\end{pmatrix}$$

로 쓸 수 있다.

$$A=\begin{pmatrix}3&-1&2&1\\1&-1&0&4\\-5&2&-1&6\end{pmatrix},\ X=\begin{pmatrix}x_1\\x_2\\x_3\\x_4\end{pmatrix},\ B=\begin{pmatrix}8\\-2\\12\end{pmatrix}$$

으로 두면 연립방정식을 $AX=B$ 로 표시할 수 있다.

3. 같은 방법으로

$$A=\begin{pmatrix}1&1&0\\6&0&-2\\0&3&-1\end{pmatrix},\ B=\begin{pmatrix}10\\-8\\-2\end{pmatrix},\ X=\begin{pmatrix}x\\y\\z\end{pmatrix}$$

라 두면 $AX = B$ 를 만족한다.

정리 12.1

A가 $n \times n$ 가역행렬이고 B 가 $n \times 1$ 행렬이면 연립방정식 $AX = B$ 는 오직 하나의 해 $X = A^{-1}B$ 를 가진다.

증명

$A(A^{-1}B) = (AA^{-1})B = IB = B$ 이므로 $X = A^{-1}B$ 은 연립방정식 $AX = B$ 의 오직 하나의 해가 된다.

예제 12.5

연립방정식 $\begin{cases} x_1 + 2x_2 + 3x_3 = 5 \\ 2x_1 + 5x_2 + 3x_3 = 3 \\ x_1 + 8x_3 = 17 \end{cases}$ 을 역행렬을 이용하여 풀어라.

풀이

$$A = \begin{pmatrix} 1 & 2 & 3 \\ 2 & 5 & 3 \\ 1 & 0 & 8 \end{pmatrix}, \ X = \begin{pmatrix} x_1 \\ x_2 \\ x_3 \end{pmatrix}, \ B = \begin{pmatrix} 5 \\ 3 \\ 17 \end{pmatrix}$$

라 두면 연립방정식은 $AX = B$ 로 표현할 수 있다. 예제11.10의 2번에 의해 A 는 가역행렬이고

$$A^{-1} = \begin{pmatrix} -40 & 16 & 9 \\ 13 & -5 & -3 \\ 5 & -2 & -1 \end{pmatrix}$$

이다. 따라서 이 방정식의 해는

$$X = A^{-1}B = \begin{pmatrix} -40 & 16 & 9 \\ 13 & -5 & -3 \\ 5 & -2 & -1 \end{pmatrix} \begin{pmatrix} 5 \\ 3 \\ 17 \end{pmatrix} = \begin{pmatrix} 1 \\ -1 \\ 2 \end{pmatrix}$$

이다. 즉, $x_1 = 1,\ x_2 = -1,\ x_3 = 2$ 이다.

12.3 연립방정식의 해법-가우스 소거법

<행렬을 이용한 가우스 소거법>

연립1차방정식 $\begin{cases} a_{11}x + a_{12}y = b_1 \\ a_{21}x + a_{22}y = b_2 \end{cases}$ $(a_{11},\ a_{12},\ a_{21},\ a_{22},\ b_1,\ b_2$: 실수)에 대해

$$A = \begin{pmatrix} a_{11} & a_{12} \\ a_{21} & a_{22} \end{pmatrix},\ X = \begin{pmatrix} x \\ y \end{pmatrix},\ B = \begin{pmatrix} b_1 \\ b_2 \end{pmatrix}$$

라 두면 $AX = B$ 가 된다. 여기서 A 를 연립방정식의 계수행렬,

$$\left(A : B\right) = \begin{pmatrix} a_{11} & a_{12} : b_1 \\ a_{21} & a_{22} : b_2 \end{pmatrix}$$

를 연립방정식의 확대계수행렬이라 한다.

일반화시키면 연립 1차방정식 $\begin{cases} a_{11}x_1 + a_{12}x_2 + \cdots + a_{1n}x_n = b_1 \\ a_{21}x_1 + a_{22}x_2 + \cdots + a_{2n}x_n = b_2 \\ \vdots \qquad\qquad \vdots \qquad\qquad \vdots \\ a_{m1}x_1 + a_{m2}x_2 + \cdots + a_{mn}x_n = b_m \end{cases}$ 에 대해

$$A = \begin{pmatrix} a_{11} & a_{12} & \dots & a_{1n} \\ a_{21} & a_{22} & \dots & a_{2n} \\ \vdots & \vdots & \vdots & \vdots \\ a_{m1} & a_{m2} & \dots & a_{mn} \end{pmatrix},\ X = \begin{pmatrix} x_1 \\ x_2 \\ \vdots \\ x_n \end{pmatrix},\ B = \begin{pmatrix} b_1 \\ b_2 \\ \vdots \\ b_m \end{pmatrix}$$

라 두면 $AX = B$을 만족한다.

$$\begin{pmatrix} a_{11} & a_{12} & \cdots & a_{1n} : b_1 \\ a_{21} & a_{22} & \cdots & a_{2n} : b_2 \\ \vdots & \vdots & \vdots & \vdots \\ a_{m1} & a_{m2} & \cdots & a_{mn} : b_m \end{pmatrix}$$

이 연립방정식의 확대계수행렬이 된다.

예제 12.6

다음 연립방정식을 첨가행렬을 이용하여 간단하게 표현해 보아라.

$$\begin{cases} x + y = 5, \\ 6x - 2z = -10 \\ 3y - z = -5 \end{cases}$$

풀이

연립1차방정식 $\begin{cases} x + y = 5, \\ 6x - 2z = -10 \\ 3y - z = -5 \end{cases}$ 에 대해

$$A = \begin{pmatrix} 1 & 1 & 0 \\ 6 & 0 & -2 \\ 0 & 3 & -1 \end{pmatrix},\ X = \begin{pmatrix} x \\ y \\ z \end{pmatrix},\ B = \begin{pmatrix} 5 \\ -10 \\ -5 \end{pmatrix}$$

라 두면 연립방정식은 $AX = B$ 로 표현할 수 있다. 연립방정식의 확대계수행렬은

$$\begin{pmatrix} 1 & 1 & 0 & : & 5 \\ 6 & 0 & -2 & : & -10 \\ 0 & 3 & -1 & : & -5 \end{pmatrix}$$

이 된다.

정의 12.1

행렬에 대한 다음 세 가지 연산을 기본행연산이라 한다.

① 한 행에 0이 아닌 상수를 곱한다.

② 두 행의 순서를 서로 바꾼다.

③ 한 행에 상수곱하여 다른 행에 더한다.

연립방정식의 세 가지 기본연산	확대계수행렬의 세 가지 기본행연산
① 한 방정식의 양변에 0이 아닌 상수를 곱한다. ② 두 방정식의 순서를 서로 바꾼다. ③ 한 방정식을 상수배하여 다른 방정식에 더한다.	① 한 행에 0이 아닌 상수를 곱한다. ② 두 행의 순서를 서로 바꾼다. ③ 한 행에 상수배하여 다른 행에 더한다.

<가우스 소거법>

① 한 행에 k배 하여 다른 행에 더한다.
② 두 행을 서로 바꾼다.
③ 한 행에 0이 아닌 상수를 곱한다.
①+②+③ 을 통해 A를 '삼각행렬'로 변환하면 각 행은 0이 아닌 숫자는 위 항의 0이 아닌 숫자가 나온 열보다 뒤에 위치한다.

예제 12.7

가우스 소거법을 이용하여 다음 연립방정식을 풀어라.

$$\begin{cases} 3y + 2z = 7 \cdots ① \\ x + 4y - 4z = 3 \cdots ② \\ 3x + 3y + 8z = 1 \cdots ③ \end{cases}$$

풀이

①과 ②의 위치를 서로 바꾼다.

$$\begin{cases} x + 4y - 4z = 3 \cdots ① \\ 3y + 2z = 7 \cdots ② \\ 3x + 3y + 8z = 1 \cdots ③ \end{cases}$$ 가 된다.

확대계수행렬로 표현하면 $\begin{pmatrix} 1 & 4 & -4 & : & 3 \\ 0 & 3 & 2 & : & 7 \\ 3 & 3 & 8 & : & 1 \end{pmatrix}$ 이 된다.

①에 −3배한 후 ③에 더하면

$$\begin{cases} x + 4y - 4z = 3 \cdots ① \\ 3y + 2z = 7 \cdots ② \\ -9y + 20z = -8 \cdots ③ \end{cases}$$ 가 된다.

확대계수행렬로 표현하면 $\begin{pmatrix} 1 & 4 & -4 & : & 3 \\ 0 & 3 & 2 & : & 7 \\ 0 & -9 & 20 & : & -8 \end{pmatrix}$ 가 된다.

②에 3배한 후 ③에 더하면

$$\begin{cases} x+4y-4z=3\cdots\text{①} \\ 3y+2z=7\cdots\text{②} \\ 26z=13\cdots\text{③} \end{cases}$$ 가 된다.

확대계수행렬로 표현하면 $\begin{pmatrix} 1 & 4 & -4 & : & 3 \\ 0 & 3 & 2 & : & 7 \\ 0 & 0 & 26 & : & 13 \end{pmatrix}$가 된다.

마지막 방정식부터 차례로 미지수의 답을 구할 수 있다. 이것을 후방 대체법이라 한다. 3행에서 $z=\frac{1}{2}$ 을 얻는다. 이것을 2행에 대입하면 $y=2$가 된다. $z=\frac{1}{2}$ 과 $y=2$ 을 1행에 대입하면 $x=-3$ 이 되므로 해는

$$(x,\ y,\ z)=(-3,\ 2,\ \frac{1}{2})$$

이다.

혹은 ③에 $\frac{1}{26}$을 곱하면

$$\begin{cases} x+4y-4z=3\cdots\text{①} \\ y+\frac{2}{3}z=\frac{7}{3}\cdots\text{②} \\ z=\frac{1}{2}\cdots\text{③} \end{cases}$$ 가 된다. 확대계수행렬로 표현하면

$$\begin{pmatrix} 1 & 4 & -4 & : & 3 \\ 0 & 1 & \frac{2}{3} & : & \frac{7}{3} \\ 0 & 0 & 1 & : & \frac{1}{2} \end{pmatrix}$$

가 된다.

③에 $-\frac{2}{3}$을 곱한 후 ②에 더하면

$$\begin{cases} x+4y-4z=3\cdots ① \\ y=2\cdots ② \\ z=\frac{1}{2}\cdots ③ \end{cases}$$ 가 된다. 확대계수행렬로 표현하면

$$\begin{pmatrix} 1 & 4 & -4 & : & 3 \\ 0 & 1 & 0 & : & 2 \\ 0 & 0 & 1 & : & \frac{1}{2} \end{pmatrix}$$

③에 4을 곱하고 ①에 더하면

$$\begin{cases} x+4y=5\cdots ① \\ y=2\cdots ② \\ z=\frac{1}{2}\cdots ③ \end{cases}$$ 가 된다. 확대계수행렬로 표현하면

$$\begin{pmatrix} 1 & 4 & 0 & : & 5 \\ 0 & 1 & 0 & : & 2 \\ 0 & 0 & 1 & : & \frac{1}{2} \end{pmatrix}$$

②에 -4를 곱하고 ①에 더하면

$$\begin{cases} x=-3\cdots ① \\ y=2\cdots ② \\ z=\frac{1}{2}\cdots ③ \end{cases}$$ 가 된다. 확대계수행렬로 표현하면

$$\begin{pmatrix} 1 & 0 & 0 & : & -3 \\ 0 & 1 & 0 & : & 2 \\ 0 & 0 & 1 & : & \frac{1}{2} \end{pmatrix}$$

가 된다. 따라서 해는

$$(x,\ y,\ z) = (-3,\ 2,\ \frac{1}{2})$$

이다.

예제 12.8

가우스 소거법을 이용하여 다음 연립방정식을 풀어라.

1. $\begin{cases} 2x + z = 10, \\ 2y - z = 0 \\ -6x - 3y + z = 0 \end{cases}$

2. $\begin{cases} x_1 + 2x_2 - x_3 = 4, \\ 2x_1 + x_2 + x_3 = 8 \\ -x_1 + x_2 + x_3 = -1 \end{cases}$

풀이

1. 방정식의 결합행렬을 구한다.

$$\begin{pmatrix} 2 & 0 & 1 & : & 10 \\ 0 & 2 & -1 & : & 0 \\ -6 & -3 & 1 & : & 0 \end{pmatrix}$$

1행에 $\frac{1}{2}$배 하면

$$\begin{pmatrix} 1 & 0 & \frac{1}{2} & : & 5 \\ 0 & 2 & -1 & : & 0 \\ -6 & -3 & 1 & : & 0 \end{pmatrix}$$

1행에 6배 한 후 3행에 더하면

$$\begin{pmatrix} 1 & 0 & \frac{1}{2} & : & 5 \\ 0 & 2 & -1 & : & 0 \\ 0 & -3 & 4 & : & 30 \end{pmatrix}$$

2행에 $\frac{1}{2}$배 하면

$$\begin{pmatrix} 1 & 0 & \frac{1}{2} & : & 5 \\ 0 & 1 & -\frac{1}{2} & : & 0 \\ 0 & -3 & 4 & : & 30 \end{pmatrix}$$

2행에 3배 한 후 3행에 더하면

$$\begin{pmatrix} 1 & 0 & \frac{1}{2} & : & 5 \\ 0 & 1 & -\frac{1}{2} & : & 0 \\ 0 & 0 & \frac{5}{2} & : & 30 \end{pmatrix}$$

3행에 $\frac{2}{5}$배하면

$$\begin{pmatrix} 1 & 0 & \frac{1}{2} & : & 5 \\ 0 & 1 & -\frac{1}{2} & : & 0 \\ 0 & 0 & 1 & : & 12 \end{pmatrix}$$

3행에 $-\frac{1}{2}$배하여 1행에 더하고 3행에 $\frac{1}{2}$배하여 2행에 더하면

$$\begin{pmatrix} 1 & 0 & 0 & : & -1 \\ 0 & 1 & 0 & : & 6 \\ 0 & 0 & 1 & : & 12 \end{pmatrix}$$

따라서 $x = -1,\ y = 6,\ z = 12$ 가 구하는 해이다.

2. $\begin{cases} x_1 + 2x_2 - x_3 = 4, \\ 2x_1 + x_2 + x_3 = 8 \\ -x_1 + x_2 + x_3 = -1 \end{cases}$

풀이

방정식의 결합행렬을 구한다.

$$\begin{pmatrix} 1 & 2 & -1 & : & 4 \\ 2 & 1 & 1 & : & 8 \\ -1 & 1 & 1 & : & -1 \end{pmatrix}$$

1행에 -2를 곱하고 2행에 더하고 3행에 1행을 더하면

$$\begin{pmatrix} 1 & 2 & -1 & : & 4 \\ 0 & -3 & 3 & : & 0 \\ 0 & 3 & 0 & : & 3 \end{pmatrix}$$

2행에 $-\dfrac{1}{3}$ 을 곱하고 3행에 $\dfrac{1}{3}$을 곱하면

$$\begin{pmatrix} 1 & 2 & -1 & : & 4 \\ 0 & 1 & -1 & : & 0 \\ 0 & 1 & 0 & : & 1 \end{pmatrix}$$

2행에 -2를 곱하고 1행에 더하고, 2행에 -1을 곱하고, 3행에 더하면

$$\begin{pmatrix} 1 & 0 & 1 & : & 4 \\ 0 & 1 & -1 & : & 0 \\ 0 & 0 & 1 & : & 1 \end{pmatrix}$$

3행에 -1을 곱하고 1행에 더하고 2행에 3행을 더하면

$$\begin{pmatrix} 1 & 0 & 0 & : & 3 \\ 0 & 1 & 0 & : & 1 \\ 0 & 0 & 1 & : & 1 \end{pmatrix}$$

따라서 $x_1 = 3,\ x_2 = 1,\ x_3 = 1$ 가 구하는 해이다.

12.4 연립방정식의 해법-크레이머 공식

12.4.1 크레이머 공식을 이용한 연립방정식의 해법

연립1차 방정식 $\begin{cases} a_{11}x + a_{12}y = b_1 \\ \\ a_{21}x + a_{22}y = b_2 \end{cases}$ $(a_{11},\ a_{12},\ a_{21},\ a_{22},\ b_1,\ b_2$: 실수$)$ 에 대해

$$A = \begin{pmatrix} a_{11} & a_{12} \\ a_{21} & a_{22} \end{pmatrix},\ X = \begin{pmatrix} x \\ y \end{pmatrix},\ B = \begin{pmatrix} b_1 \\ b_2 \end{pmatrix}$$

라 두면 $AX = B$ 가 된다.

연립방정식 $\begin{cases} a_{11}x + a_{12}y = b_1 \\ \\ a_{21}x + a_{22}y = b_2 \end{cases}$ 의 해는 $a_{11}a_{22} - a_{21}a_{12} \neq 0$ 이면

$$x = \frac{b_1a_{22} - b_2a_{12}}{a_{11}a_{22} - a_{21}a_{12}},\ y = \frac{b_2a_{11} - b_1a_{21}}{a_{11}a_{22} - a_{21}a_{12}}$$

이다. 다시 말해서

$$\det A = a_{11}a_{22} - a_{21}a_{12} \neq 0$$

d이면 해는

$$x = \frac{b_1a_{22} - b_2a_{12}}{a_{11}a_{22} - a_{21}a_{12}} = \frac{\begin{vmatrix} b_1 & a_{12} \\ b_2 & a_{22} \end{vmatrix}}{\begin{vmatrix} a_{11} & a_{12} \\ a_{21} & a_{22} \end{vmatrix}},\ y = \frac{b_2a_{11} - b_1a_{21}}{a_{11}a_{22} - a_{21}a_{12}} = \frac{\begin{vmatrix} a_{11} & b_1 \\ a_{21} & b_2 \end{vmatrix}}{\begin{vmatrix} a_{11} & a_{12} \\ a_{21} & a_{22} \end{vmatrix}}$$

가 된다. 일반화한 결과는 다음과 같다

정리 12.2 Cramer의 공식

A 는 n 차 정방행렬, B 는 $n\times 1$ 행렬일 때

$$\det A \neq 0$$

이면 $AX=B$ 는 유일한 해를 가지고 $AX=B$ 의 해는

$$x_i = \frac{|A_i|}{|A|}\ (i=1,\ 2,\ \cdots,\ n)$$

가 된다. 여기서

$$A_i = \begin{pmatrix} a_{11} & a_{12} & \cdots & b_1 & \cdots & a_{1n} \\ \vdots & \vdots & \ddots & \vdots & \ddots & \vdots \\ a_{n1} & a_{n2} & \cdots & b_n & \cdots & a_{nn} \end{pmatrix}$$

$$\uparrow$$

i 열

이다.

증명

$\det A \neq 0$ 이므로 A는 가역행렬이다. 따라서 정리12.1에 의해

$$AX=B$$

는 유일한 해를 가지고 해는

$$X=A^{-1}B$$

이다. 그러므로 해는

$$X = A^{-1}B = \frac{1}{|A|} adj A \cdot B \quad = \frac{1}{|A|} \begin{pmatrix} A_{11} & A_{21} & \cdots & A_{n1} \\ A_{12} & A_{22} & \cdots & A_{n2} \\ \vdots & \vdots & \ddots & \vdots \\ A_{1n} & A_{2n} & \cdots & A_{nn} \end{pmatrix} \begin{pmatrix} b_1 \\ b_2 \\ \vdots \\ b_n \end{pmatrix}$$

$$= \frac{1}{|A|} \begin{pmatrix} b_1 A_{11} + b_2 A_{21} + \ldots + b_n A_{n1} \\ b_1 A_{12} + b_2 A_{22} + \ldots + b_n A_{n2} \\ \vdots \\ b_1 A_{1n} + b_2 A_{2n} + \ldots + b_n A_{nn} \end{pmatrix}.$$

$$X = \begin{pmatrix} x_1 \\ x_2 \\ \vdots \\ x_n \end{pmatrix}, \ B = \begin{pmatrix} b_1 \\ b_2 \\ \vdots \\ b_n \end{pmatrix} \text{에 대해 } A_i = \begin{pmatrix} a_{11} & a_{12} & \cdots & b_1 & \cdots & a_{1n} \\ \vdots & \vdots & \ddots & \vdots & \ddots & \vdots \\ a_{n1} & a_{n2} & \cdots & b_n & \cdots & a_{nn} \end{pmatrix}$$

$\uparrow$

i열

라 두자.

여기서 i열을 기준으로 하여 $\det A_i$ 를 구해보면

$$|A_i| = b_1 A_{1i} + b_2 A_{2i} + \ldots + b_n A_{ni}$$

가 된다. 그러므로

$$x_i = \frac{|A_i|}{|A|}, \ i = 1, \ 2, \ \cdots, \ n$$

가 된다.

예제 12.9

Cramer의 공식을 이용하여 해를 구하여라.

1. $\begin{cases} x - 2z = 0 \\ 8x + 5y - z = 3 \\ 2x + 3y + 4z = -2 \end{cases}$ 2. $\begin{cases} 2x_1 + 4x_2 - x_3 = 15 \\ x_1 + 3x_2 + 2x_3 = -5 \\ 6x_1 + 5x_2 + x_3 = 28 \end{cases}$

풀이

1. $\begin{cases} x - 2z = 0 \\ 8x + 5y - z = 3 \\ 2x + 3y + 4z = -2 \end{cases}$ 에서 계수행렬은

$$A = \begin{pmatrix} 1 & 0 & -2 \\ 8 & 5 & -1 \\ 2 & 3 & 4 \end{pmatrix}$$

이다.

$$\det A = \begin{vmatrix} 1 & 0 & -2 \\ 8 & 5 & -1 \\ 2 & 3 & 4 \end{vmatrix} = 20 - 48 - (-20 - 3) = -5 \neq 0$$

이므로 해가 유일하게 존재한다. 따라서 Cramer의 공식에 의해

$$x = \frac{\begin{vmatrix} 0 & 0 & -2 \\ 3 & 5 & -1 \\ -2 & 3 & 4 \end{vmatrix}}{\det A} = \frac{-18 - (20)}{-5} = \frac{38}{5},$$

$$y = \frac{\begin{vmatrix} 1 & 0 & -2 \\ 8 & 3 & -1 \\ 2 & -2 & 4 \end{vmatrix}}{\det A} = \frac{12 + 32 - (-12 + 2)}{-5} = -\frac{54}{5},$$

$$z = \frac{\begin{vmatrix} 1 & 0 & 0 \\ 8 & 5 & 3 \\ 2 & 3 & -2 \end{vmatrix}}{\det A} = \frac{-10-(9)}{-5} = \frac{19}{5}$$

이다.

2. 1번과 같은 방법으로 풀면 된다.

예제 12.10

$Q_d = Q_s$ 은 수요와 공급의 균형, $Q_d = a - 2bp$ 은 수요곡선, $Q_s = -2c + dp$ 은 공급곡선이다. 단, $a,\ b,\ c,\ d > 0$ 이다.

이 연립방정식 $\begin{cases} Q_d - Q_s = 0 \\ Q_d + 2bp = a \\ Q_s - dp = -2c \end{cases}$ 의 해를 구하여라.

풀이

연립방정식을 행렬 형태로 바꾸면 $AX = B$ 이다.

여기서

$$A = \begin{pmatrix} 1 & -1 & 0 \\ 1 & 0 & 2b \\ 0 & 1 & -d \end{pmatrix},\ X = \begin{pmatrix} Q_d \\ Q_s \\ p \end{pmatrix},\ B = \begin{pmatrix} 0 \\ a \\ -2c \end{pmatrix}$$

이다.

1. 역행렬을 이용한 연립방정식의 해법

$$A=\begin{pmatrix}1 & -1 & 0\\ 1 & 0 & 2b\\ 0 & 1 & -d\end{pmatrix}$$ 에서

$$\det A=\begin{vmatrix}1 & -1 & 0\\ 1 & 0 & 2b\\ 0 & 1 & -d\end{vmatrix}=-2b-d=-(2b+d)\neq 0$$

이므로 A^{-1}가 존재한다.

$$A_{11}=\begin{vmatrix}0 & 2b\\ 1 & -d\end{vmatrix}=-2b \qquad A_{12}=-\begin{vmatrix}1 & 2b\\ 0 & -d\end{vmatrix}=d$$

$$A_{13}=\begin{vmatrix}1 & 0\\ 0 & 1\end{vmatrix}=1 \qquad A_{21}=-\begin{vmatrix}-1 & 0\\ 1 & -d\end{vmatrix}=-d$$

$$A_{22}=\begin{vmatrix}1 & 0\\ 0 & -d\end{vmatrix}=-d \qquad A_{23}=-\begin{vmatrix}1 & -1\\ 0 & 1\end{vmatrix}=-1$$

$$A_{31}=\begin{vmatrix}-1 & 0\\ 0 & 2b\end{vmatrix}=-2b \qquad A_{32}=-\begin{vmatrix}1 & 0\\ 1 & 2b\end{vmatrix}=-2b$$

$$A_{33}=\begin{vmatrix}1 & -1\\ 1 & 0\end{vmatrix}=1$$

이므로

$$A^{-1}=\frac{1}{|A|}adjA=-\frac{1}{2b+d}\begin{pmatrix}-2b & -d & -2b\\ d & -d & -2b\\ 1 & -1 & 1\end{pmatrix}$$

이다. 따라서 이 방정식의 해는

$$X = A^{-1}B \quad = -\frac{1}{2b+d}\begin{pmatrix} -2b & -d & -2b \\ d & -d & -2b \\ 1 & -1 & 1 \end{pmatrix}\begin{pmatrix} 0 \\ a \\ -2c \end{pmatrix}$$

$$= -\frac{1}{2b+d}\begin{pmatrix} -ad+4bc \\ -ad+4bc \\ -a-2c \end{pmatrix}$$

이다. 그러므로 구하고자 해는

$$Q_d = Q_s = \frac{ad-4bc}{2b+d},\ p = \frac{a+2c}{2b+d}$$

이다.

2. 크레이머 공식을 이용한 연립방정식의 해법

$$\det A = \begin{vmatrix} 1 & -1 & 0 \\ 1 & 0 & 2b \\ 0 & 1 & -d \end{vmatrix} = -2b-d = -(2b+d) \neq 0$$

이므로 유일한 해를 가진다. Cramer의 공식에 의해 해는

$$Q_d = \frac{|A_1|}{|A|} = \frac{\begin{vmatrix} 0 & -1 & 0 \\ a & 0 & 2b \\ -2c & 1 & -d \end{vmatrix}}{|A|} = \frac{4bc-(ad)}{-(2b+d)} = \frac{ad-4bc}{2b+d},$$

$$Q_s = \frac{|A_2|}{|A|} = \frac{\begin{vmatrix} 1 & 0 & 0 \\ 1 & a & 2b \\ 0 & -2c & -d \end{vmatrix}}{|A|} = \frac{-ad-(-4bc)}{-(2b+d)} = \frac{ad-4bc}{2b+d},$$

$$p = \frac{|A_3|}{|A|} = \frac{\begin{vmatrix} 1 & -1 & 0 \\ 1 & 0 & a \\ 0 & 1 & -2c \end{vmatrix}}{|A|} = \frac{-(a+2c)}{-(2b+d)} = \frac{a+2c}{2b+d}$$

이다. 따라서 구하고자 해는

$$Q_d = Q_s = \frac{ad-4bc}{2b+d},\ p = \frac{a+2c}{2b+d}$$

이다.

연습문제

1. 다음 연립방정식 $\begin{cases} 2x_1 + x_3 = 2 \\ -2x_1 + 3x_2 + 4x_3 = 4 \\ -5x_1 + 5x_2 + 6x_3 = -1 \end{cases}$ 을 역행렬을 이용하여 풀어라.

2. 가우스 소거법을 이용하여 다음 연립방정식을 풀어라.

(a) $\begin{cases} 2x_1 - x_2 - x_3 = 3, \\ -6x_1 + 6x_2 + 5x_3 = -3 \\ 4x_1 + 4x_2 + 7x_3 = 3 \end{cases}$ (b) $\begin{cases} x + y = 1, \\ 6x - 2z = -8 \\ 3y - z = -3 \end{cases}$

3. Cramer의 공식을 이용하여 해를 구하여라.

(a) $\begin{cases} x_1 - 3x_2 + x_3 = 4 \\ 2x_1 - x_2 = -2 \\ 4x_1 - 3x_3 = 0 \end{cases}$ (b) $\begin{cases} 3x_1 + 2x_2 + x_3 = 7 \\ x_1 - x_2 + 3x_3 = 3 \\ 5x_1 + 4x_2 - 2x_3 = 1 \end{cases}$

제 13 장
선형계획법

13.1 선형계획법의 의의

수리계획법(mathematical programming)이란 현실에서 부딪히는 의사결정 상황을 수학적 모형(수리계획모형)으로 작성하여 그 해를 구함으로써 최적 의사결정을 도모하는 방법을 말한다. 그러면 수리계획모형의 세 가지 구성요소는 다음과 같다.

- 의사결정변수(decision variable): 의사결정의 대상
- 목적함수(objective function): 의사결정의 목표
- 제약조건(constraints): 목표를 성취하는 과정에서 제한되는 한계

선형계획법(Linear Programming)은 주어진 목적 달성을 위한 최적의 해를 찾는 계량분석도구(linear programming LP 문제)이며 최적화문제의 일종으로 주어진 선형조건들을 만족시키면서 선형인 목적함수를 최적화하는 문제이다. 선형계획법은 운용과학, 미시경제학, 네트워크 경로 최적화 등 많은 분야에서 사용되고 있다.

예제 13.1

A 가구 제조공장에서 사무용 의자 1개를 만드는데 목공이 두 시간 일해야 하고 5장의 판자가 필요하다. 사무용 책상을 만드는 데는 한 목공이 세 시간 일해야 하고 20장의 판자가 필요하다. 판자의 보유량은 500장이고 목공이 일할 수 있는 시간이 150시간으로 제한되어있다고 하자. 판매 이익금은 사무용 의자 1개가 8

만 원이고 사무용 책상 한 개가 15만 원이면 의자와 책상을 각각 몇 개씩 만들었을 때 최대의 이익을 얻게 되는가에 대해 LP문제로 표현해 보아라.

풀이

사무용의자와 사무용책상의 수를 각각 x_1, x_2라고 하자. 총이익금의 단위를 만원으로 했을 때 $8x_1 + 15x_2$ 가 되며 이것의 최대화는 $\max\{8x_1 + 15x_2\}$ 가 된다.

주어진 조건은 판자의 장수의 경우는 $5x_1 + 20x_2 \leq 500$ 으로 표시되고 작업시간에 관해서는

$2x_1 + 3x_2 \leq 150$ 이 된다.

또한 x_1과 x_2는 음이 아닌 정수여야만 하므로 정리하면 조건

$$5x_1 + 20x_2 \leq 500 \tag{13.1}$$

$$2x_1 + 3x_2 \leq 150 \tag{13.2}$$

$$x_1\text{과}x_2\text{는 음이 아닌 정수} \tag{13.3}$$

$$\text{하에}\max\{8x_1 + 15x_2\} \tag{13.4}$$

의 값과 이 때 x_1과 x_2의 값을 구하는 문제가 된다.

여기서 (13.1), (13.2), (13.3)을 제약조건, (13.4)를 목적함수라 한다. 또 목적함수에서 변수들의 계수 8과 15를 가격계수라 한다.

예제 13.2

K 제지회사는 두 곳에 공장을 갖고 있는데 한 공장에서는 1주일 동안에 35만 개의 종이박스를 생산하고 다른 공장에서는 55만 개를 생산한다. 이 회사는 세 개의 택배회사 a, b, c에 종이박스를 공급하는데 주간 수요는 각각 30만 개, 40만 개, 20만 개이다. 각 공장에서 택배회사까지 1,000개당 운송비가 아래와 같을 때 운송비를 최소로 하기 위해서 각 공장에서 각 택배회사에 운반해야할 종이박스가 몇 개인가에 대해 LP문제로 표현해 보아라.

공장 \ 택배회사	a	b	c
A	17	22	15
B	18	16	12

풀이

이 문제를 수식화하기 위해 A공장으로부터 각 택배회사에 운송할 종이박스의 개수를 x_1, x_2, x_3라 하고 B 공장으로부터 각 택배회사에 운송할 종이박스의 개수를 x_4, x_5, x_6 라 하자.

최소화하고자하는 총운반비는 $17x_1 + 22x_2 + 15x_3 + 18x_4 + 16x_5 + 12x_6$ 가 된다. 공장별 세 택배회사의 운송량은 초과할 수 없으므로

$$\begin{cases} x_1 + x_2 + x_3 \leq 350,000 \\ x_4 + x_5 + x_6 \leq 550,000 \end{cases}$$ 을 만족해야한다.

또한 2공장에서 신문사까지 운송량의 합은 주문량과 같아야 하므로

$$\begin{cases} x_1 + x_4 = 300,000 \\ x_2 + x_5 = 400,000 \\ x_3 + x_6 = 200,000 \end{cases}$$

이 만족되어야 한다.

한편 총주문량이 90만 개이며 주간 총생산량도 90만 개이므로 위의 부등식은 사실상 등식이 된다. 즉,

$$\begin{cases} x_1 + x_2 + x_3 = 350,000 \\ x_4 + x_5 + x_6 = 550,\ 000 \end{cases}$$

따라서 위의 LP 문제는

$$\begin{cases} x_1 + x_2 + x_3 = 350,000 \\ x_4 + x_5 + x_6 = 550,000 \end{cases}$$

$$\begin{cases} x_1 + x_4 = 300,000 \\ x_2 + x_5 = 400,000 \\ x_3 + x_6 = 200,000 \end{cases}$$

으로 표시된다.

예제 13.3

A 회사가 10억 원의 자금을 채권과 주식에 투자하고자 한다. 채권과 주식으로부터 연간 배당금이 각각 5%, 8%이다. 주식에는 3억 원 이상 투자할 수 없으며 채권 투자액은 주식 투자액의 2배 이상 되어야 한다면 배당금을 최대로 하는 투자액은 각각 얼마인가?

풀이

이 보기의 수식화를 위해 채권과 주식 투자액을 각각 억원 단위로 하여 x, y 라 하자. 주어진 조건은

* $x + y = 10$
* $y \leq 3$
* $x \geq 2y$
* $x, y \geq 0$

와 같이 표시되며 연간 배당금은 $0.05x + 0.08y$ 이다. 따라서 주어진 LP 문제는 $\max\{0.05x + 0.08y\}$ 이고 제약조건은

$$\begin{cases} x + y = 10 \\ y \le 3 \\ x \ge 2y \\ x,\ y \ge 0 \end{cases}$$

이 된다.

13.1.1 LP 문제의 수학적 모형

예제 13.4

L씨의 제빵회사에서는 두 가지 종류의 케이크를 판매하는데, 초코케이크는 밀가루 100g과 초콜릿 10g이 필요하고 일반 우리밀 케이크는 밀가루 80g만이 필요하다고 한다. 재료비를 제하고 초코케이크를 팔면 6만원이 남고 우리밀 케이크를 팔면 4만원이 남는다고 하자. 오늘 L씨는 밀가루 4000g과 초콜릿 200g을 재료로 갖고 있다. 만든 케이크를 다 팔 수 있고 더이상 재료 공급을 받지 않는다고 가정한다면, L씨는 이익을 극대화하기 위해서 어떤 케이크를 얼마나 만들어야 하는가에 대해 LP문제로 표현해 보아라.

풀이

x_1은 초코케이크, x_2는 밀 케이크의 개수라고 하자. 그러면 주어진 조건은

$$\begin{cases} 100x_1 + 80x_2 \le 4000 \\ 10x_1 \le 200 \\ x_1,\ x_2 \ge 0 \end{cases}$$

와 같이 표시되며 주어진 LP 문제는 목적함수 $\max\{60,000x_1 + 40,000x_2\}$이고 제약조건은

$$\begin{cases} 100x_1 + 80x_2 \leq 4000 \\ 10x_1 \leq 200 \\ x_1,\ x_2 \geq 0 \end{cases}$$

이다.

13.1.2 문제의 수학적 모형

1. 결정변수: 생산하려는 제품의 수량.

   [예]

   x_1은 초코케이크, x_2는 우리밀 케이크의 개수라고 하면 x_1, x_2는 결정변수.

2. 목적함수 : 경영자가 달성하고자 하는 목적을 선형함수로 나타낸 것. 경영자의 목적이 가용자원을 이용하여 이익을 올리려고 한다면 최대화 문제가 되고 비용을 줄이려고 한다면 최소화 문제가 된다.

   [예]

   L씨의 제방회사의 LP문제에서 목적함수는 최대화 $Z = 60,000x_1 + 40,000x_2$ 이다.

3. 일련의 제약 조건식: 기술제약 또는 생산능력을 나타내는 제약식과 제약식과 생산량은 결코 음수일 수 없다. 생산이 없으면 생산량은 0, 생산량이 있으면 양수이다.

   [예]

   L씨의 제방회사의 LP문제에서 제약조건은

   $$\begin{cases} 100x_1 + 80x_2 \leq 4000 \\ 10x_1 \leq 200 \\ x_1,\ x_2 \geq 0 \end{cases}$$

LP 문제는 네 개의 제약조건식을 모두 위반하지 않고 목적함수 Z의 값을 최대로 하는 $x_1,\ x_2$ 를 결정하는 의사결정문제를 말한다.

[NOTE]

L씨의 제방회사 최대 이익의 제약조건

$$\begin{cases} 100x_1 + 80x_2 \le 4000 \\ 10x_1 \le 200 \\ x_1,\ x_2 \ge 0 \end{cases}$$

을 행렬로 표시하면 다음과 같다. $Ax \le b,\ x \ge 0$

$$A = \begin{pmatrix} 100 & 80 \\ 10 & 0 \end{pmatrix},\ x = \begin{pmatrix} x_1 \\ x_2 \end{pmatrix},\ b = \begin{pmatrix} 4000 \\ 200 \end{pmatrix}.$$

13.2 선형계획법의 이론

정의 13.1

S : 볼록집합

$\Leftrightarrow$

임의의 $x_1,\ x_2 \in S$ 와 $0 \le \alpha \le 1$ 에 대해 $\alpha x_1 + (1-\alpha)x_2 \in S$.

(Call) $\alpha x_1 + (1-\alpha)x_2$: $x_1,\ x_2$의 볼록 결합

[예]

$S = \{x|0 \le x \le 4\}$: 볼록집합

$(\because)$

임의의 $x_1, x_2 \in S$ 와 $0 \le \alpha \le 1$ 에 대해 $0 \le \alpha x_1 + (1-\alpha)x_2 \le 4\alpha + 4(1-\alpha) = 4$.

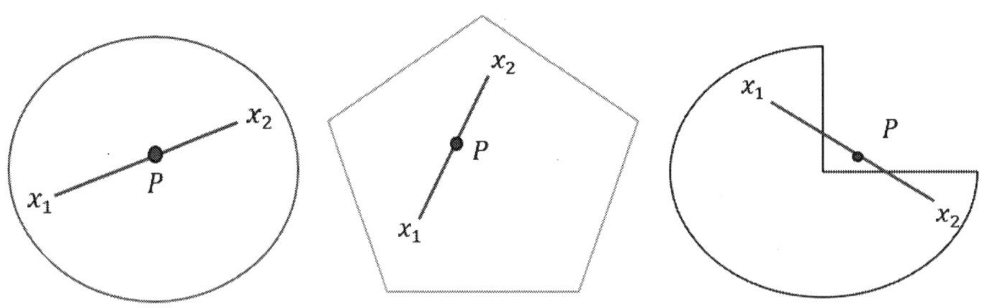

볼록집합　　　　볼록집합　　　　비볼록집합

일반적으로 임의의 $x_1,\ x_2 \cdots,\ x_n \in S$ 와 $\sum_{i=1}^{n} \alpha_i = 1\ (\alpha_1,\ \alpha_2,\ \cdots\ \alpha_n \ge 0)$에 대해 $\sum_{i=1}^{n} \alpha_i x_i \in S$ 이면 S 는 볼록집합이다.

정의 13.2

S : 볼록집합

$a \in S$: 극점

$\Leftrightarrow a \in S$가 볼록 결합으로 표시될 수 없을 때

[예]

L씨의 제방회사 최대 이익의 제약조건

$$\begin{cases} 100x_1 + 80x_2 \leq 4000 \\ 10x_1 \leq 200 \\ x_1,\ x_2 \geq 0 \end{cases}$$

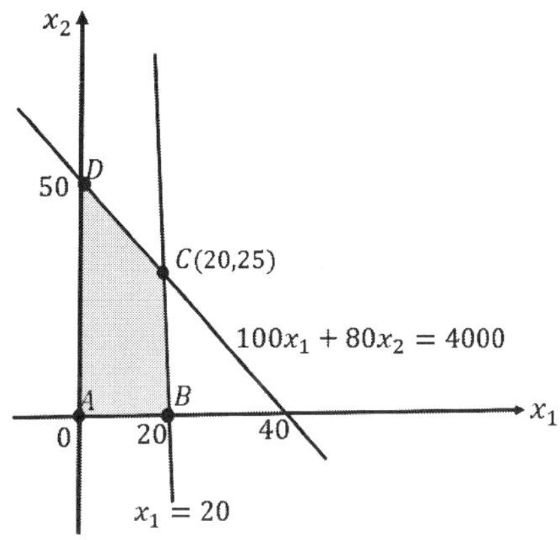

에서 $S = \{100x_1 + 80x_2 \leq 4000,\ 10x_1 \leq 200,\ x_1,\ x_2 \geq 0\}$는 볼록집합이고 극점은 A, B, C, D 이다.

정리 13.1

LP 문제의 목적함수는 최대화 $Z = c'x$ 이고 제약조건이 $Ax \leq b,\ x \geq 0$ 이면 LP 문제의 최적해 x^*는 $S = \{x | Ax \leq b,\ x \geq 0\}$ 의 극점 중 하나이다.
여기서 c' 는 목적함수의 공헌이익계수를 원소로 하는 행벡터이다.

13.2.1 최대화 문제

도해법(graphical solution method)은 제약 조건식을 만족시키는 영역을 그래프상에 나타내어 해를 찾아내는 방법이다. 변수가 3개 이상이면 표현하기가 곤란하며, 4개 이상이면 적용 불가능하다.

예제 13.5

예제13.4의 L씨의 제방회사에서 총이익을 극대화하려면 초코케이크과 밀케이크을 각각 몇 개씩 생산해야할까?

풀이

목적함수는 $Z = 60,000x_1 + 40,000x_2$ 이고 제약조건은

$$\begin{cases} 100x_1 + 80x_2 \le 4000 \\ 10x_1 \le 200 \\ x_1,\ x_2 \ge 0 \end{cases}$$

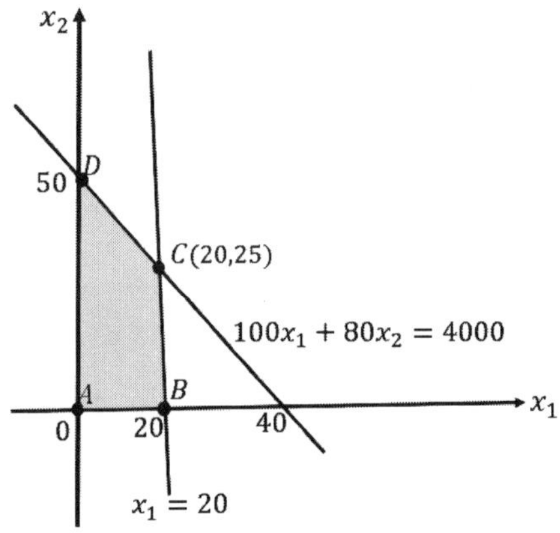

이며 회색부분이 실행가능영역(feasible region)이다.

실제로 모든 제약조건을 만족시키는 영역을 실행가능영역(feasible region)이라 하고 이 영역에 있는 모든 좌표들이 실행 가능해 (feasible solution)라고 한다. 실행 가능해 중에서 목적함수 값을 가장 크게 해주는 점이 최적해(optimal solution)인데 최적해는 실행가능영역의 꼭지점(extreme point) 중에 존재한다.

L씨의 제방회사의 목적함수는 $Z = 60,000x_1 + 40,000x_2$ 에서 극점 (20, 25), (20, 0), (0, 50) 에서의 값을 계산해 보면

$$Z_1 = 60,000 \times 20 + 40,000 \times 25 = 2,200,000$$

$$Z_2 = 60,000 \times 20 + 40,000 \times 0 = 1,200,000$$

$$Z_3 = 60,000 \times 0 + 40,000 \times 50 = 2,000,000$$

따라서 (20,25) 에서 최대가 된다. 즉 총이익을 극대화하려면 20개의 초코케이크과 25개의 우리밀케이크를 생산함으로써 총이익 220만 원을 얻을 수 있다.

[NOTE]

최대화 문제의 경우 LP해의 종류를 살펴보면 최적해가 유일한 경우, 복수개의 최적해를 가지는 경우, 무한개의 해를 가지는 경우 그리고 가능해가 없는 경우로 나뉠 수 있다.

최적해가 유일한 경우

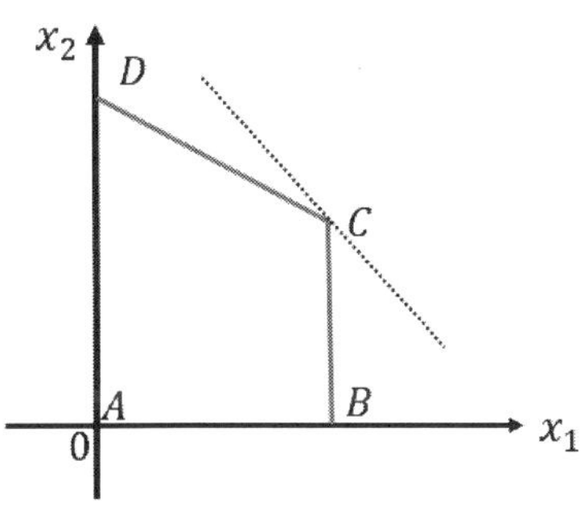

복수개의 최적해를 가지는 경우

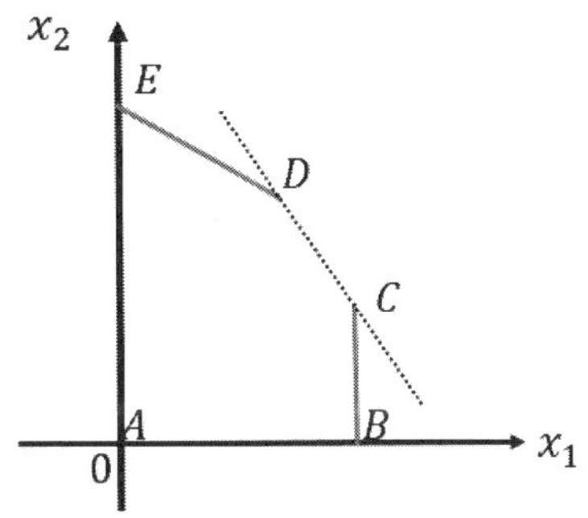

무한개의 해를 가지는 경우

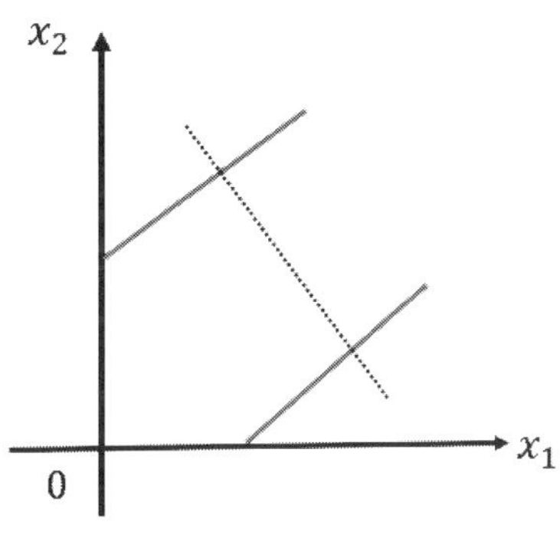

가능해가 없는 경우

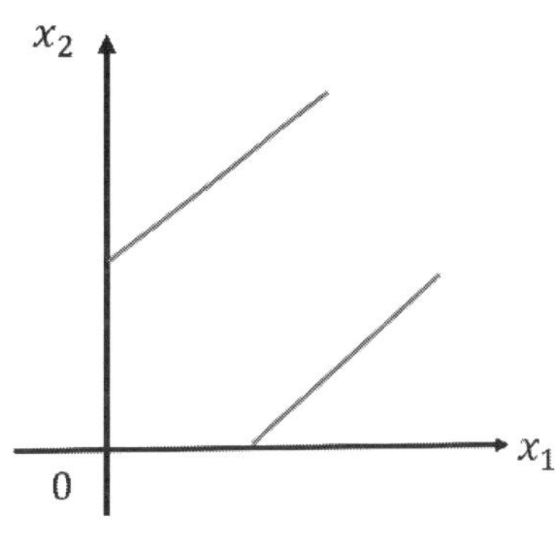

다음의 예를 살펴보자.

예제 13.6

(유일한 최적해)

다음의 LP 최대화 문제를 도해법으로 풀어라.

최대화 $Z = 40x_1 + 30x_2$

$$\text{제약조건:} \begin{cases} 4x_1 + 5x_2 \le 200 \\ 2x_2 \le 50 \\ 6x_1 + 3x_2 \le 210 \\ x_1 \ge 10,\ x_2 \ge 10 \end{cases}$$

풀이

목적함수는 $Z = 40x_1 + 30x_2$ 이고 제약조건은

$$\begin{cases} 4x_1 + 5x_2 \le 200 \\ 2x_2 \le 50 \\ 6x_1 + 3x_2 \le 210 \\ x_1 \ge 10,\ x_2 \ge 10 \end{cases}$$

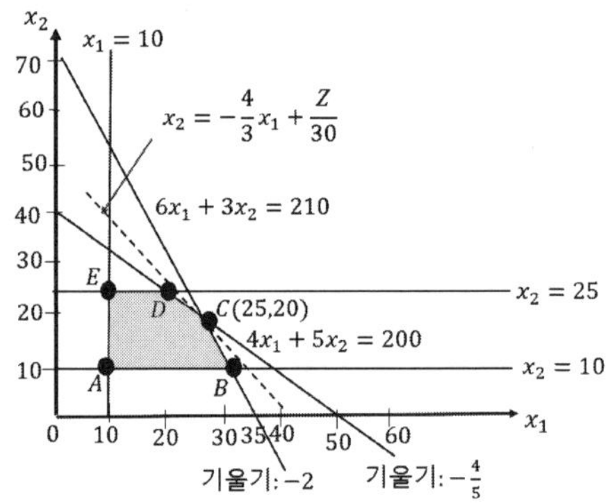

이며 회색부분이 실행가능영역(feasible region)이다.

목적함수 $Z = 40x_1 + 30x_2$ 에 대한 극점 $(10,\ 10)$, $(30,\ 10)$, $(25,\ 20)$, $(\frac{75}{4},\ 25)$, $(10,\ 25)$ 에서의 값을 계산해 보면

- $(x_1,\ x_2) = (10,\ 10)$ 일 때 $Z_1 = 40 \times 10 + 30 \times 10 = 700$
- $(x_1,\ x_2) = (30,\ 10)$ 일 때 $Z_2 = 40 \times 30 + 30 \times 10 = 1500$
- $(x_1,\ x_2) = (25,\ 20)$ 일 때 $Z_3 = 40 \times 25 + 30 \times 20 = 1600$
- $(x_1,\ x_2) = (\frac{75}{4},\ 25)$ 일 때 $Z_4 = 40 \times \frac{75}{4} + 30 \times 25 = 1500$
- $(x_1,\ x_2) = (10,\ 25)$ 일 때 $Z_5 = 40 \times 10 + 30 \times 25 = 1150$

따라서 (25,20)에서 최대가 된다.

예제 13.7

(복수 최적해(multiple optimal solutions))

다음의 LP 최대화 문제를 도해법으로 풀어라.

$$\text{최대화 } Z = 40x_1 + 50x_2 \text{ 제약조건: } \begin{cases} 4x_1 + 5x_2 \le 200 \\ 2x_2 \le 50 \\ 6x_1 + 3x_2 \le 210 \\ x_1 \ge 0,\ x_2 \ge 0 \end{cases}$$

풀이

목적함수는 $Z = 40x_1 + 50x_2$ 이고 제약조건은

$$\begin{cases} 4x_1 + 5x_2 \le 200 \\ 2x_2 \le 50 \\ 6x_1 + 3x_2 \le 210 \\ x_1 \ge 10,\ x_2 \ge 0 \end{cases}$$

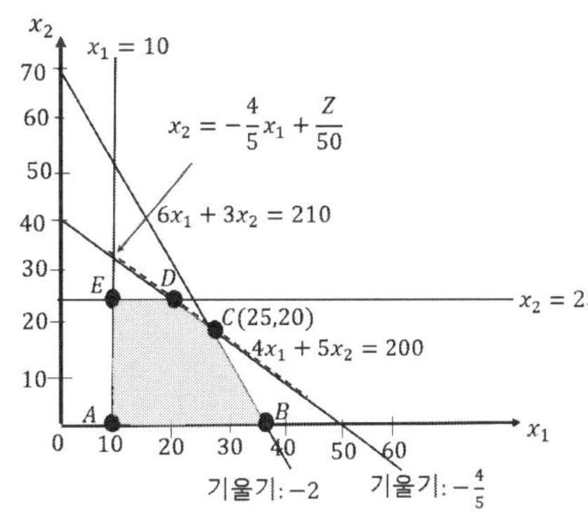

이며 회색부분이 실행가능영역(feasible region)이다.

목적함수 $Z = 40x_1 + 50x_2$ 에서 극점 (10, 0), (35, 0), (25, 20), $(\frac{75}{4},\ 25)$, (10, 25) 에서의 값을 계산해 보면

- ∘ $(x_1,\ x_2) = (10,\ 0)$ 일 때 $Z_1 = 40 \times 10 + 50 \times 0 = 400$
- ∘ $(x_1,\ x_2) = (35,\ 0)$ 일 때 $Z_2 = 40 \times 35 + 50 \times 0 = 1400$
- ∘ $(x_1,\ x_2) = (25,\ 20)$ 일 때 $Z_3 = 40 \times 25 + 50 \times 20 = 2000$
- ∘ $(x_1,\ x_2) = (\frac{75}{4},\ 25)$ 일 때 $Z_4 = 40 \times \frac{75}{4} + 50 \times 25 = 2000$

∘ $(x_1,\ x_2) = (10,\ 25)$ 일 때 $Z_5 = 40 \times 10 + 50 \times 25 = 1650$

따라서 $(x_1,\ x_2) = (25,\ 20)$와 $(x_1,\ x_2) = (\frac{75}{4},\ 25)$ 일 때 최대가 된다. 실제로 점C와 D사이에 있는 모든 점이 최적해가 된다. 왜냐하면 $0 \le a \le 1$인 a에 대하여 C와 D사이의 임의의 점은

$$(x_1,\ x_2) = a(25,\ 20) + (1-a)(\frac{75}{4},\ 25) = (\frac{75}{4} + \frac{25}{4}a,\ 25 - 5a)$$

로 표시된다. 따라서

$$(x_1,\ x_2) = (\frac{75}{4} + \frac{25}{4}a,\ 25 - 5a)$$

이면

$$Z = 40 \times (\frac{75}{4} + \frac{25}{4}a) + 50 \times (25 - 5a) = 2000$$

이다. 이와같은 해를 복수 최적해(multiple optimal solutions)라 한다.

예제 13.8

(무한해)

다음의 LP 최대화 문제를 도해법으로 풀어라.

$$\text{최대화 } Z = 2x_1 + x_2 \text{ 제약조건:} \begin{cases} 2x_1 - x_2 \le 10 \\ -2x_1 + 5x_2 \ge 25 \\ x_1 \ge 0,\ x_2 \ge 0 \end{cases}$$

풀이

목적함수는 $Z = 2x_1 + x_2$ 이고 제약조건은

$$\begin{cases} 2x_1 - x_2 \le 10 \\ -2x_1 + 5x_2 \ge 25 \\ x_1 \ge 0,\ x_2 \ge 0 \end{cases}$$

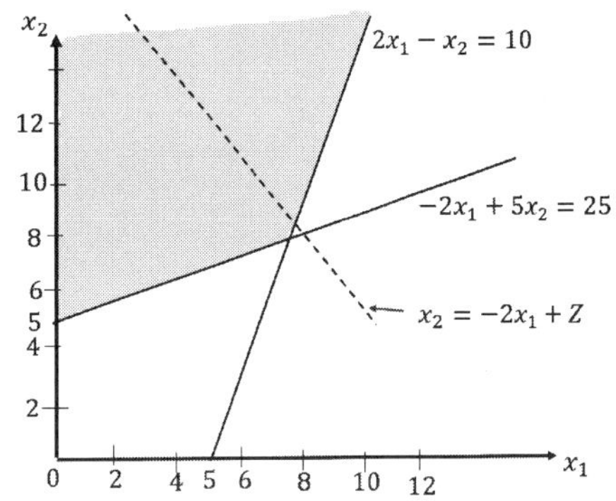

이며 회색부분이 실행가능영역(feasible region)이다.

그림에서 보듯이 이 문제는 실행가능영역이 제한되지 않고 한쪽 방향으로 열려 있기 때문에 등이익선의 절편 값을 무한히 증가시킬 수 있는 $(x_1,\ x_2)$가 존재하게 된다.

예제 13.9

(실행 불가능한 경우)

다음의 LP 최대화 문제를 도해법으로 풀어라.

최대화 $Z = 40x_1 + 30x_2$

$$\text{제약조건:}\begin{cases} 4x_1 + 5x_2 \le 200 \\ 2x_2 \le 50 \\ 6x_1 + 3x_2 \le 210 \\ x_1 \ge 40,\ \ x_2 \ge 10 \end{cases}$$

풀이

목적함수는 $Z = 40x_1 + 30x_2$ 이고 제약조건은

$$\begin{cases} 4x_1 + 5x_2 \le 200 \\ 2x_2 \le 50 \\ 6x_1 + 3x_2 \le 210 \\ x_1 \ge 40,\ x_2 \ge 10 \end{cases}$$

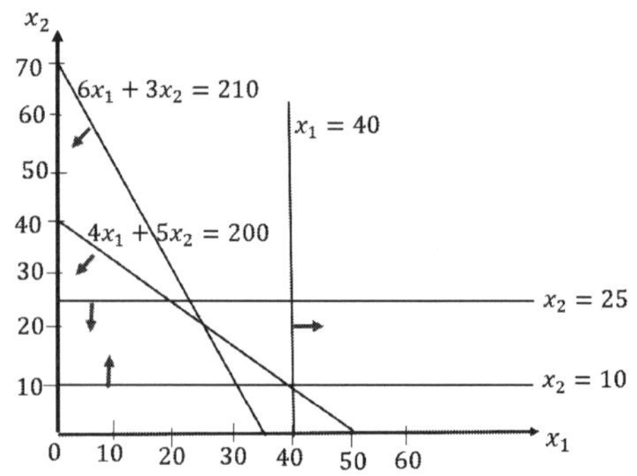

이다. 이를 그래프에 표시하면 다음과 같다.

모든 제약식을 공통적으로 만족시키는 영역이 없으므로 모든 제약조건을 만족시키는 해를 얻을 수가 없다.

13.2.2 최소화 문제

여러 가지 제약조건하에서 이익을 최대화하는 문제를 살펴보았다. 그러면 주어진 제약조건 하에서 비용을 최소화하는 문제를 살펴보자.

예제 13.10

A회사에서는 제1공장과 제2공장에서 세 가지 종류의 자동차 휠을 제조 판매한다. 공장별 일일 생산능력은 제1공장을 하루 가동하면 최고급 6톤, 고급 2톤, 일반 4톤이 생산되며, 제2공장을 하루 가동하면 최고급 2톤, 고급 2톤, 일반 10톤이 생산된다고 한다.

현재 주문받은 내역을 살펴보면 최고급 자동차 휠이 12톤, 고급이 8톤, 일반이 5톤이다. 제1공장에서는 하루 운영비용으로 600만 원, 제2공장에서는 700만 원이 소요된다고 한다. 비용을 최소화하기 위해서 어떻게 생산해야 하는가에 대해 LP문제로 표현하고 LP 최소화 문제를 도해법으로 풀어라.

풀이

x_1을 제1공장 가동일수, x_2 을 제2공장 가동일수라고 할 때 목적함수와 제약조건은 다음과 같다.

최소화 $Z = 600x_1 + 700x_2$

$$\text{제약조건} \begin{cases} 6x_1 + 2x_2 \geq 12 \\ 2x_1 + 2x_2 \geq 8 \\ 4x_1 + 10x_2 \geq 5 \\ x_1 \geq 0,\ x_2 \geq 0 \end{cases}$$

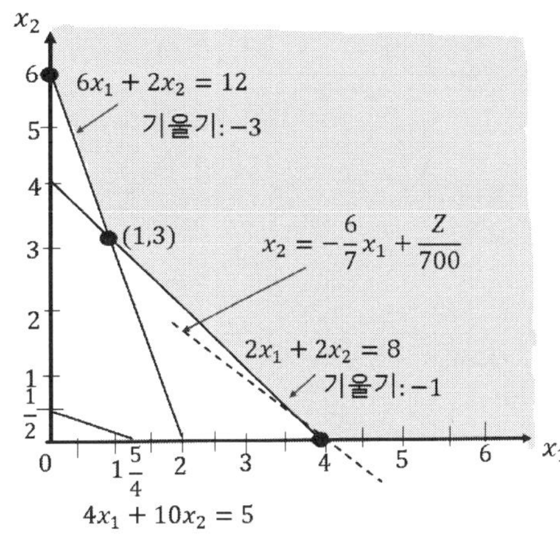

이를 그래프에 표시하면 다음과 같다.

가해영역상의 점(4, 0)에서 절편이 최소가 되며 최적해는
$Z = 600 \times 4 + 700 \times 0 = 2400$가 된다. 실제로 목적함수
$Z = 600x_1 + 700x_2$에서 극점 (0, 6), (4, 0), (1, 3)에서의 값을 계산해 보면

$$Z_1 = 600 \times 0 + 700 \times 6 = 4,200$$

$$Z_2 = 600 \times 4 + 700 \times 0 = 2,400$$

$$Z_3 = 600 \times 1 + 700 \times 3 = 2,700$$

따라서 (4, 0)에서 절편이 최소가 된다.

그러므로 제1공장에서 4일간 가동함으로써 자동차 휠 만드는 비용을 2400만원으로 최소화할 수 있다.

제 3 부

금융, 보험에의 응용

제 14 장
이자

14.1 원리금 함수와 실이율

금융이란 금전을 유효하게 활용할 수 있도록 융통하는 것이다. 즉 타인에게서 자금을 빌리거나 타인에게 자금을 빌려주는 행위를 말한다. 돈이 융통될 때 돈을 빌려주는 사람과 빌리는 사람 사이에 이자라는 대가가 발생하는데 금융거래에서는 돈과 증권 또는 채무증서가 교환되며 실물거래에서는 상품과 돈이 교환된다.

금융거래에서 금융자산과 금융부채가 발생하는데 고객의 입장에서 금융자산, 은행의 입장에서 금융부채이다. 국민경제 내에는 수입이 지출보다 더 큰 흑자 경제주체가 있는가 하면, 반대로 수입보다 지출이 더 큰 적자 경제주체도 있다. 이 둘 사이에 돈이 융통되는 것이 바로 금융이다. 돈의 융통과 관련된 금융시장과 금융기관 그리고 이들을 운영하는 법규 등을 포괄하여 금융제도(financial system)라고 한다.

처음 투입된 자본을 원금이라고 하며 돈을 빌린 사람이 일정 기간 돈을 빌려 쓴 것에 대해 지급하는 대가를 이자라고 한다. 그리고 이자의 원금에 대한 비율을 이자율 또는 금리라고 한다. 예를 들어 은행에 10만 원을 예금하고 1년 뒤에 11만 원을 받는다고 하자. 그러면 돈을 예금한 대가로 받은 1만 원이 이자이고, 이자 1만 원의 원금 10만 원에 대한 비율, 즉 10%가 예금금리이다.

그러면 이자(利子)라는 말은 어디서 유래하게 되었을까? 그 어원을 살펴보면 중국 사기(史記)에 농경사회에서 힘을 쓸 아들이 필요하고 가족을 이끄는 데 아들이 유리하다,

'아들(子)은 이롭다(利)'라는 데서 유래되었다고 한다.

한편 이자의 의미는 무엇일까? 첫째, 이자는 현재의 소비를 희생한 대가로서 의미를 가진다. 즉, 10만 원을 예금한 후 받게 될 이자는 10만 원으로 누릴 수 있는 영화관람, 외식, 옷 구입 등 현재 소비에 대한 만족감을 포기한 대가이다. 둘째, 이자는 금융거래를 하고 일정 기간이 지나면 발생하므로 이자는 돈의 시간가치로서의 의미를 가진다.

최초 원금이 투자되어 일정한 기간이 경과한 후 어느 시점에서 원리금이 확정된다. 원금이 투자기간 동안 추가되거나 인출되지 않는다고 가정하자.

정의 14.1

t 를 원금이 투자된 기간이라고 하자.

$a(t)$ 를 기간 t가 경과한 후 최초 투자금액 1에 대한 원리금이라고 하자. 여기서 $a(t)$를 원리금 비율함수, (원금이 1원인) 단위 종가함수(accumulation function)라고 한다.

[NOTE]

원리금 비율함수 $a(t)$의 성질

1. $a(0) = 1$, 즉 $t = 0$ 인 시점에서의 최초 원금은 1이다.
2. 일반적으로 이자의 역할 때문에 $a(t)$는 증가함수이다.
3. 이자가 연속적으로 발생한다면 $a(t)$는 연속함수이다. 반면 이자지급일 사이에 이자가 연속적으로 발생하지 않는다면 $a(t)$는 불연속함수이다.

정의 14.2

t 를 원금이 투자된 기간일 때 $A(t)$를 기간 t가 경과한 후 최초 투자금액 $k(k > 0)$에 대한 원리금이라고 하자. 여기서 $A(t)$를 원리금 함수, 종가함수(accumulation function)라고 한다.

예제 14.1

(원리금 함수의 예)

1. $y = 0.05x + 1$ 은 이자가 일정한 형태인 선형 원리금 함수이다.

2. $y = (1.15)^t(t \geq 0)$ 은 이자가 증가하는 형태인 원리금 함수이다.

3. $y = 1$ 은 이자가 발생하지 않는 형태인 원리금 함수이다.

4. $y = [x + 1]$은 이자가 연속적으로 늘어나지는 않으며 이자 지급일 사이에서는 이자가 발생하지 않고 유한 분할 전에서만 발생하는 형태인 원리금 함수이다.

(a) $y = 0.05x + 1$

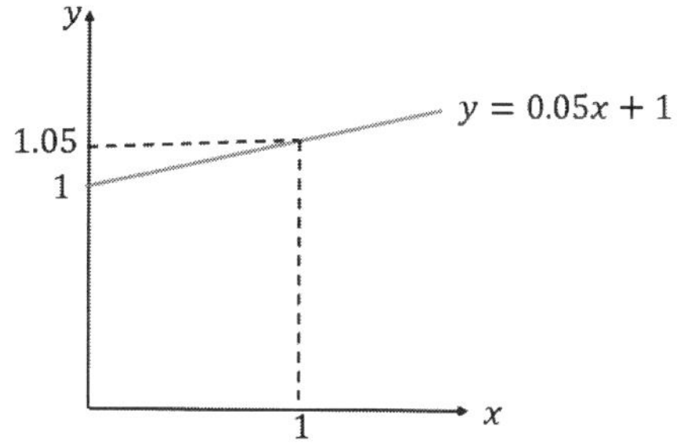

(b) $y = (1.15)^t(t \geq 0)$

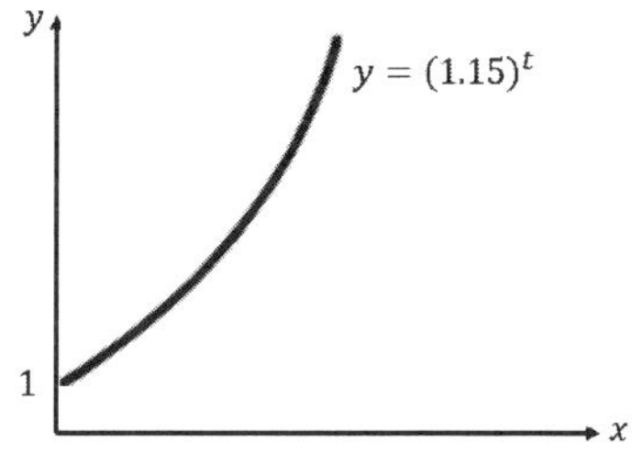

(c) $y = 1$

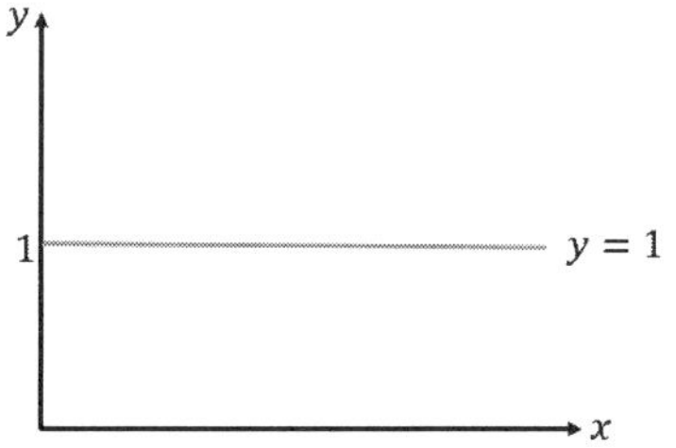

(d) $y = [x+1]$

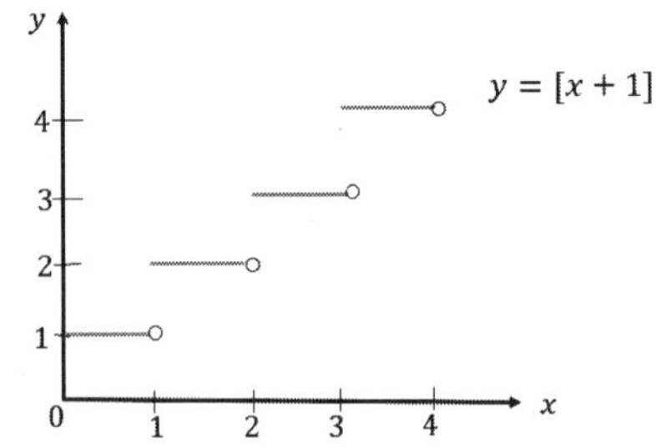

[NOTE]

$a(t)$를 원리금 비율함수, $A(t)$를 원리금 함수라고 하면 $A(t) = A(0)a(t)$를 만족한다.

예제 14.2

$A(t) = 3t^3 + 2t + 5$ 가 원리금 함수일 때 원리금 비율함수 $a(t)$를 구하여라.

풀이

$A(0) = 5$이므로 $A(t) = A(0) \times a(t) = 5a(t)$ 이다.

따라서 $a(t) = \frac{1}{5}A(t) = \frac{1}{5}(3t^3 + 2t + 5)$

여기서 $a(0) = 1$, $a(t)$ 는 연속이고, 증가함수이다.

정의 14.3

I_n 을 투자일로부터 $n-1$차년도와 n차년도 사이에 발생한 이자액이라고 정의한다.

즉, $I_n = A(n) - A(n-1), n \geqq 1$ 이다. 다시 말해 n번째 해의 이자 $=$ n번째 해의 말의 종가(원리금) $-$ n번째 해의 초의 원금이다. 여기서 $A(n)$은 지정된 시점에서의 금액이다.

I_n은 일정 기간이 경과한 후 이자의 효과를 포함한다. 그러나 I_n은 이자의 표준화된 측도가 아니며, 여러 투자 대상이 있을 때 어느 종목이 가장 유리한지를 찾는 기준이 되지 못한다. 이를 위해 실이율을 정의한다.

정의 14.4

연초에 투자한 단위 금액 원금 1원이 1년 동안 투자되었을 때 벌어들인 이자를 i로 쓰고 연간 실이율(effective rate of interest per annum)라고 한다. 이것은 이자에 대한 표준화된 측도이다.

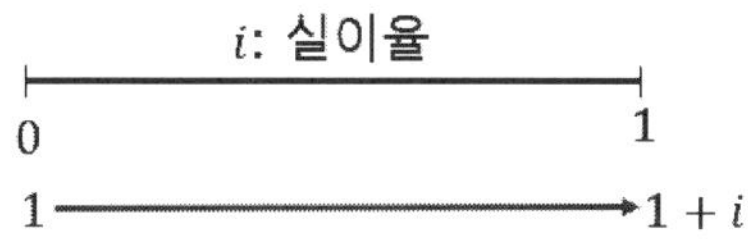

[NOTE]

$i = a(1) - a(0)$를 만족한다. 혹은 $a(1) = a(0) + i = 1 + i$

[NOTE]

실이율의 성질

- 실이율은 이자가 1년에 한 번 지급되는 경우의 이자율이다.
- 실이율은 백분율(%)을 이용하여 나타낸다. 예를 들어 $i = 5\%$ 는 원금 1단위당 0.05로 간주한다.
- 원금은 단위기간 동안 더 추가되거나 인출되지 않는 불변상태를 유지한다.
- 실이율은 이자가 그해 말에 지불되는 것으로 한다. 이자의 지급은 1년이 되는 시기에 지급한다.

정의 14.5

$$i_n = \frac{A(n) - A(n-1)}{A(n-1)} = \frac{I_n}{A(n-1)} = \frac{a(n) - a(n-1)}{a(n-1)}, (n \geq 1)$$

을 투자 시점으로부터 n번째 해에 발생한 실이율로 정의한다.

[NOTE]

$i_1 = \dfrac{a(1) - a(0)}{a(0)} = i$ 는 연간 실이율을 뜻한다.

예제 14.3

2000만 원을 투자하여 1차연도 말에 2012만 원, 2차 연도 말에 2024만 원, 3차연도 말에 2036만 원이 되었다고 한다.

1. 처음 발생한 이자를 구하여라.
2. 1차연도 말부터 2년간 발생한 이자를 구하여라.
3. 연차별 실이율을 구하여라.

풀이

1. $A(0) = 20,000,000$ 원, $A(1) = 20,120,000$ 원이므로 처음 발생한 이자는 $I_1 = A(1) - A(0) = 20,120,000 - 20,000,000 = 120,000$ 원이다.

2. 1차연도 말부터 2년간 발생한 이자는 $A(3) - A(1) = 20,360,000 - 20,120,000 = 240,000$ 원이다.

3. 연차별 실이율을 구해보면

$$i_1 = \frac{I_1}{A(0)} = \frac{120,000}{20,000,000} = 0.006$$

$$i_2 = \frac{I_2}{A(1)} = \frac{A(2) - A(1)}{A(1)} = \frac{120,000}{20,120,000} = 0.00596$$

$$i_3 = \frac{I_3}{A(2)} = \frac{A(3) - A(2)}{A(2)} = \frac{120,000}{20,240,000} = 0.00593$$

이다.

위의 예에서 실이율 i_n 은 n 이 증가함에 따라 감소하는데, 이것은 매해 이자는 일정하고 매해 초의 원금 $A(n)$ 이 증가하기 때문이다.

예제 14.4

20,000,000원을 투자하여 1차연도 말에 20,120,000원, 2차연도 말에 20,241,440원, 3차연도 말에 20,363,337원이 되었다고 한다.

1. 처음 발생한 이자를 구하여라.
2. 1차연도 말부터 2년간 발생한 이자를 구하여라.
3. 연차별 실이율을 구하여라.

풀이

1. $A(0) = 20,000,000$원, $A(1) = 20,120,000$원이므로 처음 발생한 이자는 다음과 같다.

   $I_1 = A(1) - A(0) = 20,120,000 - 20,000,000 = 120,000$원

2. 1차연도 말부터 2년간 발생한 이자는 다음과 같다.

   $A(3) - A(1) = 20,363,337 - 20,120,000 = 243,337$원

3. 연차별 실이율을 계산해보면 다음과 같다.

$$i_1 = \frac{I_1}{A(0)} = \frac{120,000}{20,000,000} = 0.006$$

$$i_2 = \frac{I_2}{A(1)} = \frac{A(2) - A(1)}{A(1)} = \frac{121,440}{20,120,000} = 0.006$$

$$i_3 = \frac{I_3}{A(2)} = \frac{A(3) - A(2)}{A(2)} = \frac{121,897}{20,241,440} = 0.006.$$

예제 14.5

$A(t) = 3000 + 200t + t^{1.5}, t \geq 0$ 일 때 다음을 구하여라.

1. $A(0)$
2. $a(t)$

3. I_1, I_2, I_3　　4. i_1, i_2, i_3

풀이

1. $A(0) = 3,000$

2. $a(t) = \frac{A(t)}{A(0)} = \frac{1}{3000}(3000 + 200t + t^{1.5}) = 1 + \frac{1}{15}t + \frac{1}{3000}t^{1.5}$

3. $I_1 = A(1) - A(0) = 3201 - 3000 = 201$

$I_2 = A(2) - A(1) = (3000 + 400 + 2^{1.5}) - 3201 = 201.8284$

$I_3 = A(3) - A(2) = (3000 + 600 + 3^{1.5}) - (3000 + 400 + 2^{1.5})$

$= 202.3677$

4. $i_1 = \frac{A(1) - A(0)}{A(0)} = \frac{3201 - 3000}{3000} = 0.067(6.7\%)$

$i_2 = \frac{A(2) - A(1)}{A(1)} = \frac{(3000 + 400 + 2^{1.5}) - 3201}{3201} = 0.0631(6.31\%)$

$i_3 = \frac{A(3) - A(2)}{A(2)} = \frac{(3000 + 600 + 3^{1.5}) - (3000 + 400 + 2^{1.5})}{3000 + 400 + 2^{1.5}}$

$= 0.0595(5.95\%)$.

예제 14.6

$a(t) = 1 + t^2, t \geq 0$ 일 때 몇 번째 해의 실이율이 30%가 되는가?

풀이

$$i_n = \frac{a(n) - a(n-1)}{a(n-1)} = \frac{1 + n^2 - (1 + (n-1)^2)}{(1 + (n-1)^2)} = \frac{2n - 1}{n^2 - 2n + 2} = 0.3$$

이므로 정리하면. $3n^2 - 6n + 6 = 20n - 10$을 만족한다.

인수분해하면 $(3n-2)(n-8)=0$이다. n 이 정수이므로 $n=8$이다.

따라서 8번째 해의 실이율이 30%가 된다.

14.2 단리

$a(t)$의 특수한 형태인 단리에 대하여 알아보자.

정의 14.6

단리(simple interest)하에서 연초에 투자한 단위 1에 대한 t년 후의 원리금은 $a(t)=1+it(t \geq 0$: 정수) 의 형태로 이자가 늘어난다. 즉 1차 연도 초에 투자한 단위 1에 대한 1년 후의 원리금이 $1+i$, 2년 후의 원리금이 $1+2i$, $\cdots$ 로 주어진다.

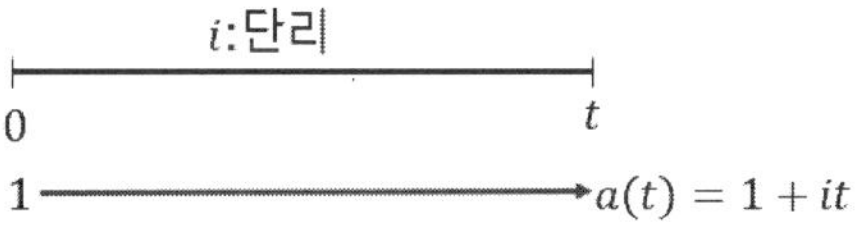

단리하에서의 이자는 자산운용의 기간이 아무리 길어도 그 원금이 증가하지 않은 것으로 하여 계산된 이자이며, 투자 기간 중에 부리된 이자는 재투자되지 않은 것으로 하여 계산된 이자로 볼 수 있다.

[NOTE]

단리 하에서 매년 얻어지는 이자는 일정하다.

<단리와 실이율과의 관계>

i가 단리이고 i_n 을 투자 시점으로부터 n번째 해 기간 동안의 실이율이라고 하면 $i_n=\dfrac{a(n)-a(n-1)}{a(n-1)}=\dfrac{1+in-(1+i(n-1))}{1+i(n-1)}=\dfrac{i}{1+i(n-1)}$ 으로 주어진다.

즉, n이 증가함에 따라 i_n은 감소한다. 고정된 단리 이율은 시간이 흐름에 따라 실이율은 감소한다. 이는 매년 부리되는 이자는 일정하지만 매년 초 원금이 증가하기 때문이다.

[NOTE]

k 를 최초 투자한 원금이고 $A(t)$를 t 시점에서 단리 하에서의 원리금이라고 하면 $A(t) = ka(t) = k(1 + it), t \geq 0$가 된다.

예제 14.7

1. 투자원금 2000만 원을 연이율 4.5% 단리로 3년간 투자했을 때 3년 후 원리금과 총 이자수익을 구하여라.
2. 투자원금에 단리 5% 이율이 적용된다고 할 때 실이율이 2.5%가 되는 해를 구하여라.

풀이

1. 3년 후 원리금은 $20,000,000 \times (1 + 0.045 \times 3) = 22,700,000$ 원

   총 이자 수익액은 $A(3) - A(0) = 22,700,000 - 20,000,000 = 2,700,000$ 원
2. $i_n = \dfrac{i}{1 + i \times (n-1)}$ 에서 $0.025 = \dfrac{0.05}{1 + 0.05 \times (n-1)}$

   따라서 투자원금에 단리 5% 이율이 적용된다고 할 때 실이율이 2.5%가 되는 해는 $n = 21$

   즉, 21차 연도의 실이율이 2.5%이다.

예제 14.8

1. 단리의 이율로 2,000만 원을 3년간 투자하여 이자 총액이 144만 원이 되었다. 단리율은 얼마인가?
2. 2,000만 원을 단리율 3.5%로 투자하여 2,399만 원이 되었다. 투자하여야 할 기간을 구하여라.

풀이

1. $20,000,000 \times (1+3i) = 21,440,000$ 원

   정리하면 $1+3i = \dfrac{2144}{2000} = 1.072$ 이므로 $i = \dfrac{0.072}{3} = 0.024$

   그러므로 단리율은 2.4% 이다.

2. $20,000,000 \times (1+0.035t) = 23,990,000$ 원

   $1+0.035t = \dfrac{2,399}{2,000} = 1.1995$ 이므로 $t = \dfrac{0.1995}{0.035} = 5.7$

   그러므로 투자하여야 할 기간은 약 5년 8개월이다.

1년 미만의 투자기간 동안 단리에 의한 원리금 계산법은 다음과 같다.

<단리 계산>

1. 정확한 단리: 분자에 정확한 일수, 분모에 365일 사용
2. 보통 단리: 분자에 한 달을 30일로 가정한 대략적인 수, 분모에 360일 사용
3. 은행 규칙: 분자에 정확한 일수, 분모에 360일 사용

1년 미만의 투자 기간 동안 단리로 원리금을 계산한다면 정확한 단리보다는 은행규칙이 유리하다. 유리하다는 의미는 같은 투자원금에 대해 원리금이 더 많은 경우를 말한다. 반면 보통단리와 은행규칙에 의한 원리금을 비교하면 투자기간에 2월이 포함된 경우에는 보통단리가 유리하고, 7, 8월이 포함된 경우에는 은행규칙이 유리하다.

다음의 예를 살펴보자.

예제 14.9

1000만 원을 7월, 8월 2개월 동안 4.5% 단리로 투자했을 때 원리금을 구하여라.

풀이

1. 정확한 단리일 때 원리금은

$$10,000,000 \times (1 + \frac{62}{365} \times 0.045) = 10,076,438 \text{원이다.}$$

2. 보통 단리일 때 원리금은

$$10,000,000 \times (1 + \frac{60}{360} \times 0.045) = 10,075,000 \text{원이다.}$$

3. 은행 규칙일 때 원리금은

$$10,000,000 \times (1 + \frac{62}{360} \times 0.045) = 10,077,500 \text{원이다.}$$

참고로 1,000만 원을 1월, 2월(평년) 동안 4.5% 단리로 투자했을 때 세 가지 경우의 원리금을 구해보자.

1. 정확한 단리일 때 원리금은

$$10,000,000 \times (1 + \frac{59}{365} \times 0.045) = 10,072,740 \text{원이다.}$$

2. 보통 단리일 때 원리금은

$$10,000,000 \times (1 + \frac{60}{360} \times 0.045) = 10,075,000 \text{원이다.}$$

3. 은행 규칙일 때 원리금은

$$10,000,000 \times (1 + \frac{59}{360} \times 0.045) = 10,073,750 \text{원이다.}$$

위의 예에서 보는 바와 같이 1월, 2월(평년) 동안 투자한다면 세 가지 경우중에서 보통 단리인 경우가 가장 유리하다. 그런데 만약 윤년이라면 1월, 2월 동안 투자할 경우 투자기간이 모두 60일로 계산되므로 보통단리와 은행규칙의 경우의 원리금이 같다.

14.3 복리

정의 14.7

복리(compound interest)는 일정 기간이 끝날 때마다 이자를 원금에 전입하여 이 합계를 다음 기간 초의 원금으로 하여 이자를 계산하는 방법이다.

즉, 원금 1원의 1년 후 원리금이 $1+i$, 2년 후의 원리금이 $1+i+i(1+i)=(1+i)^2$, 3년 후의 원리금이 $(1+i)^2+i(1+i)^2=(1+i)^3$, $\cdots$ 등등과 같이 원금 1원의 t년 후 원리금이 $a(t)=(1+i)^t(t \geq 0$: 정수) 의 형태로 이자가 늘어나는 경우 복리라 한다.

단리는 추가 이자소득을 위해 재투자되지 않지만, 복리에서는 이자소득이 자동적으로 재투자된다. 예를 들어 단리 10%로 3년간 100만 원을 투자하면 1차 연도 말의 원리금은 110만 원, 2차 연도 말의 원리금은 120만 원, 3차 연도 말의 원리금은 130만 원이 된다.

반면 복리 10%로 3년간 100만 원을 투자하면 1차 연도 말의 원리금은 110만 원으로 단리일 때와 같지만 2차 연도 말의 원리금은 110만 원에 이자 11만 원이 더해져서 121만 원, 3차 연도 말의 원리금은 121만 원에 이자 121,000원이 더해져 1,331,000원이 된다.

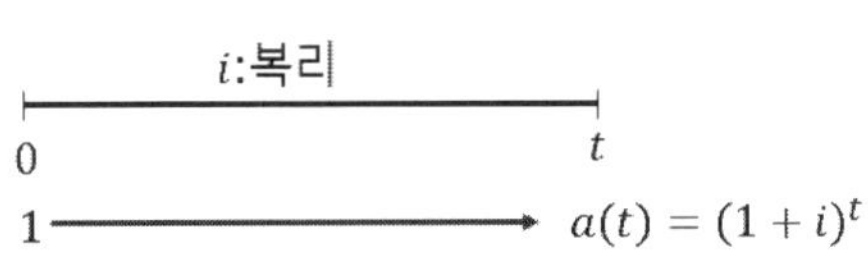

[NOTE]

최초 투자한 원금이 k원일 때 t 시점에서 복리 i 하에서의 원리금은

$$A(t)=ka(t)=k(1+i)^t \text{이 된다.}$$

예제 14.10

투자원금 2,000만 원을 연이율 4.5%인 복리로 투자할 때

1. 3년간 투자할 경우의 원리금과 총이자 수익을 구하여라.
2. 9개월간 투자할 경우의 원리금을 구하여라.

풀이

1. 3년간 투자할 경우의 원리금은 $20,000,000 \times (1+0.045)^3 = 22,823,323$ 원이다. 따라서 3년간 투자할 경우의 총이자 수익은

$$A(3) - A(0) = 22,823,323 - 20,000,000 = 2,823,323\text{원이다.}$$

2. 9개월간 투자할 경우의 원리금은

$$20,000,000 \times (1+0.045)^{0.75} = 20,671,273 \text{ 원이다.}$$

예제 14.11

투자원금 100만 원을 연이율 10%로 투자할 때 단리와 복리인 경우 I_1, I_2, I_3 과 i_1, i_2, i_3 을 각각 구하여라.

1. 단리일 때

$$I_1 = A(1) - A(0) = 1,100,000 - 1,000,000 = 100,000$$

$$I_2 = A(2) - A(1) = 1,200,000 - 1,100,000 = 100,000$$

$$I_3 = A(3) - A(2) = 1,300,000 - 1,200,000 = 100,000$$

$$i_1 = \frac{A(1) - A(0)}{A(0)} = \frac{100,000}{1,000,000} = 0.1$$

$$i_2 = \frac{A(2) - A(1)}{A(1)} = \frac{100,000}{1,100,000} = 0.0909$$

$$i_3 = \frac{A(3) - A(2)}{A(2)} = \frac{100,000}{1,200,000} = 0.083$$

따라서 단리 하에서의 실이율은 감소한다.

2. 복리일 때

$$I_1 = A(1) - A(0) = 1,100,000 - 1,000,000 = 100,000$$

$$I_2 = A(2) - A(1) = 1,210,000 - 1,100,000 = 110,000$$

$$I_3 = A(3) - A(2) = 1,331,000 - 1,210,000 = 121,000$$

$$i_1 = \frac{A(1) - A(0)}{A(0)} = \frac{100,000}{1,000,000} = 0.1$$

$$i_2 = \frac{A(2) - A(1)}{A(1)} = \frac{110,000}{1,100,000} = 0.1$$

$$i_3 = \frac{A(3) - A(2)}{A(2)} = \frac{121,000}{1,210,000} = 0.1.$$

단리 하에서는 실이율이 감소하지만 복리 하에서 매년 이자는 증가하나 연간 실이율은 일정하다. 이것이 복리의 특징이다.

<복리 하에서의 실이율>

실제로 t 시점에서 복리 i 하에서의 원리금은 $a(t) = (1+i)^t$, $t \geq 0$ 이므로 복리 하에서 실이율 i_n을 계산하면

$$i_n = \frac{a(n) - a(n-1)}{a(n-1)} = \frac{(1+i)^n - (1+i)^{n-1}}{(1+i)^{n-1}} = i \text{ 가 된다.}$$

즉, 복리 하에서 실이율 i_n은 n에 관계없이 i로서 일정하다.

예제 14.12

2,000만 원을 복리 4.5%로 투자할 때 투자 일을 기준으로 5년부터 10년 사이에 벌어들인 이자 총액을 구하여라.

풀이

이자 총액은

$20,000,000 \times (1+0.045)^{10} - 20,000,000 \times (1+0.045)^{4} = 7,209,016$ 원이다.

예제 14.13

1. 복리의 이율로 2,000만 원을 3년간 투자하여 이자 총액이 144만 원이 되었다. 복리율은 얼마인가?
2. 2,000만 원을 복리율 3.5%로 투자하여 2,399만 원이 되었다면 투자하여야 할 기간은 얼마인가?

풀이

1. $20,000,000 \times (1+i)^3 = 21,440,000$ 원

   정리하면 $(1+i)^3 = \dfrac{2,144}{2,000} = 1.072$ 이므로

   $$i = (1.072)^{\frac{1}{3}} - 1 = 0.0234 \text{이다.}$$

   그러므로 복리율은 $i = 2.34\%$

2. $20,000,000 \times (1+0.035)^t = 23,990,000$ 원

   $(1.035)^t = \dfrac{2,399}{2,000} = 1.1995$

   따라서 $t\ln(1.035) = \ln(1.1995)$ 이므로

   $$t = \frac{\ln(1.1995)}{\ln(1.035)} = 5.29.$$

그러므로 투자하여야 할 기간은 약, 5년 3개월이다.

예제 14.14

복리 4.8%의 이자율을 제공하는 정기예금에 가입하였다. 현재 가지고 있는 원금을 두 배로 늘리기 위해서는 얼마를 기다려야 할까?

풀이

원금이 두 배가 될 때의 기간을 t라 하면 $(1.048)^t = 2$ 가 된다. 양변에 로그를 취하면 $\ln 2 = \ln(1.048)^t = t\ln(1.048)$ 가 된다.

$$\text{따라서 } t = \frac{\ln 2}{\ln(1.048)} \approx 14.78 \text{ 이다.}$$

따라서 원금을 두 배로 불리는 데 약 14년 9개월이 걸린다.

예제 14.15

단리 이율 4% 하에서 원금은 n년 후에 2배가 된다. 복리 이율 i하에서는 원금은 n년 후에 3배가 된다고 할 때 복리 이율을 구하여라.

풀이

단리 이율 4% 하에서 원금은 n년 후에 2배가 되고, 복리 이율 i하에서는 원금은 n년 후에 3배가 되므로 다음 식이 성립한다.

$$\begin{cases} 1 + 0.04n = 2 \\ (1+i)^n = 3 \end{cases}$$

첫 번째 식에서 $0.04n = 1$이므로 $n = 25$이 된다. 두 번째 식에 대입하면 $(1+i)^{25} = 3$이다.

$$\text{따라서 } i = 3^{\frac{1}{25}} - 1 = 0.0449 \text{ 이다.}$$

단리와 복리의 비교

단리 이율 i과 복리 이율 i 로 투자했을 경우 어느 것이 더 높은 수익률을 얻는가?

단리 이율 i과 복리 이율 i 하에서의 단위 종가함수

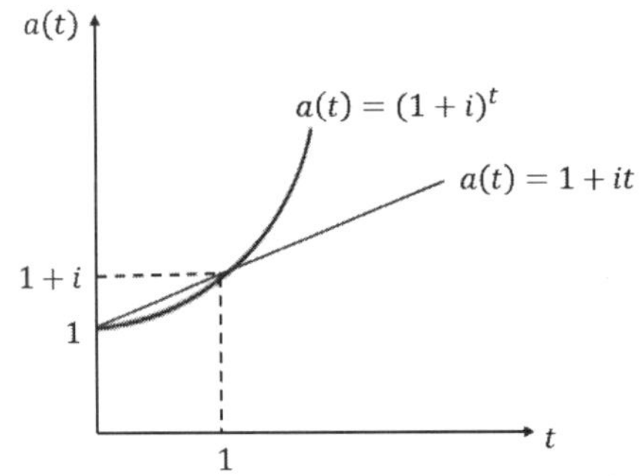

$(1+i)^t < 1+it(0<t<1)$ 이고, $(1+i)^t \geq 1+it(t \geq 1)$ 이다.

따라서 단리 이율 i과 복리 이율 i 로 투자했을 경우 $t>1$ 에서는 단리보다는 복리하에서의 수익률이 높고, $0<t<1$ 에서는 복리보다는 단리 하에서의 수익률이 높다.

그래서 복리는 일 년 또는 그 이상의 기간에 걸쳐 거의 모든 금융거래에 사용되고, 1년보다 짧은 금융거래에서는 가끔 단리가 사용된다.

14.4 현가

종가(원리금)는 "현재 원금이 투자되어서 미래에 원리합계가 얼마인가?" 하는 개념인데 반해 현가(할인)는 "미래에 x 원을 얻기 위해서 현재 얼마나 투자해야 하는가"하는 개념이다.

예제14.10에서 2,000만 원을 복리 4.5%로 3년간 투자할 경우의 원리금은 22,823,323원이다. 이것은 복리 4.5%로 3년간 투자하여 22,823,323을 만들기 위해 현재 투자해야 할 금액은 2,000만 원이라는 의미이다.

연초에 투자한 1원에 대한 연말의 원리금은 $1+i$원이다. 여기서 $1+i$를 적립인수라고 한다. 그리고 $(1+i)^{-1}(1+i)=1$이기 때문에 연말에 1원을 받기 위해 지금 투자해야 할 금액은 $(1+i)^{-1}$이다. 여기서 $v=(1+i)^{-1}$를 할인인수라고 한다.

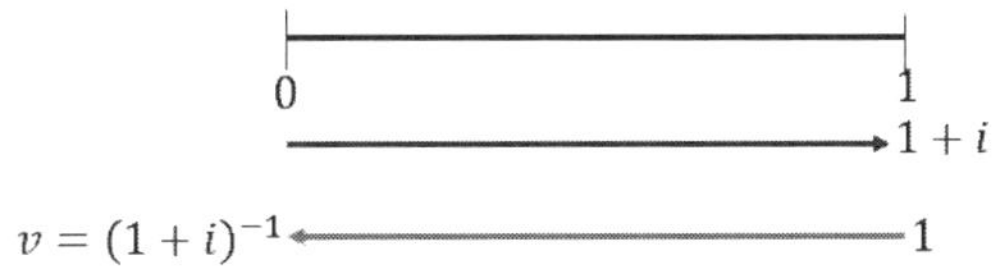

정의 14.8

미래의 1원을 얻기 위해서 현재 투자하여야 하는 금액을 단위 현가(할인) 함수 (discount function)라고 한다.

[NOTE]

연초에 투자한 1원에 대한 t년 후 원리금은 $a(t)$이다. 그리고 $\dfrac{1}{a(t)} \times a(t) = 1$이기 때문에 t년 후 1원을 받기 위해 지금 투자해야 할 금액은 $\dfrac{1}{a(t)}$이다.

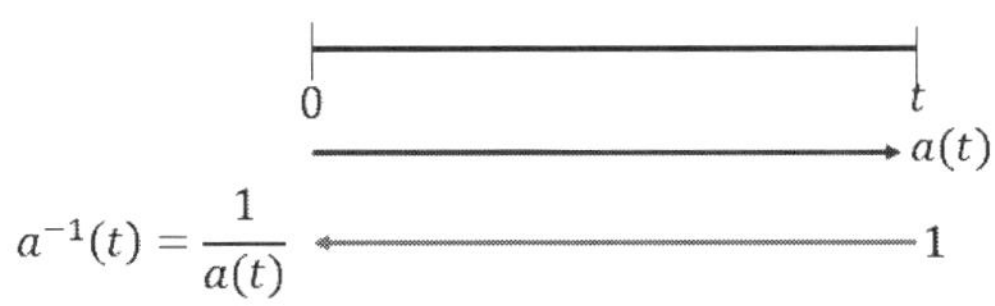

여기서 $a^{-1}(t)=\dfrac{1}{a(t)}$를 단위할인함수(현가 함수)라고 한다.

[NOTE]

1. 단리 하에서 단위할인함수는

$$a^{-1}(t)=\frac{1}{a(t)}=\frac{1}{1+it}$$

이다. 즉, 단리 하에서 t 년도 말의 원리금이 1원이 되도록 하기 위해 현재 투자해야 할 금액은

$$\frac{1}{1+it}$$

이다. 또한 단리 하에서 t 년도 말의 원리금이 k원이 되도록 하기 위해 현재 투자해야 할 금액은

$$ka^{-1}(t) = \frac{k}{a(t)} = \frac{k}{1+it}$$

이다.

2. 복리 하에서 단위할인함수는

$$a^{-1}(t) = \frac{1}{a(t)} = \frac{1}{(1+i)^t} = (1+i)^{-t}$$

이다. 즉, 복리 하에서 t 년도 말의 원리금이 1원이 되도록 하기 위해 현재 투자해야 할 금액은

$$(1+i)^{-t}$$

이다. 또한 복리 하에서 t 년도 말의 원리금이 k원이 되도록 하기 위해 현재 투자해야 할 금액은

$$ka^{-1}(t) = \frac{k}{a(t)} = k(1+i)^{-t} = kv^t$$

이다.

예제 14.16

5년 후 1억 원을 마련하기 위해 지금 투자해야 할 금액을 단리 4.5%일 때와 복리 4.5%일 때 각각 구하여라.

풀이

1. 단리 4.5%일 때 지금 투자해야 할 금액은

$$100,000,000 \times (1+0.045\times 5)^{-1} = 81,632,653 \text{ 원이다.}$$

2. 복리 4.5%일 때 지금 투자해야 할 금액은

$$100,000,000 \times (1+0.045)^{-5} = 80,245,105 \text{원이다.}$$

예제 14.17

실이율이 5%일 때 3년 후 5,000만 원을 받기로 되어있는 은행 정기예금에 가입했다면 이의 현재가치는 얼마나 될까?

풀이

이것은 3년 후 5,000만 원의 현가를 구하는 문제이다.

$$\text{현가는 } 50,000,000 \times (1.05)^{-3} = 43,191,880 \text{원이다.}$$

14.5 실할인율

정의 14.9

실할인율은 연도 초에 투자되고 동시에 투자 시점에서 받는다고 할 때 이자의 측정 단위이다.

$$\text{즉, 실할인율은 } \frac{\text{연도말잔액} - \text{연도초잔액}}{\text{연도말잔액}} \text{이다. } d\text{로 표기한다.}$$

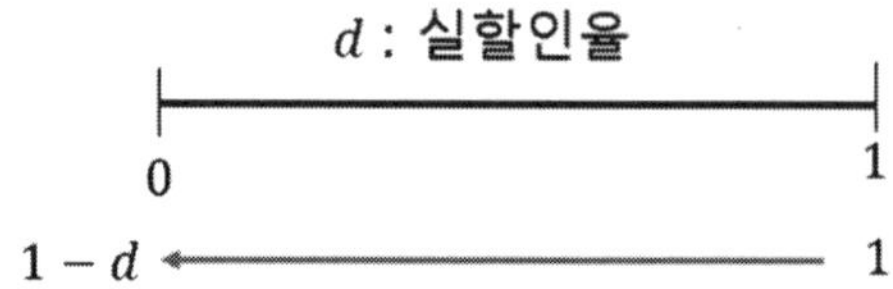

앞서 살펴본 바와 같이 실이율은 연도 초의 투자에 대한 연도 말에 지급될 이자의 측정 단위이다.

$$\text{즉, 실이율은 } \frac{\text{연도말잔액} - \text{연도초잔액}}{\text{연도초잔액}} \text{이다.}$$

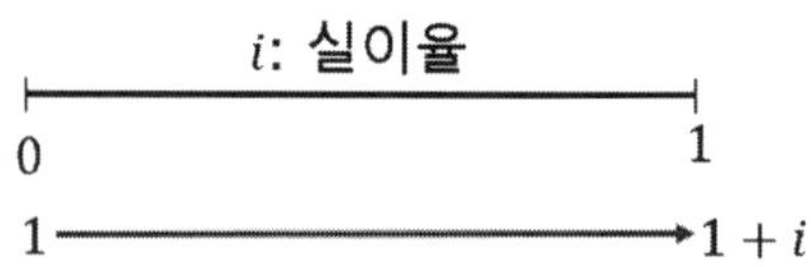

실이율에서 이자는 연초의 잔고에 대해 연말에 지급되는 금액이고 실할인율에서 할인은 연말의 잔고에 대해 연초에 지급되는 금액이다.

예를 들어 A씨가 은행에서 10% 실이율로 1년 동안 100만 원을 빌리면 은행은 A씨에게 100만 원을 주고 연도 말에 110만 원을 받는다. 반면 A씨가 은행에서 10% 실할인율로 1년 동안 100만 원을 빌리면 은행은 갑에게 90만 원을 주고 연도 말에 100만 원을 받는다.

정의 14.10

최초 투자일로부터 n 번째 해 동안의 실할인율을 d_n 이라 한다.

$$\text{즉, } d_n = \frac{a(n) - a(n-1)}{a(n)} = \frac{A(n) - A(n-1)}{A(n)} = \frac{I_n}{A(n)}, (n \geq 1)$$

으로 정의된다.

참고로, $i_n = \dfrac{a(n) - a(n-1)}{a(n-1)}, (n \geq 1)$ 이다.

즉, 실할인율은 n 번째 해에 부리된 이자를 그해 말의 종가로 나눈 것이고, 실이율은 n 번째 해에 부리된 이자를 그해 초의 원금으로 나눈 것을 말한다.

[NOTE]

<단리, 복리와 실할인율과의 관계>

1. i 가 단리이고 d_n 을 투자 시점으로부터 n 번째 해 기간 동안의 실할인율이라고 하면
$$d_n = \frac{a(n) - a(n-1)}{a(n)} = \frac{1 + in - (1 + i(n-1))}{1 + in} = \frac{i}{1 + in}$$
로 주어진다. 단리 하에서 실할인율 d_n 은 n 이 증가함에 따라 감소한다.

2. i 가 복리이고 d_n 을 투자 시점으로부터 n 번째 해 기간 동안의 실할인율이라고 하면
$$d_n = \frac{a(n) - a(n-1)}{a(n)} = \frac{(1+i)^n - (1+i)^{n-1}}{(1+i)^n} = \frac{i}{1+i} = d$$
따라서 복리 하에서 n 번째 실할인율 d_n 은 n 에 관계없이 d 로 일정하다.

3. i 가 단리이고 d_n 을 투자 시점으로부터 n 번째 해 기간 동안의 실할인율이라고 하면
$$d_n = \frac{i}{1 + in}$$
이므로
$$i = \frac{d_n}{1 - nd_n}$$

이다. 따라서 고정된 n번째 해 기간 동안의 실할인율 d_n 에 대해 n 이 증가함에 따라 실이율 i는 증가한다. 반면 i가 단리일 때 n번째 해 기간 동안의 실이율은

$$i_n = \frac{i}{1+i(n-1)}$$

이므로 고정단리율 i 하에서 n 이 증가함에 따라 실이율은 감소한다.

[NOTE]

$v = \dfrac{1}{1+i}$는 1년 후 1원을 얻기 위해서 현재 투자되어야 하는 금액이다. 그리고 d가 실할인율일 때 1년 후 1원을 얻기 위해서 현재 투자되어야 하는 금액은 $1-d$원이다. 따라서 $v = 1-d$가 된다.

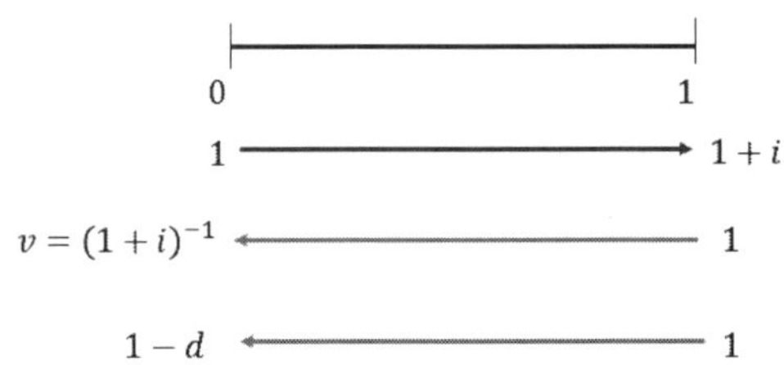

$d = 1-v$이므로 실이율을 고정된 복리로 취하면 복리 하에서 실이율이 상수이므로 실할인율도 상수가 된다.

정의 14.11

두 가지 이율 또는 할인율이 동일한 기간 동안 동일한 원금이 투자되었을 때 동일한 원리금을 받게 될 때 상등이라 한다.

[NOTE]

1. 실이율이 i , 실할인율이 d라고 하자.

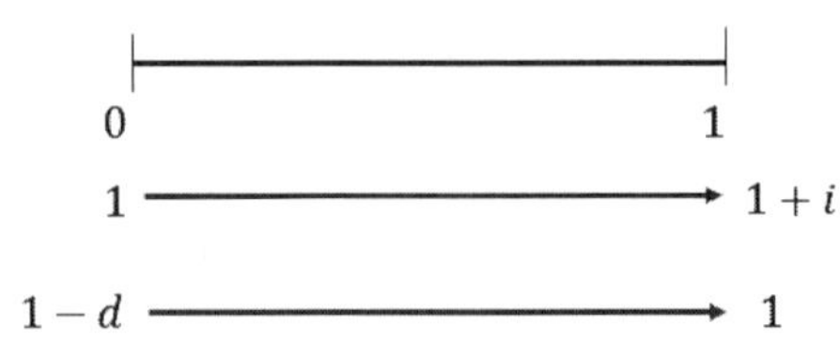

즉, 채무자가 실할인율 d로 연초에 1을 빌리는 경우에 실수령액은 $1-d$ 이고 이 원금에 대한 연말의 원리금이 1이다. 그러므로 $(1-d)(1+i)=1$를 만족한다.

따라서 $1+i=\dfrac{1}{1-d}$ 이다. 정리하면 $i=\dfrac{d}{1-d}(=\dfrac{d}{v})$가 된다.

즉, 실이율은 실수령액에 대한 이자의 비율이다.

2. $(1-d)(1+i)=1$에서 $1-d=\dfrac{1}{1+i}$이다. 정리하면 $d=\dfrac{i}{1+i}=iv$ 이다.

즉, 복리 하에서 1년 후의 i원의 현가가 d원이다.

실할인율은 연말의 원리금에 대한 이자의 비율이다. 다시 말해 연도 초에 지불된 이자 평가액은 연도 말에 지불된 이자 평가액과 할인인수의 곱과 같다. 혹은 1년 후 i원의 복리 하에서의 현가가 d 원이다.

예제 14.18

연 6.5%의 이율로 1000만 원을 1년간 투자할 때 다음을 구하여라.

1. 1년 후의 원리금　　2. 할인인수　　3. 실할인율

풀이

1. $i=0.065$ 이므로 1년 후의 원리금은

$$A(1)=10,000,000(1+0.065)=10,650,000$$이다.

2. 할인인수는 $v=\dfrac{1}{1+i}=\dfrac{1}{1+0.065}\approx 0.93897$ 이다.

3. 실할인율은 $d=\dfrac{i}{1+i}=\dfrac{0.065}{1+0.065}\approx 0.061$이다.

예제 14.19

은행으로부터 1년간 사용하기로 하고 약정하고 실이율 5.5%로 1000만 원을 빌렸다. 연초에 융자금을 차용함과 동시에 이자를 지불한다고 할 때 실할인율과

지급해야 할 할인금액을 구하여라.

풀이

실이율이 $i = 0.055$이므로 실할인율은

$$d = \frac{i}{1+i} = \frac{0.055}{1+0.055} \approx 0.0521$$

이다. 그리고 연말에 지급해야 할 이자는

$$10,000,000 \times 0.055 = 550,000$$

이다. 가정에서 연초에 융자금을 차용함과 동시에 이자를 지불하므로 연초에 지불할 할인금액은 1년 후 550,000원의 현가를 구하면 된다. 따라서 구하고자 하는 할인금액은

$$550,000 \times v = \frac{550,000}{1+0.055} = 521,327 \text{ 원}$$

이 된다.

[**NOTE**]

1. 단리할인 하의 단위 할인함수.

   단리할인 d하에서 1년 후 원리금 1원의 현가는

$$1 - d,$$

   단리할인 d하에서 2년 후 원리금 1원의 현가는

$$(1-d) - d = 1 - 2d,$$

   단리할인 d하에서 3년 후 원리금 1원의 현가는

$$(1-2d) - d = 1 - 3d,$$

이 방법을 계속하면 단리할인 d하에서 t년 후 원리금 1원의 현가는

$$a^{-1}(t) = (1 - dt)(0 \le t \le \frac{1}{d})$$

가 된다. 단리할인 d하에서는 매년 할인되는 할인액은 d로 일정하다.

2. 복리할인 하에서 단위 할인함수.

복리할인 d하에서 1년 후 원리금 1원의 현가는

$$1 - d,$$

복리할인 d하에서 2년 후 원리금 1원의 현가는

$$1 - d - d(1 - d) = (1 - d)^2,$$

복리할인 d하에서 3년 후 원리금 1원의 현가는

$$(1 - d)^2 - d(1 - d)^2 = (1 - d)^3,$$

이 방법을 계속하면 복리할인 d하에서 t년 후 원리금 1원의 현가는

$$a^{-1}(t) = (1 - d)^{t-1} - d(1 - d)^{t-1} = (1 - d)^t$$

이 된다.

예제 14.20

5년 후 1억 원을 마련하기 위해 지금 투자해야 할 금액은 얼마인가?

1. 단리할인 4%일 때
2. 복리할인 4%일 때

풀이

1. 단리할인 4%일 때 지금 투자해야 할 금액은

$$100,000,000 \times (1 - 0.04 \times 5) = 80,000,000 \text{ 원}$$

이다.

2. 복리할인 4%일 때 지금 투자해야 할 금액은

$$100,000,000 \times (1-0.04)^5 = 81,537,270 \text{ 원}$$

이다.

[NOTE]

단리할인 d하에 원리금은

$$a(t) = \frac{1}{a^{-1}(t)} = \frac{1}{1-dt} \ (0 \le t \le \frac{1}{d})$$

이고 복리할인 d하에 원리금은

$$a(t) = \frac{1}{a^{-1}(t)} = \frac{1}{(1-d)^t}$$

가 된다.

예제 14.21

1억 원을 5년간 투자한다고 할 때 단리할인 4.5%와 복리할인 4.5% 적용할 때 각각의 5차연도 말의 종가를 구하여라.

풀이

1. 단리할인 4.5%일 때 종가는

$$100,000,000 \times (1-5 \times 0.045)^{-1} = 129,032,258 \text{원이다.}$$

2. 복리할인 4.5%일 때 종가는

$$100,000,000 \times (1-0.045)^{-5} = 125,887,655 \text{원이다.}$$

[NOTE]

투자기간이 1년 미만인 경우는 단리할인보다 복리할인의 경우 적은 현가를 산출, 1년 이상인 경우는 복리할인보다 단리할인의 경우 적은 현가를 산출한다.

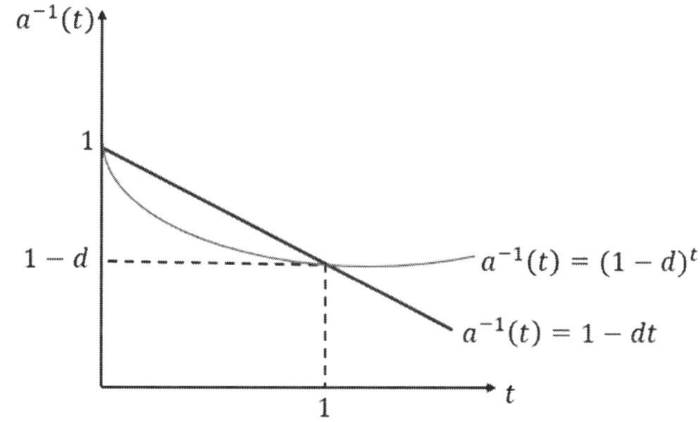

14.6 명목이율

정의 14.12 명목이율(nominal rate of interest)

$i^{(m)}$이 매년 m번 지불 가능한 명목이율 ($m > 1$: 정수) 이라고 하는 것은 이자 전환횟수가 m번, 이자전환기간(i. c. p.)은 $\frac{12}{m}$(개월) 그리고 한 기간 내에 m등분된 각 기간의 이율은 $\frac{i^{(m)}}{m}$이다.

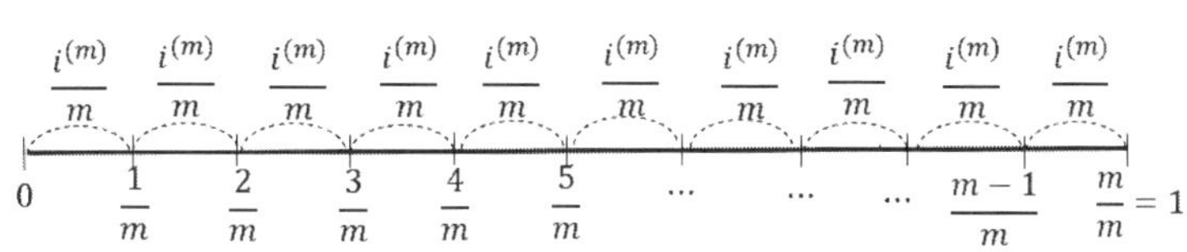

[예]

1. $i^{(2)} = 0.1$ 이란 이자전환기간이 $\frac{12}{2} = 6$(개월)이고, 6개월간의 실이율은

$$\frac{i^{(2)}}{2} = 0.05$$

이다.

2. 분기단위로 전환가능한 8%의 명목이율, 즉 $i^{(4)} = 0.08$ 이란 이자전환기간이

$$\frac{12}{4} = 3 \text{ (개월)}$$

이고, 매 분기별 즉 3개월간의 실이율은

$$\frac{i^{(4)}}{4} = 0.02$$

이다.

정리 14.1 i와 $i^{(m)}$과의 관계

실이율 i와 명목이율 $i^{(m)}$에 대해

$$i^{(m)} = m[(1+i)^{\frac{1}{m}} - 1]$$

이다.

증명

$i^{(m)}$을 매년 m번 지불 가능한 명목이율 ($m > 1$: 정수) 이라고 하면 $\frac{i^{(m)}}{m}$ 이 한 기간 내에 m 등분된 각 기간의 이율이다. 따라서 1년의 m 등분 첫 번째 기말의 원리금은

$$1 + \frac{i^{(m)}}{m},$$

1년의 m 등분 두 번째 기말의 원리금은

$$1 + \frac{i^{(m)}}{m} + \frac{i^{(m)}}{m}(1 + \frac{i^{(m)}}{m}) = (1 + \frac{i^{(m)}}{m})^2$$

1년의 m 등분 세 번째 기말의 원리금은

$$(1 + \frac{i^{(m)}}{m})^2 + \frac{i^{(m)}}{m}(1 + \frac{i^{(m)}}{m})^2 = (1 + \frac{i^{(m)}}{m})^3$$

이 방법을 계속하면 1년의 m 등분 m 번째 기말의 원리금, 즉 1년 후 원리금은

$$(1 + \frac{i^{(m)}}{m})^{m-1} + \frac{i^{(m)}}{m}(1 + \frac{i^{(m)}}{m})^{m-1} = (1 + \frac{i^{(m)}}{m})^m$$

이 된다. 따라서

$$1 + i = (1 + \frac{i^{(m)}}{m})^m$$

이다.

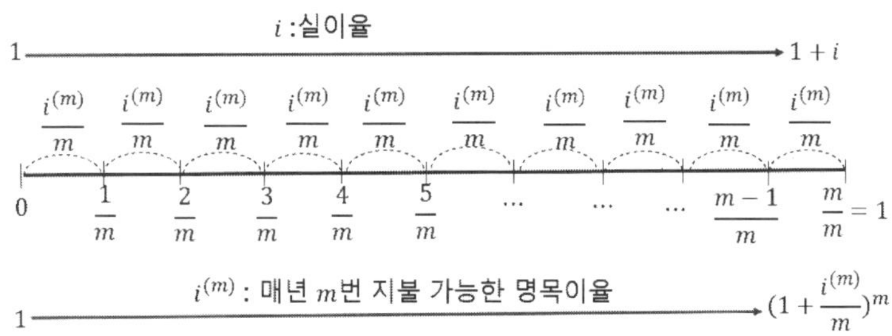

$1 + i = (1 + \frac{i^{(m)}}{m})^m$ 에서

$$(1 + i)^{\frac{1}{m}} = 1 + \frac{i^{(m)}}{m}$$

이므로

$$i^{(m)} = m[(1 + i)^{\frac{1}{m}} - 1]$$

이 된다.

예제 14.22

분기별로 지급된 5.2%의 명목이율에 대해 3개월간의 실이율과 연간 실이율 i를 구하여라.

풀이

$i^{(4)} = 0.052$ 이므로 3개월간의 실이율은

$$\frac{i^{(4)}}{4} = \frac{0.052}{4} = 0.013$$

이고 이자 전환기간은

$$\frac{12}{4} = 3 \text{ 개월}$$

이다. $1+i=(1+\frac{i^{(4)}}{4})^4$ 이므로

$$i=(1+\frac{i^{(4)}}{4})^4-1=(1+0.013)^4-1=0.053$$

이다.

예제 14.23

분기별 명목이율 $i^{(4)}=8\%$ 에 대한 월별 명목이율 $i^{(12)}$를 구하여라.

풀이

정리14.1에 의해

$$(1+\frac{i^{(4)}}{4})^4=1+i=(1+\frac{i^{(12)}}{12})^{12}$$

이다. 따라서

$$1+\frac{i^{(12)}}{12}=(1+\frac{i^{(4)}}{4})^{\frac{1}{3}}=(1+\frac{0.08}{4})^{\frac{1}{3}}=(1.02)^{\frac{1}{3}}$$

가 성립한다. 정리하면

$$i^{(12)}=12[(1.02)^{\frac{1}{3}}-1]=0.0795$$

이다.

[NOTE]

$i^{(m)}$을 매년 m번 지불 가능한 명목이율이라고 하면 $\frac{i^{(m)}}{m}$ 이 한 기간 내에 m 등분된 각 기간의 이율이다. 따라서 원금 1원의 t년 후 원리금은 $a(t)=(1+\frac{i^{(m)}}{m})^{mt}$가 된다.

예제 14.24

분기별로 전환 가능한 8.4%의 명목이율로 투자된 3,000만 원의 원리금을 구하여라.

1. 9개월 후 원리금　　　　　　　　2. 10년 후 원리금

풀이

분기 단위로 전환 가능한 8.4%의 명목이율이므로 $i^{(4)} = 0.084$ 이다.

따라서 3개월간의 실이율은

$$\frac{i^{(4)}}{4} = 0.021 \text{ 이고 이자전환기간은 } \frac{12}{4} = 3\text{개월이다.}$$

따라서

9개월 후 원리금은

$$30,000,000(1+\frac{i^{(4)}}{4})^3 = 30,000,000(1+0.021)^3 = 31,929,968\text{원.}$$

10년 후 원리금은

$$30,000,000(1+\frac{i^{(4)}}{4})^{4\times 10} = 30,000,000(1+0.021)^{40} = 68,889,168\text{원.}$$

예제 14.25

A 씨는 고리대금업자로부터 100만 원을 연리 30%로 1년간 빌리기로 결정했다. 금리를 일일 복리로 계산할 경우 A씨가 1년간 실제로 부담해야 하는 금리는 얼마일까?

풀이

$i^{(365)} = 0.3$ 이므로 하루 동안의 실이율은

$$\frac{i^{(365)}}{365} = \frac{0.3}{365}$$

이다. 그러므로 A 씨가 고리대금업자에게 1년 후 갚아야할 금액은

$$Q = 1,000,000(1+\frac{0.3}{365})^{365} \approx 1,349,692$$

원이며 실질적으로 부담하는 연이자율은 34.97% 이다.

예제 14.26

분기별 명목이율이 12%일 때 연간 실이율 i, 반기별 명목이율 $i^{(2)}$, 월별 명목이율 $i^{(12)}$, 주별 명목이율 $i^{(52)}$, 일별 명목이율 $i^{(365)}$를 구하여라.

풀이

$i^{(4)} = 0.12$ 이므로

$$i = (1 + \frac{i^{(4)}}{4})^4 - 1 = (1 + \frac{0.12}{4})^4 - 1 = (1.03)^4 - 1 = 0.1255$$

이다. $1 + i = (1 + \frac{i^{(m)}}{m})^m$ 이므로

$$i^{(m)} = m[(1+i)^{\frac{1}{m}} - 1]$$

이다.

- $m = 2$ 이면 $i^{(2)} = 2[(1+i)^{\frac{1}{2}} - 1] = 2[(1+0.1255)^{\frac{1}{2}} - 1] = 0.1218$
- $m = 12$ 이면 $i^{(12)} = 12[(1+i)^{\frac{1}{12}} - 1] = 12[(1+0.1255)^{\frac{1}{12}} - 1] = 0.1188$
- $m = 52$ 이면 $i^{(52)} = 52[(1+i)^{\frac{1}{52}} - 1] = 52[(1+0.1255)^{\frac{1}{52}} - 1] = 0.1184$
- $m = 365$ 이면 $i^{(365)} = 365[(1+i)^{\frac{1}{365}} - 1] = 365[(1+0.1255)^{\frac{1}{365}} - 1] = 0.1182$.

[NOTE]

예제14.26에서 보듯이

$$i = i^{(1)} > i^{(2)} > i^{(4)} > i^{(12)} > i^{(52)} > i^{(365)}$$

이다. 일반적으로 m이 증가할수록 $i^{(m)}$ 은 감소한다.

14.7 명목할인율

정의 14.13 명목할인율(nominal rate of discount)

$d^{(m)}$이 한 기간 당 m번 지불 가능한 명목할인율이라는 것은 이자 전환횟수가 m번, 이자전환기간(i.c.p.)은 $\frac{12}{m}$(개월) 그리고 한 기간 내에 m등분된 각 기간의 실할인율은 $\frac{d^{(m)}}{m}$ 이다.

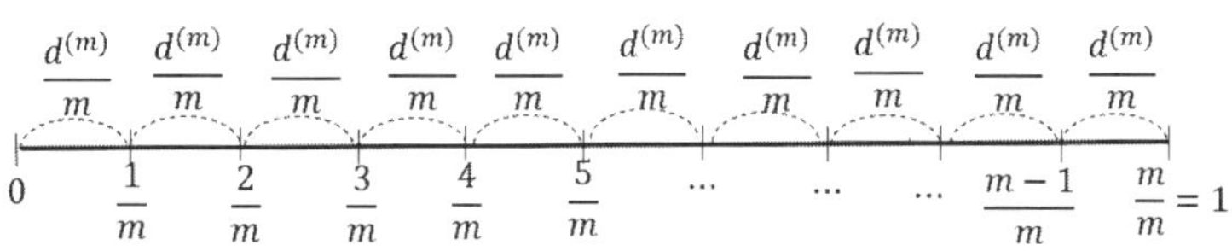

정리 14.2 d와 $d^{(m)}$ 과의 관계

실할인율 d와 명목할인율 $d^{(m)}$ 에 대해

$$d^{(m)} = m[1 - (1 - d)^{\frac{1}{m}}] = m[1 - v^{\frac{1}{m}}]$$

가 성립한다.

증명

$d^{(m)}$ 이 매년 m번 지불가능한 명목할인율 ($m > 1$: 정수) 이라고 하면 한 기간 내에 m 등분된 각 기간의 실할인율은

$$\frac{d^{(m)}}{m}$$

이 된다. 따라서 1년의 m 등분 $m - 1$ 번째 기간의 1의 현가는

$$1 - \frac{d^{(m)}}{m},$$

1년의 m 등분 $m-2$ 번째 기간의 1의 현가는

$$1-\frac{d^{(m)}}{m}-\frac{d^{(m)}}{m}(1-\frac{d^{(m)}}{m})=(1-\frac{d^{(m)}}{m})^2,$$

1년의 m 등분 $m-3$ 번째 기간의 1의 현가는

$$(1-\frac{d^{(m)}}{m})^2-\frac{d^{(m)}}{m}(1-\frac{d^{(m)}}{m})^2=(1-\frac{d^{(m)}}{m})^3,$$

이 방법을 계속하면 1년의 m 등분 첫 번째 기간의 1의 현가는

$$(1-\frac{d^{(m)}}{m})^{m-1}-\frac{d^{(m)}}{m}(1-\frac{d^{(m)}}{m})^{m-1}=(1-\frac{d^{(m)}}{m})^m$$

이다. 따라서

$$1-d=(1-\frac{d^{(m)}}{m})^m$$

이다. 정리하면

$$(1-d)^{\frac{1}{m}}=1-\frac{d^{(m)}}{m}$$

이므로

$$d^{(m)}=m[1-(1-d)^{\frac{1}{m}}]=m[1-v^{\frac{1}{m}}]$$

이다.

예제 14.27

분기별로 지급된 5.2%의 명목할인율에 대해 3개월간의 실할인율과 연간 실할인율 d를 구하여라.

풀이

$d^{(4)}=0.052$ 이므로 매 분기별 즉, 3개월간의 실할인율은

$$\frac{d^{(4)}}{4}=\frac{0.052}{4}=0.013$$

이고 이자전환기간은

$$\frac{12}{4} = 3 \text{ 개월}$$

이다.

$$1 - d = (1 - \frac{d^{(4)}}{4})^4$$

이므로

$$d = 1 - (1 - \frac{d^{(4)}}{4})^4 = 1 - (1 - 0.013)^4 = 0.051$$

이다.

예제 14.28

분기별 8% 명목할인율에 대한 월별 명목할인율 $d^{(12)}$를 구하여라.

풀이

$(1 - \frac{d^{(4)}}{4})^4 = 1 - d = (1 - \frac{d^{(12)}}{12})^{12}$ 이므로

$$1 - \frac{d^{(12)}}{12} = (1 - \frac{d^{(4)}}{4})^{\frac{1}{3}} = (1 - \frac{0.08}{4})^{\frac{1}{3}} = (0.98)^{\frac{1}{3}}$$

이다. 그러므로

$$d^{(12)} = 12(1 - (0.98)^{\frac{1}{3}}) = 0.0805$$

이다.

[NOTE]

$d^{(m)}$을 매년 m번 지불 가능한 명목할인율이라고 하면 $\frac{d^{(m)}}{m}$ 이 한 기간 내에 m 등분된 각 기간의 실할인율이다. 따라서 t년 후 1원의 현가는

$$a^{-1}(t) = (1 - \frac{d^{(m)}}{m})^{mt}$$

가 된다.

예제 14.29

선지불이 가능하고 1개월 단위로 전환 가능한 연 6%로 제5차 연도 말에 지급되는 1,000만 원의 현가를 구하여라.

풀이

현가 $a^{-1}(t) = (1 - \frac{d^{(m)}}{m})^{mt}$ 에서 5차 연도 말에 지급되는 1,000만 원의 현가는

$$10,000,000 \times (1 - \frac{0.06}{12})^{12\times5} = 10,000,000 \times (0.995)^{60} = 7,402,610 \text{ 원}$$

이다.

정리 14.3 실할인율, 명목할인율, 실이율, 명목이율간의 관계

실이율 i, 명목이율 $i^{(m)}$, 실할인율 d, 명목할인율 $d^{(m)}$에 대해 다음이 성립한다.

1. $(1 + \frac{i^{(m)}}{m})^m = (1 - \frac{d^{(n)}}{n})^{-n}$
2. $m = n$이면 $(1 + \frac{i^{(m)}}{m})^m = (1 - \frac{d^{(m)}}{m})^{-m}$
3. $m = 1$이면 $i^{(m)} = i, d^{(m)} = d$
4. $\frac{i^{(m)}}{m} - \frac{d^{(m)}}{m} = \frac{i^{(m)}}{m}\frac{d^{(m)}}{m}$

증명

1. $1 + i = (1 + \frac{i^{(m)}}{m})^m$ 이고

$$(1 - \frac{d^{(n)}}{n})^{-n} = (1 - d)^{-1} = v^{-1} = 1 + i$$

이므로

$$(1 + \frac{i^{(m)}}{m})^m = (1 - \frac{d^{(n)}}{n})^{-n}$$

가 된다.

2. $(1+\frac{i^{(m)}}{m})^m = (1-\frac{d^{(n)}}{n})^{-n}$ 에서 $m=n$ 이면

$$(1+\frac{i^{(m)}}{m})^m = (1-\frac{d^{(m)}}{m})^{-m}$$

이다.

3. $m=1$이면 정의에 의해 $i^{(m)}=i, d^{(m)}=d$이다.

4. $(1+\frac{i^{(m)}}{m})^m = (1-\frac{d^{(m)}}{m})^{-m}$ 에서

$$(1+\frac{i^{(m)}}{m})^m \times (1-\frac{d^{(m)}}{m})^m = 1$$

이다. 따라서

$$(1+\frac{i^{(m)}}{m}) \times (1-\frac{d^{(m)}}{m}) = 1$$

이다. 정리하면

$$\frac{i^{(m)}}{m} - \frac{d^{(m)}}{m} = \frac{i^{(m)}}{m}\frac{d^{(m)}}{m}$$

이 만족한다.

예제 14.30

$i^{(m)}=0.296$ 이고 $d^{(m)}=0.2945$ 일 때 m의 정수인 근사값을 구하여라.

풀이

정리14.3에서

$$\frac{i^{(m)}}{m} - \frac{d^{(m)}}{m} = \frac{i^{(m)}}{m}\frac{d^{(m)}}{m}$$

이므로

$$m = \frac{i^{(m)}d^{(m)}}{i^{(m)}-d^{(m)}}$$

이다. 따라서

$$m = \frac{0.296 \times 0.2945}{0.296 - 0.2945} \approx 58.11$$

이므로 m의 정수인 근사값은 58 이다.

예제 14.31

분기별 명목할인율이 12%일 때 다음을 구하여라.

1. 연간 실할인율 d,
2. 반기별 명목할인율 $d^{(2)}$,
3. 월별 명목할인율 $d^{(12)}$,
4. 주별 명목할인율 $d^{(52)}$,
5. 일별 명목할인율 $d^{(365)}$

풀이

1. $d^{(4)} = 0.12$ 이므로

$$d = 1 - (1 - \frac{d^{(4)}}{4})^4 = 1 - (1 - \frac{0.12}{4})^4 = 1 - (0.97)^4 = 0.1147$$

$1 - d = (1 - \frac{d^{(m)}}{m})^m$ 이므로

$$d^{(m)} = m[1 - (1 - d)^{\frac{1}{m}}].$$

2. $m = 2$ 이면

$$d^{(2)} = 2[1 - (1 - d)^{\frac{1}{2}}] = 2[1 - (1 - 0.1147)^{\frac{1}{2}}] = 2[1 - 0.95063] = 0.1182$$

3. $m = 12$ 이면 $d^{(12)} = 12[1 - (1 - d)^{\frac{1}{12}}] = 12[1 - (1 - 0.1147)^{\frac{1}{12}}] = 0.1212$

4. $m = 52$ 이면 $d^{(52)} = 52[1 - (1 - d)^{\frac{1}{52}}] = 52[1 - (1 - 0.1147)^{\frac{1}{52}}] = 0.1217$

5. $m = 365$ 이면

$$d^{(365)} = 365[1 - (1 - d)^{\frac{1}{365}}] = 365[1 - (1 - 0.1147)^{\frac{1}{365}}] = 0.1218.$$

[NOTE]

예제14.31에서 보듯이

$$d = d^{(1)} < d^{(2)} < d^{(4)} < d^{(12)} < d^{(52)} < d^{(365)}$$

이다. 일반적으로 m이 증가할수록 $d^{(m)}$ 은 증가한다.

예제 14.32

1. 매주마다 전환 가능한 6%의 명목할인율과 동격인 월별 전환 가능한 명목이율을 구하여라.
2. 매주마다 전환 가능한 6%의 명목이율과 동격인 월별 전환 가능한 명목할인율을 구하여라.

풀이

$(1+\frac{i^{(m)}}{m})^m = (1-\frac{d^{(p)}}{p})^{-p}$ 에서

1. $(1+\frac{i^{(12)}}{12})^{12} = (1-\frac{d^{(52)}}{52})^{-52} = (1-\frac{0.06}{52})^{-52}$ 이다. 따라서

$$1+\frac{i^{(12)}}{12} = (1-\frac{0.06}{52})^{-\frac{52}{12}}$$

이므로

$$i^{(12)} = 12[(1-\frac{0.06}{52})^{-\frac{52}{12}} - 1] \approx 0.0602 \text{ 이다.}$$

2. $(1-\frac{d^{(12)}}{12})^{-12} = (1+\frac{i^{(52)}}{52})^{52} = (1+\frac{0.06}{52})^{52}$ 이다. 따라서

$$1-\frac{d^{(12)}}{12} = (1+\frac{0.06}{52})^{-\frac{52}{12}}$$

이므로

$$d^{(12)} = 12[1-(1+\frac{0.06}{52})^{-\frac{52}{12}}] \approx 0.0598 \text{ 이다.}$$

연습문제

1. 원리금 함수 $A(t) = t^2 + 2t + 3$ 에 대해

   (a) $a(t)$를 계산하여라.

   (b) I_n을 계산하여라.

2. $A(t) = 2t + 50$이고 $B(t) = 50(1 + 0.05)^t$일 때 다음을 각각 계산하여라.

   (a) i_5

   (b) i_{10}

3. 1억 원을 10% 단리로 5월과 6월 두 달 동안 투자하였다. 다음 조건으로 원리금을 계산하여라.

   (a) 정확한 단리

   (b) 보통단리

   (c) 은행규칙

4. 1,000만원을 저축하여 3년 후 264만원의 이자를 얻었다. 동일한 복리율로 1,500만원을 6년간 투자하면 원리금합계는 얼마일까?

5. 5년 말에 3,000만원을 지급받기로 하고 지금 일정액을 적립하려고 한다. 단리할인율 7%와 복리할인율 7%를 각각 적용할 때 적립하여야할 일정액을 각각 구하여라.

6. 실이율 6%를 매분기별로 바꿀 수 있다고 할 때,

   (a) 5,000만원의 3년 말의 원리금 합계를 계산하라.

   (b) 4년 말에 5,000만원을 지급하려고 한다. 이 5,000만원의 현가는 얼마인가?

7. 문제6에서 실이율 6% 대신 실할인율 6%를 매달마다 전환가능하다고 할 때 문제6을 풀어라.

제 15 장
함수의 극한

15.1 함수의 극한

예제 15.1

$f(x) = \dfrac{x^2-1}{x-1}$ 은 $x = 1$ 에서 정의되지 않는다.

$$f(x) = \begin{cases} \dfrac{x^2-1}{x-1}, \ x \neq 1 \\ 1, \ x = 1 \end{cases}$$ 로 정의하자.

x가 1에 가까이 감에 따라 f의 값은 어떻게 변하는가?

풀이

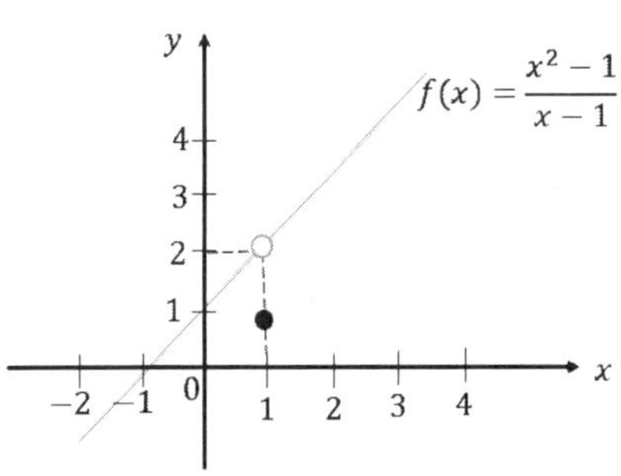

x	$f(x)$	x	$f(x)$
1.1	2.1	0.9	1.9
1.01	2.01	0.99	1.99
1.001	2.001	0.999	1.999
1.0001	2.0001	0.9999	1.9999
1.00001	2.00001	0.99999	1.99999
⋮	⋮	⋮	⋮

$x \neq 1$ 이면 $f(x) = \dfrac{x^2-1}{x-1} = x+1$이다. 따라서 $x \neq 0$ 이면서 x가 1에 한없이 가까워지면 $f(x)$는 2에 충분히 가까이 간다.

[예]

1. $f(x) = x - 1$은 x가 1에 한없이 가까워지면 $f(x)$도 0에 한없이 가까이 간다.

$\lim_{x \to 1} f(x) = 0$

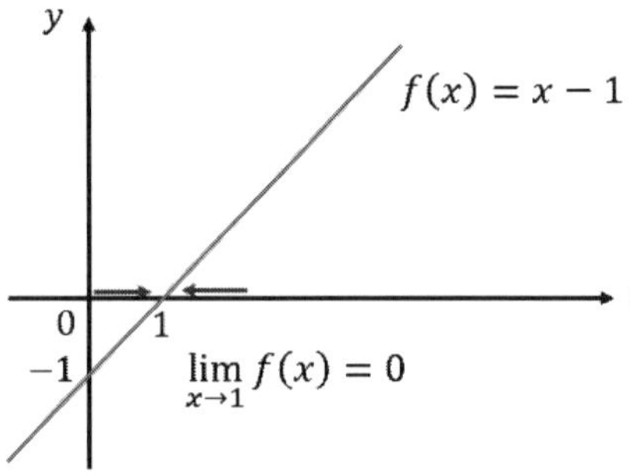

2. $f(x) = \dfrac{1}{x}(x \neq 0)$ 은 x가 1에 충분히 가까워지면 $f(x)$도 1에 충분히 가까이 간다.

$\lim_{x \to 1} f(x) = 1$

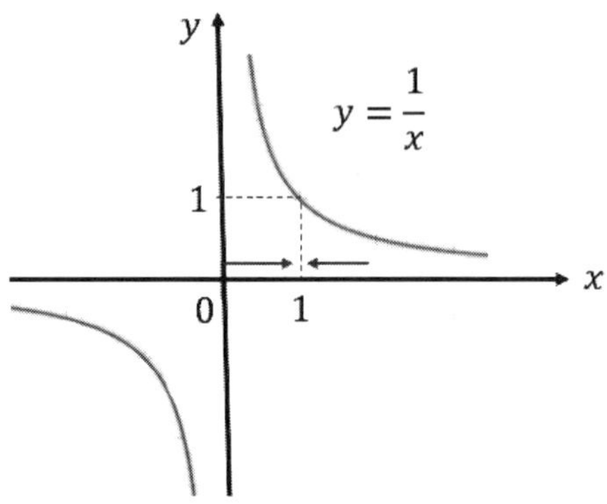

3. $f(x) = \begin{cases} 1, & x > 0 \\ -1, & x < 0 \end{cases}$ 은 x가 0에 충분히 가까워지더라도 $f(x)$는 어떠한 값에도 가까이 가지 않는다.

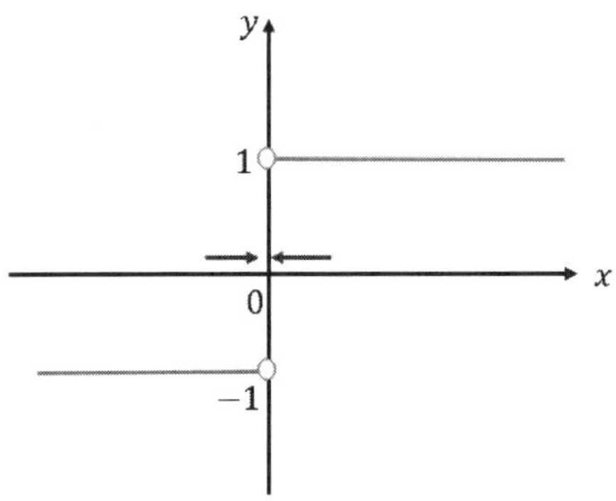

$\lim_{x \to 0} f(x)$ 이 존재하지 않는다.

4. $f(x) = \begin{cases} x+1, & x \geq 0 \\ x-1, & x < 0 \end{cases}$ 은 x가 0에 충분히 가까워지더라도 $f(x)$는 어떠한 값에도 가까이 가지 않는다.

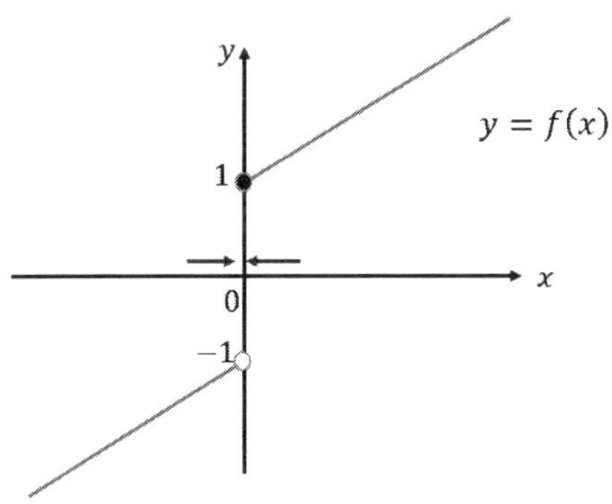

$\lim_{x \to 0} f(x)$ 이 존재하지 않는다.

정의 15.1

$y = f(x)$가 $x = a$를 포함하는 구간에서 정의된 함수이고 $a,\ l \in R$을 실수라고 하자. $\lim_{x \to a} f(x) = l$ 가 x가 a 에 가까이 갈 때 함수 $f(x)$의 극한값이라고 하는 것의 정의는 x가 a에 충분히 가까워지면 $f(x)$도 l에 충분히 가까이 간다는 의미이다. 즉, $\lim_{x \to a} f(x) = l \Leftrightarrow$ 임의의 $\epsilon > 0$에 대해 적당한 양수 $\delta > 0$이 존재해서 $0 < |x - a| < \delta$ 인 모든 x에 대해 $|f(x) - l| < \epsilon$ 가 성립할 때이다.

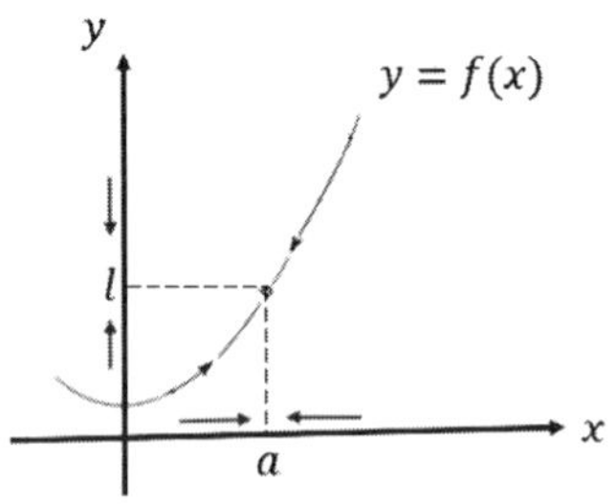

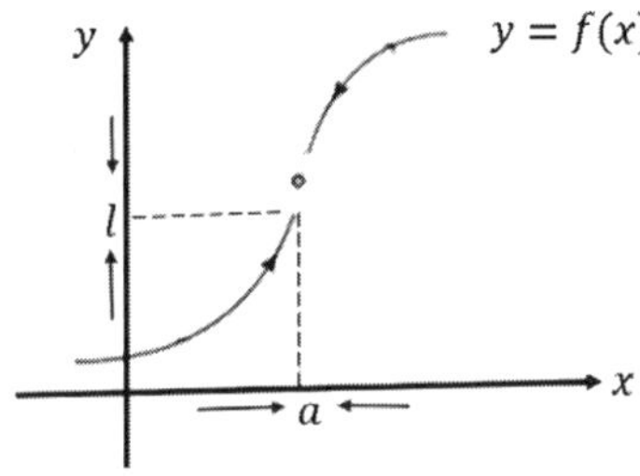

예제 15.2

다음 극한을 구하여라.

1. $\lim_{x \to 2} x^2$
2. $\lim_{x \to 2} \dfrac{x^2 - 4}{x - 2}$
3. $\lim_{x \to 3} \dfrac{x^2 - x - 6}{x - 3}$

풀이

1. $\lim_{x \to 2} x^2 = 2^2 = 4$

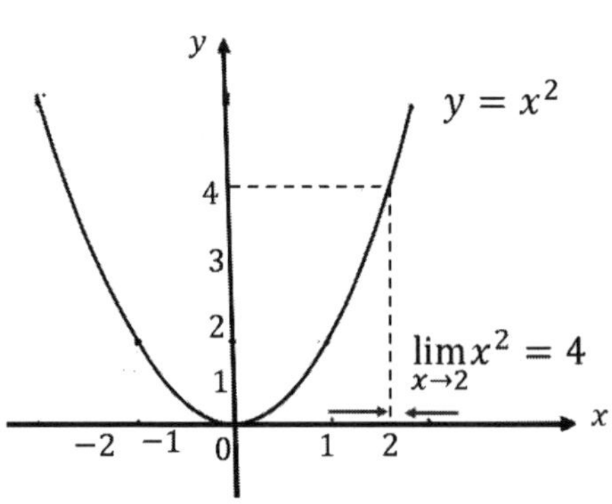

2. $\lim_{x \to 2} \frac{x^2-4}{x-2} = \lim_{x \to 2} \frac{(x+2)(x-2)}{x-2} = \lim_{x \to 2}(x+2) = 4$

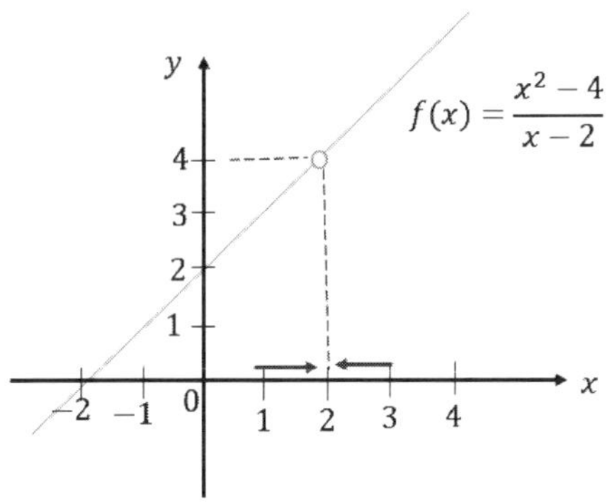

3. $\lim_{x \to 3} \frac{x^2-x-6}{x-3}$ 은 2번과 같은 방법을 적용하면 쉽게 구할 수 있다.

15.1.1 한쪽 방향에서의 극한

정의 15.2

$y = f(x)$를 $x = a$를 포함하는 구간에서 정의된 함수라 하고 $a,\ l \in R$을 주어진 실수라고 하자.

1. $\lim_{x \to a+} f(x) = l$: x가 a의 오른쪽에 한없이 가까워지면 $f(x)$도 l에 한없이 가까워진다. 즉,

$$\lim_{x \to a+} f(x) = l$$

$\Leftrightarrow$ 임의의 $\epsilon > 0$에 대해 적당한 양수 $\delta > 0$이 존재해서 $a < x < a + \delta$ 인 모든 x에 대해 $|f(x) - l| < \epsilon$ 가 성립할 때이다.

2. $\lim_{x \to a-} f(x) = l$: x가 a의 왼쪽에 한없이 가까워지면 $f(x)$도 l에 한없이 가까워진다. 즉,

$$\lim_{x \to a-} f(x) = l$$

$\Leftrightarrow$ 임의의 $\epsilon > 0$에 대해 적당한 양수 $\delta > 0$이 존재해서 $a - \delta < x < a$ 인 모든 x에 대해 $|f(x) - l| < \epsilon$ 가 성립할 때이다.

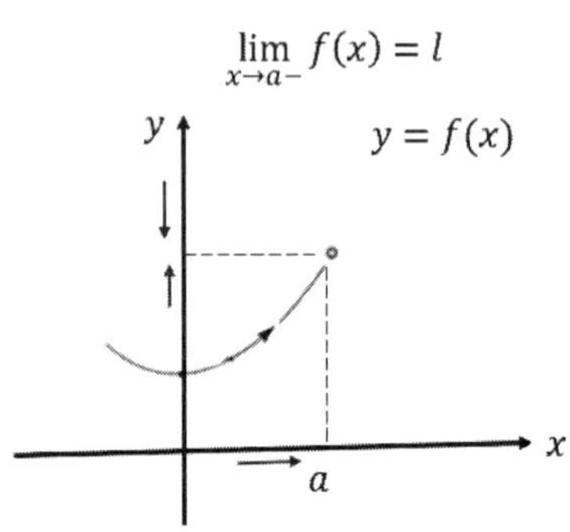

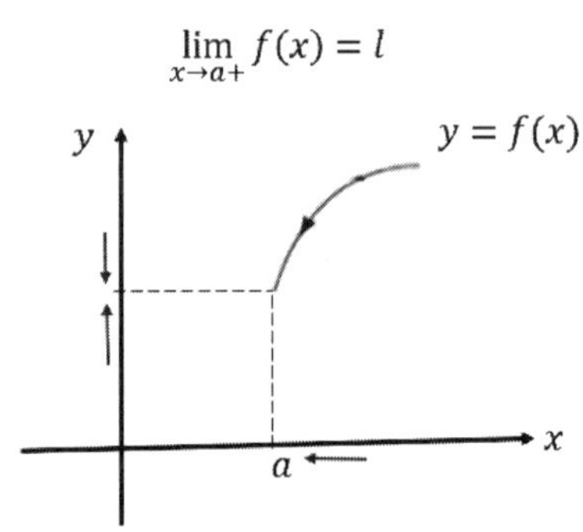

[NOTE]

$\lim_{x \to a} f(x) = l$ 일 필요충분조건은 $\lim_{x \to a+} f(x) = \lim_{x \to a-} f(x) = l$ 일 때이다.

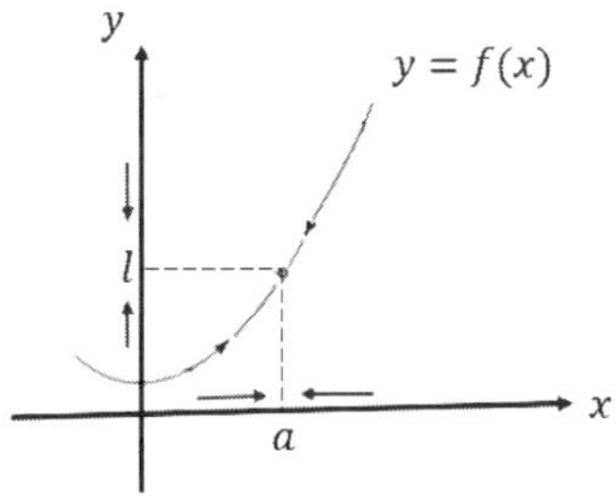

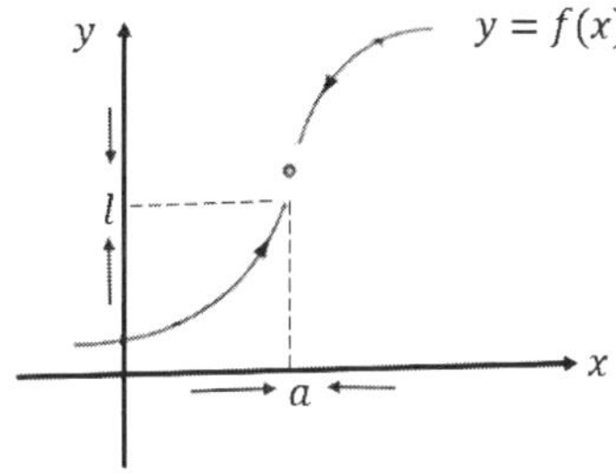

예제 15.3

$\lim_{x \to 0} |x|$ 을 구하여라.

풀이

$$|x| = \begin{cases} x, \ x \geq 0 \\ -x, \ x < 0 \end{cases}$$ 이므로

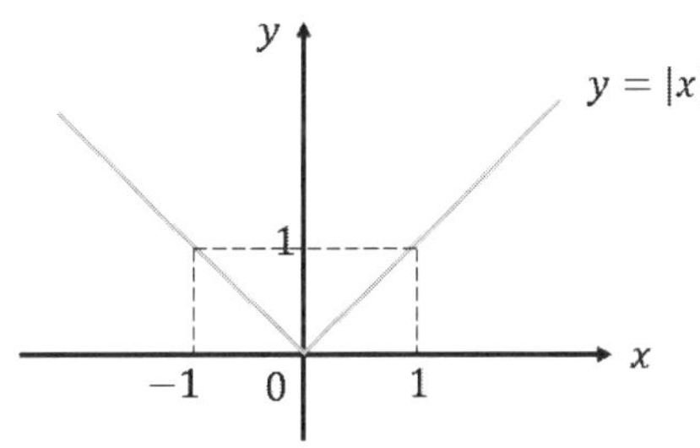

$\lim_{x \to 0+} |x| = \lim_{x \to 0+} x = 0$ 이고 $\lim_{x \to 0-} |x| = \lim_{x \to 0-} (-x) = 0$ 이다. 따라서

$$\lim_{x \to 0} |x| = 0$$

이다.

예제 15.4

$\lim_{x \to 0} \frac{|x|}{x}$ 을 구하여라.

풀이

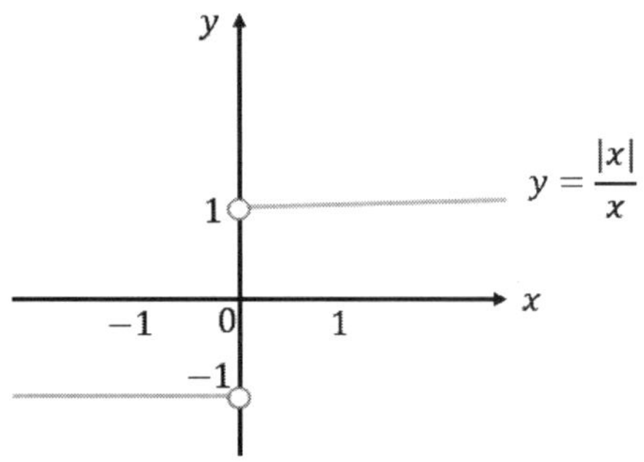

$\lim_{x \to 0+} f(x) = \lim_{x \to 0+} \frac{|x|}{x} = \lim_{x \to 0+} \frac{x}{x} = 1$ 이고

$\lim_{x \to 0-} f(x) = \lim_{x \to 0-} \frac{|x|}{x} = \lim_{x \to 0-} \frac{-x}{x} = -1$ 이므로

$\lim_{x \to 0+} f(x) \neq \lim_{x \to 0-} f(x)$ 이다.

따라서 $\lim_{x \to 0} f(x)$ 는 존재하지 않는다.

15.2 극한의 성질

정리 15.1 함수의 극한값

f, g는 $x = a$를 포함하는 구간에서 정의된 함수이고 $a \in R$를 주어진 실수라고 하자. $\lim_{x \to a} f(x)$, $\lim_{x \to a} g(x)$ 존재하면 다음이 성립한다.

1. $\lim_{x \to a} (f(x) \pm g(x)) = \lim_{x \to a} f(x) \pm \lim_{x \to a} g(x)$
2. $\lim_{x \to a} (f(x) \cdot g(x)) = \lim_{x \to a} f(x) \cdot \lim_{x \to a} g(x)$
3. $\lim_{x \to a} \frac{f(x)}{g(x)} = \frac{\lim_{x \to a} f(x)}{\lim_{x \to a} g(x)} (g(x) \neq 0,\ \lim_{x \to a} g(x) \neq 0)$
4. $\lim_{x \to a} cf(x) = c \lim_{x \to a} f(x)$, ($c$: 상수)

정리 15.2

1. $\lim_{x \to a} c = c$ (c: 상수) : 상수함수의 극한
2. $\lim_{x \to a} x = a$: 항등함수의 극한
3. 임의의 양의 정수 $n \in N$ 에 대해 $\lim_{x \to a} x^n = a^n$ 을 만족한다.

증명

극한의 성질을 이용하면

$$\lim_{x \to a} x^2 = \lim_{x \to a} x \cdot \lim_{x \to a} x = a \cdot a = a^2$$

이고

$$\lim_{x \to a} x^3 = \lim_{x \to a} x^2 \cdot \lim_{x \to a} x = a^2 \cdot a = a^3$$

이다. 이 방법을 계속하면

$$\lim_{x \to a} x^n = \lim_{x \to a} x^{n-1} \cdot \lim_{x \to a} x = a^{n-1} \cdot a = a^n$$

이 된다.

정리 15.3

다항함수 $p(x) = a_0 + a_1 x + a_2 x^2 + \cdots + a_n x_n$ ($a_0,\ a_1,\ \cdots,\ a_n \in R$) 에 대해

$$\lim_{x \to a} p(x) = p(a)$$

이 만족한다.

증명

$$\begin{aligned}\lim_{x\to a} p(x) &= \lim_{x\to a}(a_0 + a_1x + a_2x^2 + \cdots + a_nx^n)\\ &= a_0 + a_1a + a_2a^2 + \cdots + a_na^n\\ &= p(a).\end{aligned}$$

예제 15.5

다음 극한을 구하여라.

1. $\lim_{x\to 2}(2x^2 - 3x + 4)$
2. $\lim_{x\to 1}(x^2 - 2x - 1)$

풀이

1. $$\begin{aligned}\lim_{x\to 2}(2x^2 - 3x + 4) &= \lim_{x\to 2} 2x^2 - \lim_{x\to 2} 3x + \lim_{x\to 2} 4\\ &= 2\lim_{x\to 2} x^2 - 3\lim_{x\to 2} x + \lim_{x\to 2} 4\\ &= 8 - 6 + 4 = 6.\end{aligned}$$

2. 같은 방법으로 $\lim_{x\to 1}(x^2 - 2x - 1) = -2.$

정리 15.4

$$a_0,\ a_1,\ \cdots,\ a_n \in R,\ b_0,\ b_1,\ \cdots,\ b_m \in R$$

이고

$$q(x) = \frac{a_0 + a_1x + a_2x^2 + \cdots + a_nx_n}{b_0 + b_1x + b_2x^2 + \cdots + b_mx_m}\ (b_0 + b_1x + b_2x^2 + \cdots + b_mx_m \neq 0)$$

는 주어진 유리함수라고 하자. $q(a) \neq 0$ 이면

$$\lim_{x\to a}\frac{p(x)}{q(x)} = \frac{p(a)}{q(a)}$$

이 성립한다.

예제 15.6

다음 함수의 극한을 구하여라.

1. $\lim_{x\to 2}\frac{x^3+4x^2-3}{x^2+5}$ 2. $\lim_{x\to 0}\frac{x+1}{x^2+1}$ 3. $\lim_{x\to 1}\frac{x^2+x-2}{x^2-x}$

풀이

1. $\lim_{x\to 2}(x^2+5)=9\neq 0$ 이므로

$$\lim_{x\to 2}\frac{x^3+4x^2-3}{x^2+5}=\frac{\lim_{x\to 2}(x^3+4x^2-3)}{\lim_{x\to 2}(x^2+5)}=\frac{21}{9}=\frac{7}{3}$$

2. 같은 방법으로 $\lim_{x\to 0}\frac{x+1}{x^2+1}=1$

3. $\lim_{x\to 1}\frac{x^2+x-2}{x^2-x}=\lim_{x\to 1}\frac{(x+2)(x-1)}{x(x-1)}=\lim_{x\to 1}\frac{(x+2)}{x}=3.$

[NOTE]

$\lim_{n\to\infty}(1+\frac{1}{n})^n=e$ 이므로

$$\lim_{x\to 0^+}(1+x)^{\frac{1}{x}}=\lim_{t\to\infty}(1+\frac{1}{t})^t=e$$

이다.

15.3 보험에의 응용-연속 복리

[NOTE]

원금 P 원을 연리 i를 연속 복리로 계산하는 경우 t년 후의 가치는

$$\lim_{n\to\infty}P(1+\frac{i}{n})^{nt}=Pe^{it}\text{이다.}$$

예제 15.7

연리 5%로 반년 복리로 계산하는 경우와 동일한 가치를 주는 연속 복리 이자율을 구하여라.

풀이

$i^{(2)} = 0.05$ 이므로 6개월간의 실이율은

$$\frac{i^{(2)}}{2} = \frac{0.05}{2} = 0.025$$

이다. 원금 1원을 반년 복리 5%로 계산하는 경우 1년 후의 가치는

$$(1 + \frac{0.05}{2})^2 = (1.025)^2$$

이고, 이를 연속 복리로 계산하는 경우 1년 후의 가치는 e^i 이다. 따라서

$$(1.025)^2 = e^i$$

이므로

$$i = \ln(1.025)^2 = 0.0494$$

이다.

예제 15.8

A씨는 3년 후 1,000만 원의 자금이 필요하다. 은행의 이자율은 연리 5%이다. 다음을 구하여라.

1. 은행의 금리가 1년 1회의 복리로 계산될 경우 A씨는 현재 얼마를 예금해야 3년 후 1,000만 원을 받을 수 있나?
2. 은행의 금리가 연속복리로 계산될 경우 A씨는 현재 얼마를 예금해야 3년 후 1,000만 원을 받을 수 있나?

풀이

1. 복리 5% 하에 3년 후 1,000만 원의 현가를 구하는 문제이다.

   현가는 $P = 10,000,000(1 + 0.05)^{-3} = 8,638,376$ 원이다.

2. 연속복리 5% 하에 3년 후 1,000만 원의 현가를 구하는 문제이다.

   현가는 $P = 10,000,000e^{-0.05\times 3} = 8,607,080$ 원이다.

예제 15.9

다양한 빈도 즉 $m = 1,\ 2,\ 4,\ 6,\ 12,\ 52,\ 365$ 그리고 ∞ 에서 복리로 계산된 연 4%와 동일한 실이율을 구하여라. 단 $i^{(m)} = 0.04$ 이다.

풀이

$(1 + \frac{i^{(m)}}{m})^m = 1 + i$ 에서 $i = (1 + \frac{i^{(m)}}{m})^m - 1$ 를 만족한다.

따라서

- $m = 1$ 이면 $i = i^{(1)} = 0.04$
- $m = 2$ 이면 $i = (1 + \frac{i^{(2)}}{2})^2 - 1 = (1 + \frac{0.04}{2})^2 - 1 = 0.0404$
- $m = 4$ 이면 $i = (1 + \frac{i^{(4)}}{4})^4 - 1 = (1 + \frac{0.04}{4})^4 - 1 = 0.04060401$
- $m = 6$ 이면 $i = (1 + \frac{i^{(6)}}{6})^6 - 1 = (1 + \frac{0.04}{6})^6 - 1 = 0.0406726225$
- $m = 12$ 이면 $i = (1 + \frac{i^{(12)}}{12})^{12} - 1 = (1 + \frac{0.04}{12})^{12} - 1 = 0.0407415425$
- $m = 52$ 이면 $i = (1 + \frac{i^{(52)}}{52})^{52} - 1 = (1 + \frac{0.04}{52})^{52} - 1 = 0.0407947717$
- $m = 365$ 이면 $i = (1 + \frac{i^{(365)}}{365})^{365} - 1 = (1 + \frac{0.04}{365})^{365} - 1 = 0.0408084775$

◦ $m = \infty$ 이면

$$i = \lim_{m\to\infty}(1+\frac{i^{(m)}}{m})^m - 1 = \lim_{m\to\infty}(1+\frac{0.04}{m})^m - 1 = e^{0.04} - 1 = 0.0408107742.$$

제 16 장
미분

16.1 미분계수와 도함수

정의 16.1

$x = a$를 포함하는 구간에서 정의된 함수 $y = f(x)$에 대해

$$f'(a) = \lim_{x \to a} \frac{f(x) - f(a)}{x - a}$$

가 존재할 때 f 가 $x = a$에서 미분 가능하다고 정의한다. 여기서,

$$f'(a) = \lim_{x \to a} \frac{f(x) - f(a)}{x - a}$$

를 $x = a$에서 $y = f(x)$의 미분계수라고 한다.

[NOTE]

$y = f(x)$ 가 $x = a$에서 미분가능할 때

$$f'(a) = \lim_{x \to a} \frac{f(x) - f(a)}{x - a} = \lim_{h \to 0} \frac{f(a + h) - f(a)}{h}$$

이다.

정의 16.2

f 가 개구간 I 에서 정의된 함수일 때 I 의 임의의 점 a에 대해 $y = f(x)$가 $x = a$에서 미분 가능할 때 f 가 개구간 I 에서 미분 가능하다고 정의한다.

정의 16.3

f 가 개구간 I 에서 미분 가능할 때 임의의 $x \in I$에 대해

$$f'(x) = \lim_{h \to 0} \frac{f(x+h) - f(x)}{h}$$

로 정의된 함수 $f' : I \to R$ 를 f의 도함수라고 한다.

$$f'(x) = y' = \frac{dy}{dx} = \frac{df}{dx}$$

로 표기한다.

예제 16.1

$f(x) = x$ 의 도함수를 구하여라.

풀이

$$\begin{aligned} f'(x) &= \lim_{h \to 0} \frac{f(x+h) - f(x)}{h} \\ &= \lim_{h \to 0} \frac{(x+h) - x}{h} \\ &= \lim_{h \to 0} \frac{h}{h} = 1. \end{aligned}$$

예제 16.2

$f(x) = |x|$ (x: 실수)가 미분 가능한 구간과 도함수를 구하여라.

풀이

1. $x > 0$ 이면 $f(x) = x$ 이다. 따라서

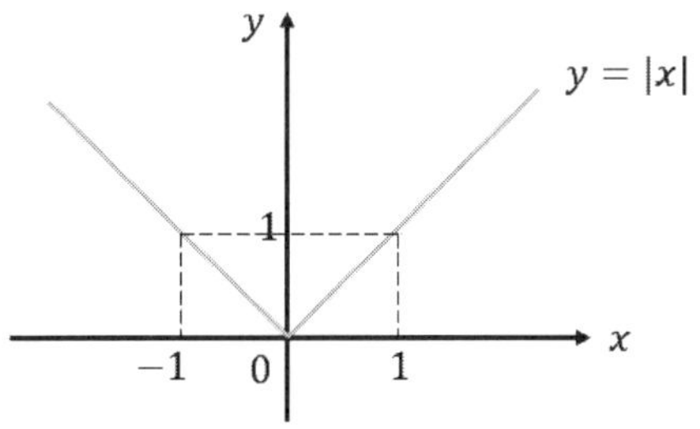

$$\begin{aligned} f'(x) &= \lim_{h\to 0}\frac{f(x+h)-f(x)}{h} \\ &= \lim_{h\to 0}\frac{x+h-x}{h} \\ &= \lim_{h\to 0}\frac{h}{h} = 1 \end{aligned}$$

이다.

2. $x < 0$ 이면 $f(x) = -x$ 이다. 따라서

$$\begin{aligned} f'(x) &= \lim_{h\to 0}\frac{f(x+h)-f(x)}{h} \\ &= \lim_{h\to 0}\frac{-(x+h)-(-x)}{h} \\ &= \lim_{h\to 0}\frac{-h}{h} = -1 \end{aligned}$$

이다.

3. $x = 0$ 인 경우

$\dfrac{f(0+h)-f(0)}{h} = \dfrac{|h|}{h}$ 이므로

$\displaystyle\lim_{h\to 0+}\frac{f(0+h)-f(0)}{h} = \lim_{h\to 0+}\frac{|h|}{h} = \lim_{h\to 0+}\frac{h}{h} = 1$ 이고

$\displaystyle\lim_{h\to 0-}\frac{f(0+h)-f(0)}{h} = \lim_{h\to 0-}\frac{|h|}{h} = \lim_{h\to 0-}\frac{-h}{h} = -1$ 이다.

$\displaystyle\lim_{h\to 0+}\frac{f(0+h)-f(0)}{h} \neq \lim_{h\to 0-}\frac{f(0+h)-f(0)}{h}$ 이므로

$\lim_{h \to 0} \frac{f(0+h) - f(0)}{h}$ 이 존재하지 않는다.

그러므로 함수 $f(x) = |x|$는 $x = 0$에서 미분불가능이다.

16.2 미분법의 기본공식

16.2.1 다항함수의 미분

정리 16.1

모든 x 에 대해 $f(x) = c$ (c : 상수)이면, 즉 f가 상수함수이면 $f'(x) = 0$

증명

$$f'(x) = \lim_{h \to 0} \frac{f(x+h) - f(x)}{h} = \lim_{h \to 0} \frac{c - c}{h} = \lim_{h \to 0} 0 = 0$$ 이다.

정리 16.2

n이 양의 정수일 때 $f(x) = x^n$ 이면 $f'(x) = nx^{n-1}$ 이다.

증명

$$\begin{aligned} f'(x) &= \lim_{h \to 0} \frac{f(x+h) - f(x)}{h} = \lim_{h \to 0} \frac{(x+h)^n - x^n}{h} \\ &= \lim_{h \to 0} [nx^{n-1} + \frac{n(n-1)}{2} x^{n-2} h + \cdots + nxh^{n-2} + h^{n-1}] \\ &= nx^{n-1} \end{aligned}$$

[예]

$f(x) = x^{100}$ 이면 $f'(x) = 100x^{99}$ 이다.

정리 16.3 도함수 기본공식

f, g가 구간 I 에서 미분가능하면 $f+g$, cf, fg, $\dfrac{f}{g}(g \neq 0)$ 도 구간 I 에서 미분가능하고 다음이 성립한다.

1. $(f+g)'(x) = f'(x) + g'(x)$
2. $(cf)'(x) = cf'(x)$ (c는 상수)
3. $(fg)'(x) = f'(x)g(x) + f(x)g'(x)$
4. $(\dfrac{f}{g})'(x) = \dfrac{f'(x)g(x) - f(x)g'(x)}{g(x)^2}$, 특히 $(\dfrac{1}{g})'(x) = -\dfrac{g(x)}{g(x)^2}$ 이다.

증명

3.
$$\begin{aligned}(fg)'(x) &= \lim_{h\to 0}\frac{f(x+h)g(x+h) - f(x)g(x)}{h}\\ &= \lim_{h\to 0}\frac{[f(x+h)-f(x)]g(x+h) + f(x)[g(x+h)-g(x)]}{h}\\ &= \lim_{h\to 0}[\frac{f(x+h)-f(x)}{h}g(x+h) + f(x)\frac{g(x+h)-g(x)}{h}]\\ &= \lim_{h\to 0}\frac{f(x+h)-f(x)}{h}\lim_{h\to 0}g(x+h) + \lim_{h\to 0}f(x)\lim_{h\to 0}\frac{g(x+h)-g(x)}{h}\\ &= f'(x)g(x) + f(x)g'(x)\end{aligned}$$

4.
$$\begin{aligned}\frac{\dfrac{f(x+h)}{g(x+h)} - \dfrac{f(x)}{g(x)}}{h} &= \frac{f(x+h)g(x) - f(x)g(x+h)}{g(x+h)g(x)h}\\ &= \frac{g(x)(f(x+h)-f(x)) - f(x)(g(x+h)-g(x))}{g(x+h)g(x)h}\\ &= \frac{1}{g(x+h)}\frac{f(x+h)-f(x)}{h} - \frac{f(x)}{g(x+h)g(x)}\frac{g(x+h)-g(x)}{h}\end{aligned}$$

따라서

$$
\begin{aligned}
(\frac{f}{g})'(x) &= \lim_{h\to 0}\frac{\dfrac{f(x+h)}{g(x+h)}-\dfrac{f(x)}{g(x)}}{h} \\
&= \lim_{h\to 0}[\frac{1}{g(x+h)}\frac{f(x+h)-f(x)}{h}-\frac{f(x)}{g(x+h)g(x)}\frac{g(x+h)-g(x)}{h}] \\
&= \lim_{h\to 0}\frac{1}{g(x+h)}\lim_{h\to 0}\frac{f(x+h)-f(x)}{h}-\lim_{h\to 0}\frac{f(x)}{g(x+h)g(x)}\lim_{h\to 0}\frac{g(x+h)-g(x)}{h} \\
&= \frac{1}{g(x)}f'(x)-\frac{f(x)}{g(x)^2}g'(x)=\frac{f'(x)g(x)-f(x)g'(x)}{g(x)^2}
\end{aligned}
$$

예제 16.3

다음 함수의 도함수를 구하여라.

1. $f(x)=x^5+3x^3+2$
2. $f(x)=(x^2-x+2)(x^3-2x^2-1)$
3. $f(x)=\dfrac{x^2-4}{x^2+1}$

풀이

1. $f'(x)=5x^4+9x^2$

2. $$
\begin{aligned}
f'(x) &= (x^2-x+2)'(x^3-2x^2-1)+(x^2-x+2)(x^3-2x^2-1)' \\
&= (2x-1)(x^3-2x^2-1)+(x^2-x+2)(3x^2-4x) \\
&= 5x^4-12x^3+12x^2-10x+1
\end{aligned}
$$

3. $f'(x)=\dfrac{2x(x^2+1)-2x(x^2-4)}{(x^2+1)^2}=\dfrac{10x}{(x^2+1)^2}.$

16.3 초월함수의 미분

16.3.1 지수, 로그함수의 미분

정리 16.4

1. $\frac{d}{dx}\ln|x| = \frac{1}{x}(x \neq 0)$ 2. $\frac{d}{dx}\log_a x = \frac{1}{x\ln a}\ (a > 0,\ a \neq 1)$

증명

$$1.\quad \begin{aligned}\frac{d}{dx}\ln x &= \lim_{h\to 0}\frac{\ln(x+h)-\ln x}{h}\\ &= \lim_{h\to 0}\frac{1}{h}\ln\frac{x+h}{x}\\ &= \lim_{h\to 0}\frac{1}{x}\ln(1+\frac{h}{x})^{\frac{x}{h}}\end{aligned}$$

여기서 $t = \frac{h}{x}$ 로 치환하면 $h \to 0$ 이면 $t = \frac{h}{x} \to 0$ 이다. 따라서

$$\frac{d}{dx}\ln x = \lim_{h\to 0}\frac{1}{x}\ln(1+\frac{h}{x})^{\frac{x}{h}} = \lim_{t\to 0}\frac{1}{x}\ln(1+t)^{\frac{1}{t}} = \frac{1}{x}\ln e = \frac{1}{x}$$ 이다.

$$2.\quad \frac{d}{dx}\log_a x = \frac{d}{dx}\frac{\ln x}{\ln a} = \frac{1}{x\ln a}.$$

정리 16.5

1. $\frac{d}{dx}a^x = a^x\ln a\ (a > 0,\ a \neq 1)$ 2. $\frac{d}{dx}e^x = e^x$

증명

1. $\frac{d}{dx}a^x = \lim_{h\to 0}\frac{a^{x+h}-a^x}{h} = \lim_{h\to 0}\frac{a^x(a^h-1)}{h} = a^x\lim_{h\to 0}\frac{a^h-1}{h}$ 이다.

   여기서 $h = \log_a k$ 로 치환하면 $h \to 0$ 이면 $k \to 1$ 따라서

$$
\begin{aligned}
\frac{d}{dx}a^x &= a^x \lim_{h\to 0}\frac{a^h-1}{h} = a^x \lim_{k\to 1}\frac{a^{\log_a k}-1}{\log_a k} = a^x \lim_{k\to 1}\frac{k-1}{\log_a k - 1} \\
&= a^x \lim_{k\to 1}\frac{1}{\dfrac{\log_a k-1}{k-1}} = a^x\frac{1}{\dfrac{d}{dx}\log_a x|_{x=1}} \\
&= a^x\frac{1}{\dfrac{1}{x\ln a}|_{x=1}} = a^x \ln a
\end{aligned}
$$

2. $\dfrac{d}{dx}e^x = e^x \ln e = e^x.$

예제 16.4

다음 함수의 도함수를 구하여라.

1. $f(x) = \log_3 x^4$
2. $f(x) = 2^x$

풀이

1. $\dfrac{d}{dx}f(x) = \dfrac{d}{dx}\log_3 x^4 = \dfrac{d}{dx}4\log_3 x = 4\dfrac{d}{dx}\log_3 x = \dfrac{4}{x\ln 3}.$
2. $\dfrac{d}{dx}f(x) = \dfrac{d}{dx}2^x = 2^x \ln 2.$

예제 16.5

다음 함수의 도함수를 구하여라.

1. $f(x) = 5e^x$
2. $f(x) = \dfrac{x}{2^x}$
3. $f(x) = x^2e^x$

풀이

1. $f'(x) = 5e^x$
2. $f'(x) = \dfrac{x'2^x - x(2^x)'}{(2^x)^2} = \dfrac{2^x - x2^x \ln 2}{(2^x)^2} = \dfrac{1 - x\ln 2}{2^x}$
3. $f'(x) = (x^2)'e^x + x^2(e^x)' = 2xe^x + x^2e^x = e^x(x^2+2x)$.

16.4 합성함수의 도함수

정의 16.4 함수의 연속

$y = f(x)$가 $x = a$를 포함하는 구간에서 정의된 함수일 때 f가 $x = a$에서 연속이라는 것의 정의는 $f(a)$ 가 정의되고, $\lim_{x\to a} f(x)$가 존재해서 $\lim_{x\to a} f(x) = f(a)$를 만족할 때이다. 즉, 임의의 $\epsilon > 0$에 대해 적당한 양수 $\delta > 0$이 존재해서 $0 < |x-a| < \delta$ 인 모든 x에 대해 $|f(x) - f(a)| < \epsilon$ 가 성립할 때 f가 $x = a$에서 연속이라고 한다.

정리 16.6

$y = f(x)$가 $x = a$에서 미분가능이면 $y = f(x)$가 $x = a$에서 연속이다.

증명

$y = f(x)$가 $x = a$에서 미분가능이므로

$$f'(a) = \lim_{x\to a} \frac{f(x) - f(a)}{x - a}$$

이다.

$\lim_{x\to a} f(x) = f(a)$ 임을 보이면 된다. $x \neq a$에 대해

$$\begin{aligned}\lim_{x\to a} f(x) &= \lim_{x\to a}[\frac{f(x)-f(a)}{x-a}(x-a) + f(a)] \\ &= \lim_{x\to a} \frac{f(x)-f(a)}{x-a} \lim_{x\to a}(x-a) + \lim_{x\to a} f(a) = f'(a) \times 0 + f(a) = f(a)\end{aligned}$$

따라서 $y=f(x)$가 $x=a$에서 연속이다.

[NOTE]

위 정리의 역은 성립하지 않는다.

[예]

$f(x)=|x|$ (x : 실수) : $x=0$에서 연속이지만 $x=0$에서 미분불가능이다.

<합성함수의 도함수>

정리 16.7 연쇄율

$u=f(x)$ 는 $x=a$ 에서 미분가능하고 $y=g(u)$ 가 $u=f(a)$ 에서 미분가능이면 $y=(g\circ f)(x)$ 도 $x=a$ 에서 미분가능하고

$$(g\circ f)'(a)=g'(f(a))f'(a)$$

이다.

증명

$$\begin{aligned}(g\circ f)'(a) &= \lim_{h\to 0}\frac{(g\circ f)(a+h)-(g\circ f)(a)}{h}=\lim_{h\to 0}\frac{g(f(a+h))-g(f(a))}{h}\\ &= \lim_{h\to 0}\frac{g(f(a+h))-g(f(a))}{f(a+h)-f(a)}\times\frac{f(a+h)-f(a)}{h}\\ &= \lim_{h\to 0}\frac{g(f(a+h))-g(f(a))}{f(a+h)-f(a)}\times\lim_{h\to 0}\frac{f(a+h)-f(a)}{h}\end{aligned}$$

f가 $x=a$ 에서 미분가능이므로 $x=a$ 에서 연속이다. 그러므로 $h\to 0$ 이면

$$t:=f(a+h)-f(a)\to 0$$

이다.

$$\lim_{h\to 0}\frac{g(f(a+h))-g(f(a))}{f(a+h)-f(a)}=\lim_{t\to 0}\frac{g(t+f(a))-g(f(a))}{t}=g'(f(a))$$

이다. 따라서

$$\begin{aligned}(g\circ f)'(a) &= \lim_{h\to 0}\frac{g(f(a+h))-g(f(a))}{f(a+h)-f(a)}\times\lim_{h\to 0}\frac{f(a+h)-f(a)}{h}\\ &= g'(f(a))f'(a)\end{aligned}$$

이다.

16.4.1 연쇄율

$u=f(x)$가 미분가능이고 $y=g(u)$가 미분가능하면 $y=(g\circ f)(x)$도 미분가능하고

$$(g\circ f)'(x)=g'(f(x))f'(x)$$

또는

$$\frac{dy}{dx}=\frac{dy}{du}\frac{du}{dx}$$

이다.

예제 16.6

주어진 함수 $y=f(x)$에 대해 $\dfrac{dy}{dx}$를 구하여라.

1. $y=\sqrt{x^2+1}$
2. $y=(x^3+1)^{100}$
3. $y=(2x^2-x+3)^{10}$

풀이

1. $y=\sqrt{u},\ u=x^2+1$ 라 두면 연쇄율에 의해

$$\frac{dy}{dx}=\frac{dy}{du}\frac{du}{dx}=\frac{1}{2\sqrt{u}}\cdot 2x=\frac{x}{\sqrt{x^2+1}}$$

이다.

2. $y = u^{100}, \ u = x^3 + 1$ 라 두면 연쇄율에 의해

$$\frac{dy}{dx} = \frac{dy}{du}\frac{du}{dx} = 100u^{99} \cdot 3x^2 = 300x^2(x^3+1)^{99}$$

이다.

3. $y = u^{10}, \ u = 2x^2 - x + 3$ 라 두면 연쇄율에 의해

$$\frac{dy}{dx} = \frac{dy}{du}\frac{du}{dx} = 10u^9 \cdot (4x-1) = 10(4x-1)(2x^2-x+3)^9$$

이다.

제 17 장
적분법

17.1 부정적분의 기본공식

[NOTE]

F 가 구간 I 에서 미분가능하고 임의의 $x \in I$ 에 대해

$$F'(x) = f(x)$$

이면 임의의 상수 C 와 임의의 $x \in I$ 에 대해

$$\frac{d}{dx}(F(x) + C) = f(x)$$

이다.

F, G 가 구간 I 에서 미분가능하고 임의의 $x \in I$ 에 대해

$$F'(x) = G'(x)$$

이면 임의의 $x \in I$ 에 대해

$$G(x) = F(x) + C \ (C: \text{ 상수})$$

정의 17.1

정의역의 임의의 점 x에 대해 $F'(x) = f(x)$을 만족할 때 F를 f의 부정적분(원시함수)이라고 한다. f의 부정적분을 $F(x) = \int f(x)dx$로 표기한다.

[NOTE]

F 가 구간 I 에서 미분가능하고 임의의 $x \in I$ 에 대해 $F'(x) = f(x)$ 이면 임의의 상수 C 와 임의의 $x \in I$ 에 대해

$$(F(x) + C)' = f(x)$$

가 성립한다. 즉, F가 f의 부정적분이면 임의의 상수C 에 대해 $F + C$도 f의 부정적분이 된다. 따라서 F가 f의 부정적분이면 임의의 상수 C 에 대해

$$\int f(x)dx = F(x) + C \ (C: \text{상수})$$

가 성립한다. 여기서 상수 C를 적분상수라고 한다.

[NOTE]

정의역의 임의의 점 x에 대해 $F'(x) = G'(x)$ 이면

$$G(x) = F(x) + C \ (C: \text{상수})$$

이다. 즉, 두 함수 F, G가 같은 함수의 부정적분이면

$$F(x) = G(x) + C$$

인 상수 C가 존재한다.

정리 17.1

$n \neq -1$ 에 대해 $\int x^n dx = \frac{1}{n+1}x^{n+1} + C$

증명

임의의 상수 C 와 임의의 실수 x에 대해

$$(\frac{1}{n+1}x^{n+1} + C)' = x^n \ (\text{단}, n \neq -1)$$

이므로

$$F(x) = \frac{1}{n+1}x^{n+1} \ (\text{단}, n \neq -1)$$

이 $f(x) = x^n$ 의 부정적분이 된다. 따라서 $n \neq -1$ 에 대해

$$\int x^n dx = \frac{1}{n+1} x^{n+1} + C$$

가 성립한다.

정리 17.2 부정적분의 성질

1. $\int [f(x) \pm g(x)] dx = \int f(x) dx \pm \int g(x) dx$
2. $\int [kf(x)] dx = k \int f(x) dx$ (k : 상수)

증명

1. F, G 가 f, g 의 부정적분이면

$$F'(x) = f(x),\ G'(x) = g(x)$$

이다. 따라서

$$[F(x) \pm G(x)]' = F'(x) \pm G'(x) = f(x) \pm g(x)$$

이다. 그러므로

$$\int [f(x) \pm g(x)] dx = \int f(x) dx \pm \int g(x) dx.$$

2. F가 f 의 부정적분이면

$$F'(x) = f(x)$$

이다. 따라서 임의의 상수 k에 대해

$$[kF(x)]' = kF'(x) = kf(x)$$

이다. 그러므로

$$\int [kf(x)] dx = k \int f(x) dx$$

를 만족한다.

예제 17.1

다음 부정적분을 구하여라.

1. $\int (3x^2 - 2x)dx$
2. $\int (x^2 - 1)(x + 1)dx$

풀이

1. $$\int (3x^2 - 2x)dx = x^3 - x^2 + C$$

2. $$\begin{aligned} \int (x^2 - 1)(x + 1)dx &= \int (x^3 + x^2 - x - 1)dx \\ &= \frac{1}{4}x^4 + \frac{1}{3}x^3 - \frac{1}{2}x^2 - x + C \end{aligned}$$

17.2 초월함수의 적분

예제 17.2

$\int \frac{1}{x}dx = \ln|x| + C(x \neq 0)$ 임을 보여라.

증명

$x > 0$ 이면 $|x| = x$ 이므로

$$\frac{d}{dx}\ln|x| = \frac{d}{dx}\ln x = \frac{1}{x}$$

이고, $x < 0$ 이면 $|x| = -x$ 이므로

$$\frac{d}{dx}\ln|x| = \frac{d}{dx}\ln(-x) = \frac{-1}{-x} = \frac{1}{x}$$

이다. 따라서 임의의 0이 아닌 실수 $x \neq 0$에 대해

$$\frac{d}{dx}\ln|x| = \frac{1}{x}$$

가 된다. 그러므로

$$\int \frac{1}{x}dx = \ln|x| + C(x \neq 0)$$

가 성립한다.

예제 17.3

적분 $\int \frac{8^x+1}{2^x+1}dx$을 구하여라.

풀이

$$\begin{aligned}\int \frac{8^x+1}{2^x+1}dx &= \int \frac{(2^x+1)((2^x)^2-2^x+1)}{2^x+1}dx \\ &= \int (4^x - 2^x + 1)dx \\ &= \frac{4^x}{\ln 4} - \frac{2^x}{\ln 2} + x + C\end{aligned}$$

17.3 치환적분

[NOTE]

<연쇄율>

$u = f(x)$ 가 x 에 관해 미분가능하고 $y = g(u)$ 가 u 에 관해 미분가능하면

$$y = (g \circ f)(x)$$

도 x 에 관해 미분가능하고

$$(g \circ f)'(x) = g'(f(x))f'(x)$$

를 만족한다. 즉,

$$\frac{dy}{dx} = \frac{dy}{du}\frac{du}{dx}$$

이 성립한다.

정리 17.3 치환적분법

$u = g(x)$가 x에 관해 미분가능하면

$$\int f(g(x))g'(x)dx = \int f(u)du$$가 된다.

증명

$u = g(x)$가 미분가능이고 F가 f의 부정적분이면 연쇄율에 의해

$$\frac{d}{dx}F(g(x)) = F'(g(x))g'(x) = f(g(x))g'(x)$$

이다. 즉, $F(g(x))$가 $f(g(x))g'(x)$의 부정적분이 된다. 따라서

$$\int f(g(x))g'(x)dx = F(g(x)) + C = F(u) + C = \int f(u)du + C$$

이다.

[NOTE]

$n \neq -1$ 일 때 $\int f(x)^n f'(x)dx$ 를 구할 때 $u = f(x)$로 치환하면

$$du = f'(x)dx.$$

따라서

$$\int f(x)^n f'(x)dx = \int u^n du = \frac{1}{n+1}u^{n+1} + C = \frac{1}{n+1}f(x)^{n+1} + C$$

이다.

예제 17.4

다음 부정적분을 구하여라.

1. $\int 3x^2(x^3+1)dx$ 2. $\int \frac{e^x}{(e^x+1)^2}dx$ 3. $\int \frac{\ln x}{x}dx$

풀이

1. $u = x^3+1$ 로 치환하면 $du = 3x^2dx$ 이다. 따라서

$$\int 3x^2(x^3+1)dx = \int udu = \frac{1}{2}u^2 + C = \frac{1}{2}(x^3+1)^2 + C$$

2. $u = e^x+1$ 로 치환하면 $du = e^x dx$ 이다. 따라서

$$\int \frac{e^x}{(e^x+1)^2}dx = \int \frac{1}{u^2}du = -\frac{1}{u} + C = -\frac{1}{e^x+1} + C$$

3. $u = \ln x$ 로 치환하면 $du = \frac{1}{x}dx$ 이다. 따라서

$$\int \frac{\ln x}{x}dx = \int udu = \frac{1}{2}u^2 + C = \frac{1}{2}(\ln x)^2 + C$$

이다.

[NOTE]

$f(x) \neq 0$ 일 때 $u = f(x)$로 치환하면

$$du = f'(x)dx.$$

따라서

$$\int \frac{f'(x)}{f(x)}dx = \int \frac{1}{u}du = \ln|u| + C = \ln|f(x)| + C$$

예제 17.5

다음 적분을 구하여라.

1. $\int \frac{2x}{x^2+1}dx$ 2. $\int \frac{1}{x\ln x}dx$

풀이

1. $u = x^2 + 1$ 로 치환하면 $du = 2xdx$ 이다. 따라서

$$\int \frac{2x}{x^2+1}dx = \int \frac{1}{u}du = \ln|u| + C = \ln|x^2+1| + C$$

이다.

2. $u = \ln x$ 로 치환하면 $du = \frac{1}{x}dx$ 이다. 따라서

$$\int \frac{1}{x\ln x}dx = \int \frac{1}{u}du = \ln|u| + C = \ln|\ln x| + C.$$

17.4 부분적분법

[NOTE]

f, g 가 미분가능하면 $(f(x)g(x))' = f'(x)g(x) + f(x)g'(x)$ 이다. 따라서

$$f(x)g(x) = \int (f'(x)g(x) + f(x)g'(x))dx = \int f'(x)g(x)dx + \int f(x)g'(x)dx$$

그러므로

$$\int f(x)g'(x)dx = f(x)g(x) - \int f'(x)g(x)dx$$

이다. 또는 $u = f(x)$, $v = g(x)$ 대입하면

$$du = f'(x)dx,\ dv = g'(x)dx$$

이다. 따라서

$$\int udv = uv - \int vdu \text{ (부분적분법).}$$

■ **부분적분법의 KNOW-HOW**

- 지수함수와 다항함수 곱의 적분일 때는 다항함수를 u로 두고 적분해야 한다.
- 로그함수와 다항함수 곱의 적분일 때는 로그함수를 u로 두고 적분해야 한다.

예제 17.6

1. $\int xe^{2x}dx$ 2. $\int \ln x dx$ 3. $\int x \ln x dx$

풀이

1. $u = x,\ dv = e^{2x}dx$ 라 두면

$$du = dx,\ v = \frac{1}{2}e^{2x}$$

이다. 따라서

$$\int xe^{2x}dx = \frac{1}{2}xe^{2x} - \frac{1}{2}\int e^{2x}dx = \frac{1}{2}xe^{2x} - \frac{1}{4}e^{2x} + C$$

2. $u = \ln x,\ dv = dx$ 라 두면

$$du = \frac{1}{x}dx,\ v = x$$

이다. 따라서

$$\int \ln x dx = x \ln x - \int dx = x \ln x - x + C.$$

3. $u = \ln x,\ dv = xdx$ 라 두면

$$du = \frac{1}{x}dx,\ v = \frac{1}{2}x^2$$

이다. 따라서

$$\int x \ln x dx = \frac{1}{2}x^2 \ln x - \frac{1}{2}\int xdx = \frac{1}{2}x^2 \ln x - \frac{1}{4}x^2 + C.$$

정리 17.4 Basic 적분공식

1. $\int udv = uv - \int vdu$ (부분적분)
2. $\int x^n dx = \frac{1}{n+1}x^{n+1} + C,\ n \neq 1$
3. $\int \frac{1}{x}dx = \ln|x| + C$
4. $\int e^x dx = e^x + C$
5. $\int a^x dx = \frac{1}{\ln a}a^x + C$

17.5 정적분

- 구분구적법: 어떤 도형의 넓이나 그 도형을 여러 개의 간단한 도형으로 세분하여 그 넓이 또는 부피의 근사값을 구하고 이 근사값의 합의 극한값으로 넓이나 부피를 구하는 방법을 구분구적법이라 한다.
- 정적분: 위 정의에서 도형대신 $y = f(x)$ 와 구간 $[a,\ b]$를 주면 $y = f(x)$ 와 x 축 및 두 직선 $x = a,\ x = b$ 로 둘러싸인 도형의 넓이를 구분구적법을 이용해서 구할 수 있고 이때의 근사값에 대한 극한값을 $f(x)$의 $x = a$ 에서 $x = b$까지의 정적분이라 한다.

정의 17.2 정적분

f가 구간 $[a,\ b]$에서 정의된 연속함수라고 하자. $[a,\ b]$를 n개의 소구간으로 분할하고 그 분할점들의 집합을 $P = \{x_0,\ x_1,\ x_2,\ \cdots,\ x_n\}$ 라고 하자. 즉,

$$a = x_0 < x_1 < x_2 < \cdots < x_{n-1} < x_n = b$$

이다.

$$\Delta x_i = x_i - x_{i-1},\ i = 1,\ 2,\ \cdots,\ n,\ \overline{x_i} \in [x_{i-1},\ x_i],\ i = 1,\ 2,\ \cdots,\ n,$$

$$|P| = \max\{\Delta x_i | i = 1,\ 2,\ \cdots,\ n\}$$

라고 할 때,

$$\lim_{|P| \to 0} \sum_{i=1}^{n} f(\overline{x_i}) \Delta x_i$$

가 존재하면 f는 $[a,\ b]$에서 적분가능이라 하고

$$\int_a^b f(x)dx = \lim_{|P| \to 0} \sum_{i=1}^{n} f(\overline{x_i}) \Delta x_i$$

라 정의한다. 여기서

$$\int_a^b f(x)dx$$

를 구간 $[a,\ b]$ 에서의 함수 $f(x)$의 정적분이라 한다.

[NOTE]

f가 $[a,\ b]$에서 적분 가능하고 임의의 $x \in [a,\ b]$에 대해 $f(x) \geq 0$라고 하자. S를 $y = f(x),\ x = a,\ x = b,\ x$축으로 둘러싸인 면적이라고 하면 $S = \int_a^b f(x)dx$와 같다.

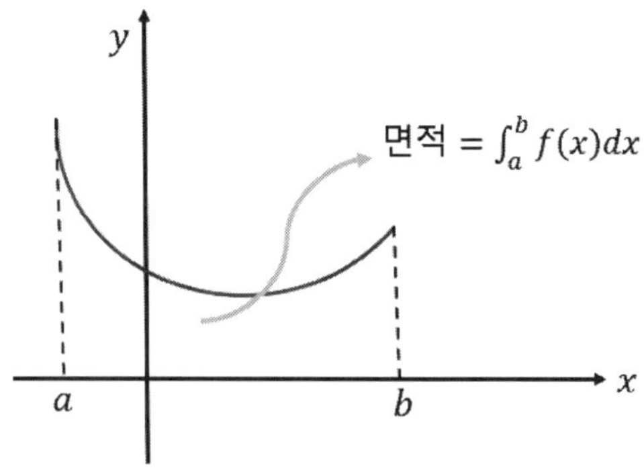

[NOTE]

$\displaystyle\int_a^b f(x)dx$ 의 값은 변수 x와는 무관하다. 즉,

$$\int_a^b f(x)dx = \int_a^b f(t)dt$$

이다.

정리 17.5 미적분학의 제1 기본정리

> f가 $[a,\ b]$에서 연속에서 $F(x) = \displaystyle\int_a^x f(t)dt(a \le x \le b)$라 하면 F는 $(a,\ b)$에서 미분가능이고 임의의 실수 $x \in (a,\ b)$에 대해 $F'(x) = f(x)$이다.

증명

$x,\ x+h \in (a,\ b)$ 에 대해

$$\begin{aligned}\frac{F(x+h)-F(x)}{h} &= \frac{1}{h}[\int_a^{x+h} f(t)dt - \int_a^x f(t)dt] \\ &= \frac{1}{h}[\int_a^{x+h} f(t)dt + \int_x^a f(t)dt] \\ &= \frac{1}{h}\int_x^{x+h} f(t)dt\end{aligned}$$

을 만족한다. f가 $[a,\ b]$에서 연속이므로 f에서 $[x,\ x+h]$ (또는 $[x+h,\ x]$)에서

연속이다. 적분에 관한 평균치 정리에 의해

$$\frac{1}{h}\int_x^{x+h} f(t)dt = f(c)$$

를 만족하는 c 가 $[x,\ x+h]$ (또는 $[x+h,\ x]$)에서 존재한다. $h \to 0$ 이면 $c \to x$ 이고 f: $[a,\ b]$ 에서 연속이므로

$$\lim_{h\to 0} f(c) = \lim_{c\to x} f(c) = f(x).$$

따라서 임의의 실수 $x \in (a,\ b)$에 대해

$$F'(x) = \lim_{h\to 0}\frac{F(x+h)-F(x)}{h} = \lim_{h\to 0}\frac{1}{h}\int_x^{x+h} f(t)dt$$
$$= \lim_{h\to 0} f(c) = f(x).$$

따라서 F가 $(a,\ b)$에서 미분가능이고 임의의 실수 $x \in (a,\ b)$에 대해

$$F'(x) = f(x)$$

가 된다.

[참고]

■적분에 관한 평균치 정리

f가 $[a,\ b]$에서 연속이면 $\int_a^b f(x)dx = f(c)(b-a)$ 를 만족하는 c 가 $(a,\ b)$ 내에 존재한다.

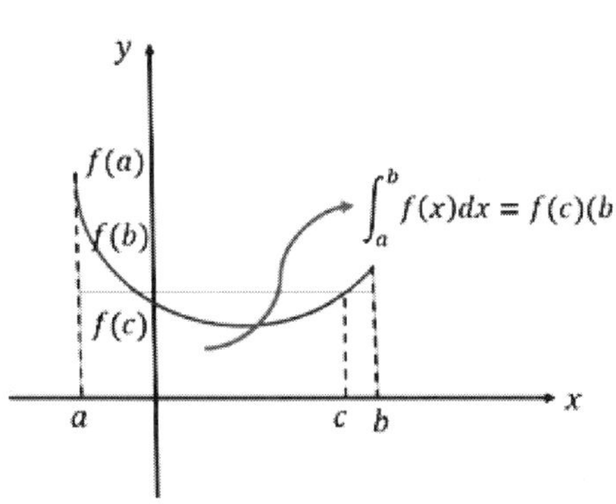

정리 17.6 미적분학의 제2 기본정리

f가 $[a,\ b]$에서 연속이고 F 를 f의 부정적분이면 $\int_a^b f(x)dx = F(b) - F(a)$를 만족한다.

$$[F(x)]_a^b = F(b) - F(a)$$

로 표기한다.

증명

미적분학의 제 1기본정리에 의해 $\int_a^x f(t)dt$ 은 f의 부정적분이 된다. F 가 f의 부정적분이므로

$$\int_a^x f(t)dt = F(x) + C \ (C: \text{상수})$$

를 만족한다. 여기서 $x = a$ 를 대입하면

$$0 = \int_a^a f(t)dt = F(a) + C$$

이다. 따라서

$$C = -F(a)$$

가 된다. $x = b$ 를 대입하면

$$\int_a^b f(t)dt = F(b) + C = F(b) - F(a)$$

이다.

[NOTE]

f: $[a,\ b]$에서 불연속인 점이 있으면 미적분학의 기본정리가 성립하지 않는다.

예제 17.7

1. $\dfrac{d}{dx}\displaystyle\int_1^x u^3 du$
2. $\displaystyle\int_1^4 x^3 dx$

풀이

1. $f(x) = x^3$가 R에서 연속이므로 미적분학의 제1기본정리에 의해 임의의 실수 $x \in R$에 대해

$$\frac{d}{dx}\int_1^x u^3 du = x^3$$

이다.

2. $f(x) = x^3$ 가 R에서 연속이고 $F(x) = \frac{1}{4}x^4$은 $f(x) = x^3$의 부정적분이므로 미적분학의 제2기본정리에 의해

$$\int_1^4 x^3 dx = [\frac{1}{4}x^4]_1^4 = \frac{1}{4}[4^4 - 1] = \frac{255}{4}$$

이다.

제 18 장
보험에의 응용

18.1 이력

정의 18.1

$a(t)$를 원리금 비율함수, $A(t)$를 원리금 함수라고 할 때

$$\delta(t) = \delta_t = \frac{A'(t)}{A(t)} = \frac{a'(t)}{a(t)}$$

를 t 시점에서의 이력(force of interest)이라고 한다.

정리 18.1

$a(t)$를 원리금 비율함수, $A(t)$ 를 원리금 함수라고 하면 다음이 성립한다.

1. $\delta(t) = \frac{d}{dt}\ln A(t) = \frac{d}{dt}\ln a(t)$
2. $a(t) = e^{\int_0^t \delta(s)ds}$
3. $A(n) = A(0) + \int_0^n A(t)\delta(t)dt$

증명

1. $\delta(t) = \delta_t = \frac{A'(t)}{A(t)} = \frac{a'(t)}{a(t)}$ 이므로 $\delta(t) = \frac{d}{dt}\ln A(t) = \frac{d}{dt}\ln a(t)$

2. $\int_0^t \delta(s)ds = \int_0^t \frac{d}{ds}\ln a(s)ds = \ln a(t) - \ln a(0) = \ln a(t)$ 따라서

$$a(t) = e^{\int_0^t \delta(s)ds}$$

3. $\int_0^n A(t)\delta(t)dt = \int_0^n A'(t)dt = A(n) - A(0)$ 이므로

$$A(n) = A(0) + \int_0^n A(t)\delta(t)dt$$

이다.

[NOTE]

1. 단리 하에서의 원리금 비율함수는 $a(t) = 1 + it(t \geq 0)$이다. 이때 이력을 계산해보면

$$\delta(t) = \frac{a'(t)}{a(t)} = \frac{i}{1+it}$$

가 된다. 즉, 고정 단리하에서의 이력은 t가 증가함에 따라 감소한다.

2. 복리 하에서의 원리금 비율함수는

$$a(t) = (1+i)^t(t \geq 0)$$

이다. 이때 이력을 계산해보면

$$\delta(t) = \frac{a'(t)}{a(t)} = \frac{(1+i)^t\ln(1+i)}{(1+i)^t} = \ln(1+i)$$

가 된다. 즉, 고정 복리하에서의 이력은 t 에 관계없이 일정하다.

정리 18.2 상수이력의 성질

실이율이 i이고 $\delta(t)$를 이력함수라고 하자. $\delta(t)$가 $0 \le t \le n$ 에서 상수이면 i도 $0 \le t \le n$ 에서 상수이다. 즉, $\delta(t) = \delta$ 이면 다음이 성립한다.

1. $i = e^{\delta} - 1$
2. $v = e^{-\delta}$
3. $a(t) = e^{\delta t}$
4. $a^{-1}(t) = e^{-\delta t}$

증명

1. $\delta(t) = \delta,\ 0 \le t \le n$ 이면

$$(1+i)^n = a(n) = e^{\int_0^n \delta(t)dt} = e^{\int_0^n \delta dt} = e^{n\delta}$$

이다. $1 + i = e^{\delta}$ 이므로

$$i = e^{\delta} - 1$$

2. $1 + i = e^{\delta}$ 이므로

$$v = \frac{1}{1+i} = e^{-\delta}$$

이다.

3. $(1+i)^n = a(n) = e^{n\delta}$에서 $a(t) = e^{\delta t}$

4. $a(t) = e^{\delta t}$ 에서 $a^{-1}(t) = \dfrac{1}{a(t)} = e^{-\delta t}$.

예제 18.1

5%의 이력으로 3,000만 원을 10년간 투자할 때 원리금을 구하여라.

풀이

$a(t) = e^{\int_0^t \delta(s)ds} = e^{\delta t}$ 이므로 원리금은

$$A(t) = 30,000,000e^{0.05\times 10} = 30,000,000e^{0.5} = 49,461,638 \text{ 원}$$

이다.

예제 18.2

7월1일부터 8월 31일까지 1000만 원을 다음 이율로 투자한다고 할 때 두 달 후의 원리금을 구하여라. 단, 1년을 365일로 계산한다.

1. 단리이율 5%
2. 일별로 전환가능한 명목이율 5%
3. 이력 5%

풀이

1. 단리이율 5% 일 때 두 달 후의 원리금은

$$10,000,000(1+0.05\times\frac{62}{365}) = 10,084,932 \text{ 원}$$

이다.

2. $i^{(365)} = 0.05$ 이므로 $\frac{i^{(365)}}{365} = \frac{0.05}{365}$ 은 하루 동안의 실이율이 된다. 따라서 일별로 전환 가능한 명목이율 5% 일 때 두 달 후의 원리금은

$$10,000,000(1+\frac{0.05}{365})^{62} = 10,085,287 \text{ 원}$$

이다.

3. 이력 5% 일 때 두 달 후의 원리금은

$$10,000,000e^{0.05\times\frac{62}{365}} = 10,085,293 \text{ 원}$$

이다.

예제 18.3

예제18.2의 각 경우에 대해 연간 실이율 i을 구하여라.

1. 단리이율 5%
2. 일별로 전환 가능한 명목이율 5%
3. 이력 5%

풀이

$(1+\frac{i^{(m)}}{m})^m = 1+i$ 에서

1. 단리이율 5% 일 때 $(1+i)^{\frac{62}{365}} = 1+0.05\times\frac{62}{365}$ 가 성립한다. 따라서

$$i = (1+0.05\times\frac{62}{365})^{\frac{365}{62}} - 1 = 0.0511$$

이다.

2. 일별로 전환 가능한 명목이율 5% 일 때 $i^{(365)} = 0.05$ 이므로

$$\frac{i^{(365)}}{365} = \frac{0.05}{365}$$

은 하루 동안의 실이율이다. 그러므로 일별로 전환 가능한 명목이율 5% 일 때 실이율은

$$i = (1+\frac{0.05}{365})^{365} - 1 = 0.0513$$

3. $i = e^{\delta} - 1$ 에서 이력 5% 일 때 $i = e^{0.05} - 1 = 0.0513$ 이다.

예제 18.4

만기일이 200일인 금융상품이 연 4.5%의 이자를 지급한다고 할 때 이 금융상품의 이력을 구하여라. 단 1년을 365일로 한다.

풀이

만기일이 1년이 되지 않으므로 단리이율을 사용한다. 투자금 1원에 대해 200일 후의 원리금은

$$(1+i)^{\frac{200}{365}} = 1 + 0.045 \times \frac{200}{365}$$

가 성립한다. 연실이율은

$$i = (1 + 0.045 \times \frac{200}{365})^{\frac{365}{200}} - 1 = 0.0455$$

이다. $1 + i = e^{\delta}$ 에서 $\delta = \ln(1+i) = \ln(1.0455) = 0.0445$ 이다.

정리 18.3 명목이율과 이력, 명목할인율과 이력과의 관계

실이율 i, 명목이율 $i^{(m)}$, 명목할인율 $d^{(m)}$ 에 대해 이력함수 $\delta(t) = \delta$ 이면 다음이 성립한다.

1. $i^{(m)} = m[e^{\frac{\delta}{m}} - 1]$
2. $d^{(m)} = m[1 - e^{-\frac{\delta}{m}}]$

증명

1. $\delta(t) = \delta$ 이므로 $1 + i = e^{\delta}$ 이다. 따라서

$$(1 + \frac{i^{(m)}}{m})^m = 1 + i = e^{\delta}$$

이므로

$$i^{(m)} = m[e^{\frac{\delta}{m}} - 1]$$

이다.

2. $(1-\frac{d^{(m)}}{m})^{-m}=(1+\frac{i^{(m)}}{m})^{m}=1+i=e^{\delta}$ 이므로 정리하면

$$d^{(m)}=m[1-e^{-\frac{\delta}{m}}]$$

이 된다.

예제 18.5

이력 $\delta=0.05$ 에 대해 다음을 구하여라.

1. 주별 전환가능한 명목이율
2. 월별로 전환가능한 명목할인율

풀이

1. $i^{(m)}=m[e^{\frac{\delta}{m}}-1]$에서 주별 전환가능한 명목이율은

$$i^{(52)}=52[e^{\frac{0.05}{52}}-1]=0.05002$$

이다.

2. $d^{(m)}=m[1-e^{-\frac{\delta}{m}}]$에서 월별로 전환가능한 명목할인율은

$$d^{(12)}=12[1-e^{-\frac{0.05}{12}}]=0.0499$$

이다.

예제 18.6

5,000만 원을 3년간 투자할 때 현가를 구하여라.

1. 월별로 전환가능한 명목이율 6%
2. 월별로 전환가능한 명목할인율 6%
3. 연 6%의 이력

풀이

1. 월별로 전환가능한 명목이율 6%이면 $i^{(12)} = 0.06$이므로 1개월간의 실이율은
$$\frac{i^{(12)}}{12} = \frac{0.06}{12} = 0.005$$
이다. 따라서 5,000만 원을 3년간 투자할 때 현가는
$$50,000,000(1+\frac{i^{(12)}}{12})^{-12\times 3} = 50,000,000(1+0.005)^{-36} = 41,782,246 \text{ 원}$$
이다.

2. 월별로 전환가능한 명목할인율 6%이면 $d^{(12)} = 0.06$ 이므로 1개월간의 실할인율은
$$\frac{d^{(12)}}{12} = \frac{0.06}{12} = 0.005$$
이다. 따라서 5,000만 원을 3년간 투자할 때 현가는
$$50,000,000(1-\frac{d^{(12)}}{12})^{12\times 3} = 50,000,000(1-0.005)^{36} = 41,744,658 \text{ 원}$$
이다.

3. 연 6%의 이력일 때 현가는 $50,000,000 \times e^{-0.06\times 3} = 41,763,511$ 원이다.

[NOTE]

$\delta(t) = \delta$ 이면 $i = e^{\delta} - 1$ 따라서 $\delta = \ln(1+i)$

1. $\delta = \ln(1+i) = i - \frac{i^2}{2} + \frac{i^3}{3} - \frac{i^4}{4} + \cdots = \sum_{k=1}^{\infty}(-1)^{k-1}\frac{i^k}{k}$

2. $i = e^{\delta} - 1 = \delta + \frac{\delta^2}{2} + \frac{\delta^3}{3!} + \cdots = \sum_{k=1}^{\infty}\frac{\delta^k}{k!}$

3. $i^{(m)} = m[e^{\frac{\delta}{m}} - 1] \quad = m[\frac{\delta}{m} + \frac{1}{2!}(\frac{\delta}{m})^2 + \frac{1}{3!}(\frac{\delta}{m})^3 + \cdots]$

$$= \delta + \frac{\delta^2}{2!m} + \frac{\delta^3}{3!m^2} + \cdots$$

$$= \sum_{k=1}^{\infty} \frac{\delta^k}{k!m^{k-1}}$$

따라서 $\lim_{m\to\infty} i^{(m)} = \lim_{m\to\infty} [\delta + \frac{\delta^2}{2!m} + \frac{\delta^3}{3!m^2} + \cdots] = \delta.$

4. $d^{(m)} = m[1 - e^{-\frac{\delta}{m}}] \quad = m[\frac{\delta}{m} - \frac{1}{2!}(\frac{\delta}{m})^2 + \frac{1}{3!}(\frac{\delta}{m})^3 - \cdots]$

$$= \delta - \frac{\delta^2}{2!m} + \frac{\delta^3}{3!m^2} - \cdots$$

$$= \sum_{k=1}^{\infty} (-1)^{k-1} \frac{\delta^k}{k!m^{k-1}}$$

따라서 $\lim_{m\to\infty} d^{(m)} = \lim_{m\to\infty} [\delta - \frac{\delta^2}{2!m} + \frac{\delta^3}{3!m^2} - \cdots] = \delta$

정리 18.4 시간구간에서 원리금비율함수와 변동이력의 관계

시간구간 $[t_1,\ t_2]$에 대해 변동이력 $\delta(t)$과 원리금 함수사이에 다음이 성립한다.

$$\frac{a(t_2)}{a(t_1)} = \exp(\int_{t_1}^{t_2} \delta(t)dt)$$

즉, $A(t_2) = A(t_1)\exp(\int_{t_1}^{t_2} \delta(t)dt)$. 특히, $t_1 = 0$ 이면 시점 t 에서의 원리금은

$$A(t) = A(0)a(t) = A(0)\exp(\int_0^t \delta(t)dt)$$

증명

$$\frac{a(t_2)}{a(t_1)} = \frac{\exp(\int_0^{t_2} \delta(t)dt)}{\exp(\int_0^{t_1} \delta(t)dt)} = \exp(\int_0^{t_2} \delta(t)dt - \int_0^{t_1} \delta(t)dt)$$

$$= \exp(\int_{t_1}^{t_2} \delta(t)dt)$$

[NOTE]

$0 < t_1 < t_2 < t_3 < \cdots < t_n$ 에 대해 원금1원에 대한 투자 이력을 $\delta(t)$라 하면

$$A(t_1) = A(0)\exp(\int_0^{t_1} \delta(t)dt) = \exp(\int_0^{t_1} \delta(t)dt)$$

$$A(t_2) = A(t_1)\exp(\int_{t_1}^{t_2} \delta(t)dt)$$

$$A(t_3) = A(t_2)\exp(\int_{t_2}^{t_3} \delta(t)dt)$$

$$\vdots$$

$$A(t_n) = A(t_{n-1})\exp(\int_{t_{n-1}}^{t_n} \delta(t)dt)$$

이므로

$$A(t_1)A(t_2)A(t_3)\cdots A(t_n)$$

$$= A(t_1)A(t_2)A(t_3)\cdots A(t_{n-1})\exp(\int_0^{t_1} \delta(t)dt)\exp(\int_{t_1}^{t_2} \delta(t)dt)$$

$$\cdots\exp(\int_{t_{n-1}}^{t_n} \delta(t)dt)$$

$$= A(t_1)A(t_2)A(t_3)\cdots A(t_{n-1})\exp(\int_0^{t_1} \delta(t)dt + \int_{t_1}^{t_2} \delta(t)dt$$

$$+ \cdots + \int_{t_{n-1}}^{t_n} \delta(t)dt)$$

$$= A(t_1)A(t_2)A(t_3)\cdots A(t_{n-1})\exp(\int_0^{t_n} \delta(t)dt)$$

그러므로 $A(t_n) = \exp(\int_0^{t_n} \delta(t)dt)$

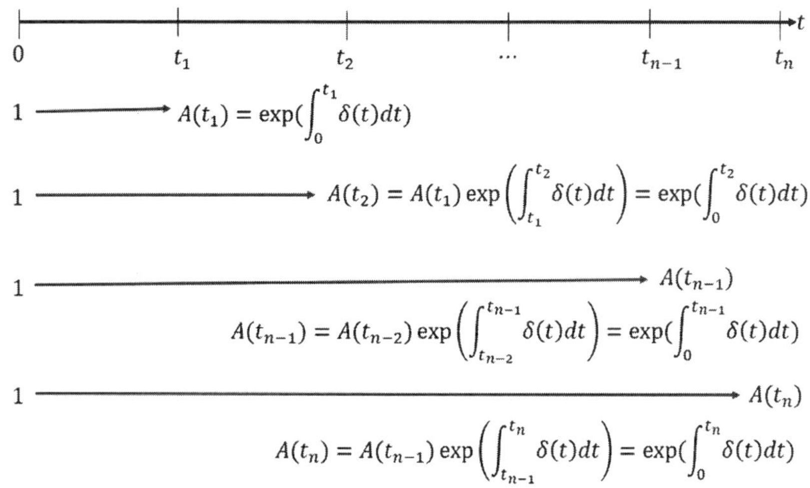

[NOTE]

시간구간 $[t_1, t_2]$에 대해 변동이력 $\delta(t)$에 대한 미래가치인수와 할인인수는 다음과 같다.

- $AVF = \exp(\int_{t_1}^{t_2} \delta(t)dt)$: $\delta(t)$에 대한 미래가치인수(accumulated value factor)
- $PVF = \exp(-\int_{t_1}^{t_2} \delta(t)dt)$: $\delta(t)$에 대한 할인인수(present value factor)

예제 18.7

이력이 $\delta(t) = \dfrac{t}{t^2+2}$, $t \geq 0$일 때 원금 5,000만 원에 대한 3차 연도 말의 종가를 구하여라.

증명

원금 5,000만 원에 대한 3차 연도 말의 종가는

$$50,000,000e^{\int_0^3 \frac{t}{t^2+2}dt} = 50,000,000e^{[\frac{1}{2}\ln(t^2+2)]_0^3}$$

$$= 50,000,000e^{\frac{1}{2}[\ln 11 - \ln 2]} = 50,000,000e^{\frac{1}{2}\ln\frac{11}{2}}$$

$$= 50,000,000 \times \sqrt{\frac{11}{2}} = 117,260,394$$

예제 18.8

$t > 0$ 에 대해 이력 $\delta(t)$가 다음과 같이 정의된다.

$$\delta(t) = \begin{cases} 0.04 + 0.02t,\ 0 \le t \le 6 \\ 0.05,\ t > 6 \end{cases}$$

1. 원리금 함수 $a(t)$를 구하여라.
2. $t = 10$ 일 때 1000만 원에 대한 $t = 0$ 인 시점에서의 현가를 구하여라.

풀이

1. $0 \le t \le 6$ 이용하면

$$\int_0^t \delta(r)dr = \int_0^t 0.04 + 0.02r dr = 0.04t + 0.01t^2$$

이고 $t > 6$ 이면

$$\int_0^t \delta(r)dr = \int_0^6 (0.04 + 0.02r)dr + \int_6^t 0.05dr$$

$$= 0.04 \times 6 + 0.01 \times 36 + 0.05(t-6)$$

$$= 0.05t + 0.3$$

이므로

$$a(t) = e^{\int_0^t \delta(r)dr} = \begin{cases} e^{0.04t+0.01t^2}, \ 0 \le t \le 6 \\ e^{0.05t+0.3}, \ t > 6 \end{cases}$$

2. $a(10) = e^{0.05\times 10+0.3} = e^{0.8}$ 이므로 $t = 10$ 일 때 1000만 원에 대한 $t = 0$ 인 시점에서의 현가는 $10,000,000 \times e^{-0.8} = 4,493,290$.

18.2 할인력

정의 18.2

$\gamma(t) = -\dfrac{\frac{d}{dt}a^{-1}(t)}{a^{-1}(t)}$ 를 시간 t에서의 할인력(discount of force)이라 정의한다.

[NOTE]

실제로 $a^{-1}(t)$는 감소함수이므로 $\frac{d}{dt}a^{-1}(t) < 0$. 따라서 '−'가 앞에 붙었다. 사실

$$\gamma(t) = \delta(t)$$

[NOTE]

1. 단리할인 하에서의 할인함수(할인현가요소)는

$$a^{-1}(t) = 1 - dt(0 \le t \le \frac{1}{d})$$

이므로 단리할인 하에서의 할인력함수는

$$\gamma(t) = -\frac{\frac{d}{dt}a^{-1}(t)}{a^{-1}(t)} = \frac{d}{1-dt}$$

이다.

2. 복리할인 하에서의 할인함수는

$$a^{-1}(t) = (1-d)^t(0 \le t \le \frac{1}{d})$$

이므로 복리할인 하에서의 할인력함수는

$$\gamma(t) = -\frac{\frac{d}{dt}a^{-1}(t)}{a^{-1}(t)} = -\frac{(1-d)^t \ln(1-d)}{(1-d)^t} = -\ln(1-d)$$

이다. 따라서 복리할인 하에서의 할인력함수는 t에 관계없이 일정하다.

정리 18.5

$\delta(t)$를 이력함수, $\gamma(t)$ 를 할인력 함수라고 하면 $\gamma(t) = \delta(t)$이다.

증명

$$\gamma(t) = -\frac{\frac{d}{dt}a^{-1}(t)}{\cdot a^{-1}(t)} = \frac{a^{-2}(t)a'(t)}{a^{-1}(t)} = \frac{a^{-2}(t)a(t)\delta(t)}{a^{-1}(t)} = \delta(t)$$

18.3 변동이율

■이력이 연속적으로 변하는 경우

이력이 연속적으로 변하는 경우에는 원리금은 $a(t) = e^{\int_0^t \delta(s)ds}$ 을 이용하면 된다. 만약 $\delta(s)$를 적분할 수 없다면 적분의 근삿값을 활용해야 한다.

예제 18.9

이력함수가 $\delta(t) = \frac{1}{2t+1}$, $t \geq 0$로 주어졌을 때 t년도 말의 1의 종가 $a(t)$ 을 구하여라.

풀이

$$a(n) = e^{\int_0^t \delta(s)ds} = e^{\int_0^t \frac{1}{2s+1}ds} = e^{[\frac{1}{2}\ln(2s+1)]_0^t} = \sqrt{2t+1} \text{ 이다.}$$

■실이율이 일정 기간을 따라 변동하는 경우

가장 빈번히 사용되는 경우이다. i_n 이 최초 투자일로부터 n 번째 기간의 실이율이라고 하자. 그러면

- 첫 번째 기간 말의 1의 종가는 $1+i_1$,
- 두 번째 기간 말의 1의 종가는 $1+i_1+i_2(1+i_1)=(1+i_1)(1+i_2)$,
- 세 번째 기간 말의 1의 종가는

$$(1+i_1)(1+i_2)+i_3(1+i_1)(1+i_2)=(1+i_1)(1+i_2)(1+i_3)$$

  이 된다. 이 방법을 계속하면

- t 번째 기간 말의 1의 종가는

$$a(t)=(1+i_1)(1+i_2)(1+i_3)\cdots(1+i_t)=\prod_{k=1}^{t}(1+i_k)$$

  로 주어진다. 여기서 $i_1=i_2=\cdots=i_t=i$ 이면 $a(t)=(1+i)^t$가 된다.

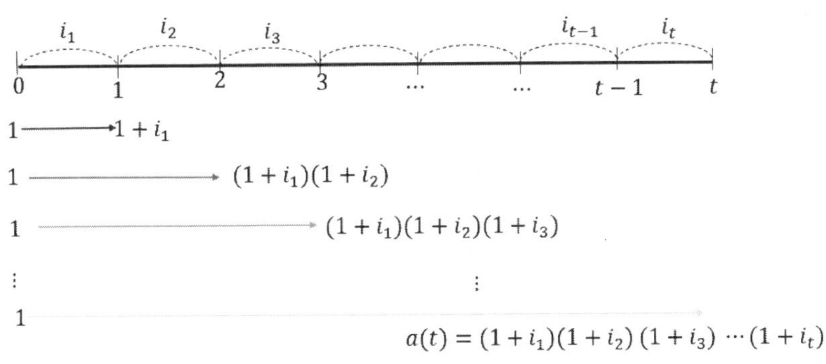

■ **변동하는 실이율 하에서 t가 양의 정수일 때**

- 첫 번째 기간 말에 지급될 1의 현가는 $(1+i_1)^{-1}$,
- 두 번째 기간 말에 지급될 1의 현가는 $(1+i_1)^{-1}(1+i_2)^{-1}$,
- 세 번째 기간 말에 지급될 1의 현가는 $(1+i_1)^{-1}(1+i_2)^{-1}(1+i_3)^{-1}$

이다. 이 방법을 계속하면 t 번째 기간 말에 지급될 1의 현가는

$$a^{-1}(t) = (1+i_1)^{-1}(1+i_2)^{-1}(1+i_3)^{-1}\cdots(1+i_t)^{-1} = \prod_{k=1}^{t}(1+i_k)^{-1}$$

로 주어진다. 여기서 $i_1 = i_2 = \cdots = i_t = i$ 이면 $a^{-1}(t) = (1+i)^{-t} = v^t$

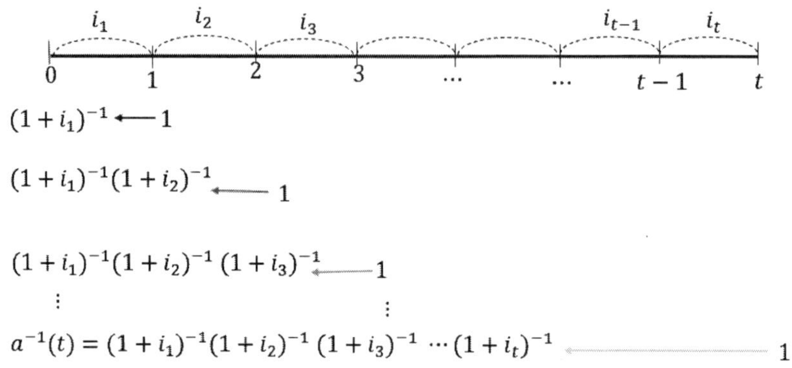

[NOTE]

d_n 을 최초 투자일로부터 n 번째 기간의 실할인율이라고 하면

- ◦ 첫 번째 기간 말에 지급될 1의 현가는 $1-d_1$,
- ◦ 두 번째 기간 말에 지급될 1의 현가는 $1-d_1-d_2(1-d_1) = (1-d_1)(1-d_2)$,
- ◦ 세 번째 기간 말에 지급될 1의 현가는

$$(1-d_1)(1-d_2) - d_3(1-d_1)(1-d_2) = (1-d_1)(1-d_2)(1-d_3) \text{ 이다.}$$

이 방법을 계속하면 t 번째 기간 말에 지급될 1의 현가는

$$a^{-1}(t) = (1-d_1)(1-d_2)(1-d_3)\cdots(1-d_t) = \prod_{k=1}^{t}(1-d_k)$$

가 된다.

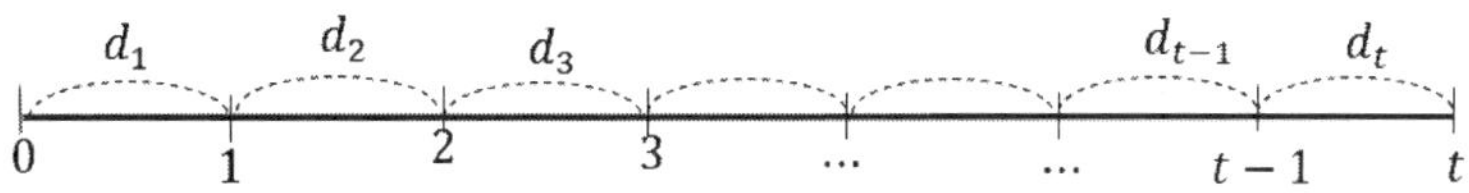

$(1-d_1) \longleftarrow 1$

$(1-d_1)(1-d_2) \longleftarrow 1$

$(1-d_1)(1-d_2)\,(1-d_3) \longleftarrow 1$

$\vdots \qquad\qquad \vdots$

$a^{-1}(t) = (1-d_1)(1-d_2)\,(1-d_3)\cdots(1-d_t) \longleftarrow 1$

그리고

$$a(t) = \frac{1}{a^{-1}(t)} = \frac{1}{(1-d_1)(1-d_2)(1-d_3)\cdots(1-d_t)}$$

이다.

예제 18.10

다음과 같이 5,000만 원을 투자할 때 10차연도 말의 원리금을 구하여라.

1. 처음 2년간은 7.5%, 다음 4년간은 5.7% 그리고 마지막 4년간은 6% 복리일 때
2. 최초 4년간은 분기당 명목할인율 8%로 다음 2년간은 실할인율 4.5%, 최종 4년간은 반년마다 전환 가능한 6%의 명목할인율일 때

풀이

1. 처음 2년간은 7.5%, 다음 4년간은 5.7% 그리고 마지막 4년간은 6% 복리일 때 원리금은

   $$50,000,000 \times (1+0.075)^2(1+0.057)^4(1+0.06)^4 = 91,056,372 \text{ 원}$$

   이다.

2. 최초 4년간은 분기당 명목할인율 8%로 다음 2년간은 실할인율 4.5%, 최종

4년간은 반년마다 전환 가능한 6%의 명목할인율일 때 원리금은

$$50,000,000 \times (1 - \frac{0.08}{4})^{-4\times4}(1-0.045)^{-2}(1-\frac{0.06}{2})^{-2\times4}$$
$$= 50,000,000 \times (0.98)^{-16}(0.955)^{-2}(0.97)^{-8} = 96,643,395 \text{ 원}$$

이다.

예제 18.11

첫해 6%의 실할인율, 2차연도 4%의 실할인율, 3차연도 3%의 실할인율과 동등한 3년간의 실이율을 구하여라.

풀이

1원의 3년 후 원리금은

$$(1+i)^3 = (1-0.06)^{-1}(1-0.04)^{-1}(1-0.03)^{-1} = (0.94 \times 0.96 \times 0.97)^{-1}$$

이다. 따라서

$$i = (0.94 \times 0.96 \times 0.97)^{-\frac{1}{3}} - 1 = 0.0454$$

이다.

<관계식들의 요약>

이자율 또는 할인율	$a(t)$	$a^{-1}(t)$
i : 단리	$1+it$	$(1+it)^{-1}$
i : 복리	$(1+i)^t$	$(1+i)^{-t}$
d : 단리 할인	$(1-dt)^{-1}$	$1-dt$
d : 복리 할인	$(1-d)^{-t}$	$(1-d)^t$
$i^{(m)}$: 명목이율	$(1+\frac{i^{(m)}}{m})^{mt}$	$(1+\frac{i^{(m)}}{m})^{-mt}$
$d^{(m)}$: 명목할인율	$(1-\frac{d^{(m)}}{m})^{-mt}$	$(1-\frac{d^{(m)}}{m})^{mt}$
δ : 이력	$e^{\delta t}$	$e^{-\delta t}$
i : 연속복리	e^{it}	e^{-it}

제 19 장
연금

19.1 기말급 연금

정의 19.1

사전에 정해진 기간(연금 지급기간) 중에 일정한 간격(1개월, 1년)을 두고 연속적으로 이루어지는 지불금이나 수령액을 연금(annuity)이라고 한다. 예를 들어 집세, 자동차 할부금, 투자금액에 대한 이자 수령, 은행의 정기적금 등이 이에 속한다.

<연금의 종류>

- 확정연금은 일정한 기간에 반드시 이루어져야하는 지급금액인 연금이다. 소정의 기간이 미리 확정되어 연금 지급기간 중에는 연금 수급자의 생사에 관계없이 무조건 지급되는 연금인데, 사망한 경우도 지급기간 중에는 연금이 지급된다. 실제로 잔여기간의 미납연금의 현가가 한꺼번에 지급되는 경우가 많다.

- 불확정연금은 일정한 기간에 이루어지지 않아도 되는 지급금액인 연금을 말한다. 예를 들어 특정인(연금 수급자)의 생존을 조건으로 하여 지급되는 연금인 생명연금이 그 예이다. 생명연금에서는 사람의 사망에 의하여 연금 지급 기간이 좌우된다. 여기서 지급 기간이란 연금지급이 이루어지는 빈도를 말한다.

확정연금은 다시 기시급 연금(期始給年金)과 기말급 연금(基末給年金), 즉시연금과 거치연금, 유한연금과 연속연금, 그리고 변액연금으로 분류된다.

■ 기말급 연금과 기시급 연금

기말급 연금(annuity-immediate)은 일정한 간격의 말에 연금이 지급되는 경우이며 기시급 연금(annuity-due)은 일정한 간격의 초에 연금이 지급되는 경우이다. 전화 기간과 연금의 매회 지급 기간이 같다고 가정한다.

<기말급 연금>

기말급 연금은 매 기말 1원씩 n년 동안 확정적으로 지급되는 연금을 말한다. $a_{\overline{n|}}$ (a angle n)을 시점 0에서의 각 지급금의 가치 연금의 현가, $s_{\overline{n|}}$ (s angle n)을 시점 n에서 연금들의 최종가, n 번째 기말에서의 각각의 지급액들의 적립가라고 정의한다.

정리 19.1

i가 실이율, v 가 할인인수이면 다음이 성립한다.

1. $a_{\overline{n|}} = \dfrac{1-v^n}{i}$ 2. $s_{\overline{n|}} = \dfrac{(1+i)^n - 1}{i}$ 3. $ia_{\overline{n|}} + v^n = 1$

증명

1. v는 1차연도 말의 지급액 1원의 현가,

v^2 은 2차연도 말의 지급액 1원의 현가,

v^3은 3차연도 말의 지급액 1원의 현가,

$\vdots$

v^n 은 n차 연도 말의 지급액 1원의 현가이다.

따라서 매 기말 1원씩 n년 동안 확정적으로 지급되는 연금의 현가는

$a_{\overline{n|}} = v + v^2 + \cdots + v^n = \dfrac{v(1-v^n)}{1-v} = \dfrac{v(1-v^n)}{iv} = \dfrac{1-v^n}{i}$ 로 주어진다.

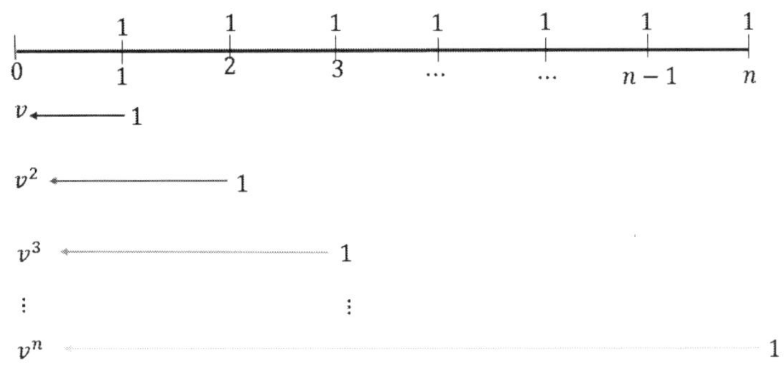

2. 같은 방법으로

$(1+i)^{n-1}$ 은 1차연도 말의 지급액 1원의 종가,

$(1+i)^{n-2}$은 2차연도 말의 지급액 1원의 종가,

$(1+i)^{n-3}$은 3차연도 말의 지급액 1원의 종가,

$\vdots$

1 은 n차 연도 말의 지급액 1원의 종가이다.

따라서 매 기말 1원씩 n년 동안 확정적으로 지급되는 연금의 종가는

$s_{\overline{n|}} = 1 + (1+i) + \cdots + (1+i)^{n-1} = \dfrac{(1+i)^n - 1}{i}$ 로 주어진다.

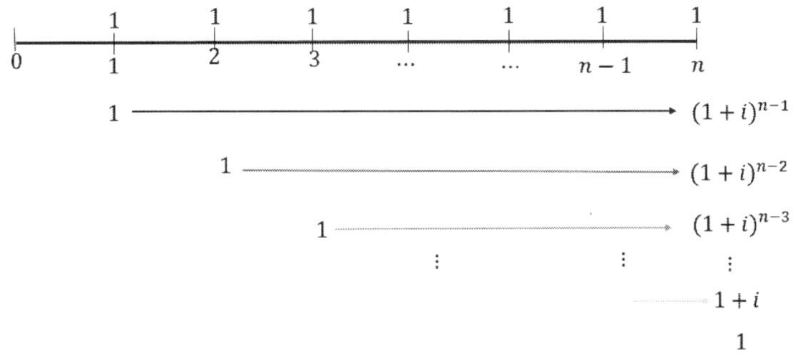

3. $a_{\overline{n|}} = \dfrac{1-v^n}{i}$ 이므로 $ia_{\overline{n|}} + v^n = 1$이 만족한다.

예제 19.1

실이율이 4%이고 20년 동안 매 연도 말에 5,000만 원씩 지급한 연금에 대해 $t = 0$ 인 시점에서 현가와 연금 종료시점에서 종가를 구하여라.

풀이

실이율이 4%이고 20년 동안 매 연도 말에 5,000만 원씩 지급한 연금의 현가는

$$\begin{aligned} 50,000,000 \times a_{\overline{20}|0.04} &= 50,000,000 \times \frac{1-(1+0.04)^{-20}}{0.04} \\ &= 679,516,317 \text{ 원이고} \end{aligned}$$

연금의 종가는

$$\begin{aligned} 50,000,000 \times s_{\overline{20}|0.04} &= 50,000,000 \times \frac{(1+0.04)^{20}-1}{0.04} \\ &= 1,488,903,929 \text{ 원이다.} \end{aligned}$$

예제 19.2

월별 전환 가능한 8.4%의 명목이율로 매월 10년 동안 250만 원을 투자할 때 10 차년도 말의 종가를 구하여라.

풀이

$i^{(12)} = 0.084$ 이므로 1개월간의 실이율은 $\dfrac{i^{(12)}}{12} = \dfrac{0.084}{12} = 0.007$ 이고 이자전환 주기는 $12 \times 10 = 120$ 이다. 따라서 종가는

$$\begin{aligned} 2,500,000 \times s_{\overline{120}|0.007} &= 2,500,000 \times \frac{(1+0.007)^{120}-1}{0.007} \\ &= 467,713,708 \text{ 원이다.} \end{aligned}$$

예제 19.3

분기별 전환 가능한 6% 의 이율로 매분기마다 5년 동안 400만 원을 지급하는 연금 최종 지급 직후의 종가를 구하여라.

풀이

$i^{(4)} = 0.06$ 이므로 3개월간의 실이율은 $\frac{i^{(4)}}{4} = \frac{0.06}{4} = 0.015$ 이고 이자전환주기는 $4 \times 5 = 20$ 이다. 따라서 종가는

$$4,000,000 \times s_{\overline{20|}0.015} = 4,000,000 \times \frac{(1+0.015)^{20}-1}{0.015} = 92,494,668 \text{ 원}$$

이다.

정리 19.2 $a_{\overline{n|}}$과 $s_{\overline{n|}}$의 관계

1. $s_{\overline{n|}} = a_{\overline{n|}}(1+i)^n = \frac{a_{\overline{n|}}}{v^n}$, 혹은 $a_{\overline{n|}} = s_{\overline{n|}}v^n$
2. $\frac{1}{a_{\overline{n|}}} = \frac{1}{s_{\overline{n|}}} + i$

증명

1. $s_{\overline{n|}} = \frac{(1+i)^n - 1}{i} = (1+i)^n \frac{1 - \frac{1}{(1+i)^n}}{i} = (1+i)^n \frac{1-v^n}{i} = (1+i)^n a_{\overline{n|}}$

   따라서
   $$s_{\overline{n|}} = a_{\overline{n|}}(1+i)^n = \frac{a_{\overline{n|}}}{v^n}$$
   또는
   $$a_{\overline{n|}} = s_{\overline{n|}}v^n$$
   이다.

2. $\frac{1}{s_{\overline{n|}}}+i=\frac{i}{(1+i)^n-1}+i=\frac{i(1+i)^n}{(1+i)^n-1}=\frac{i}{1-v^n}=\frac{1}{a_{\overline{n|}}}$ 이다.

예제 19.4

연간 실이율 4.5%로 5년간 매 연도 말에 지급된 연금의 원리금이 1억 원이라 할 때 $t=0$인 시점에서의 현가를 구하라.

풀이

$a_{\overline{n|}}=s_{\overline{n|}}v^n=s_{\overline{n|}}(1+i)^{-n}$ 이므로 현가는

$$100,000,000(1+0.045)^{-5}=80,245,105 \text{ 원}$$

이다.

예제 19.5

어느 부부가 자녀의 대학 등록금을 마련하기 위해 학자금 보험에 가입하고자 한다.

1. 15차 연도 말에 1억 원을 받는 적금에 가입하려고 한다. 매월 전환가능한 명목이율이 6%일 때 매월 불입해야 할 금액을 구하여라.
2. 처음 10차 연도 말까지 250,000원씩 불입하고 나머지 5년 동안 $250,000+X$ 원씩 불입한다고 할 때 마지막 5년 동안 추가로 불입해야할 금액을 구하여라.

풀이

1. $i^{(12)}=0.06$ 이므로 월별 실이율은 $i^{(12)}=\frac{0.06}{12}=0.005$ 이고 이자 전환주기는 월 단위로 15년 동안 보험에 가입하므로 보험료 불입횟수는 180 회이다. 매월 불입해야할 금액을 A라 하면 $A\cdot s_{\overline{180|}0.005}=100,000,000$

이다. 따라서

$$A = \frac{100,000,000}{s_{\overline{180}|0.005}} = 100,000,000 \times \frac{1}{\frac{(1+0.005)^{180}-1}{0.005}} = 343,857 \text{ 원}$$

이다.

2. 처음 10차 연도 말까지 250,000원씩 불입하고 나머지 5년 동안 $250,000+X$ 원씩 불입하는 경우는 250,000원씩 180회씩 불입하고 X 원씩 60회 불입하는 경우와 같다.

$$\begin{aligned} 100,000,000 &= 250,000 s_{\overline{180}|0.005} + X s_{\overline{60}|0.005} \\ &= 250,000 \frac{(1+0.005)^{180}-1}{0.005} + X \frac{(1+0.005)^{60}-1}{0.005} \end{aligned}$$

따라서

$$X = \frac{100,000,000 - 250,000 \frac{(1+0.005)^{180}-1}{0.005}}{\frac{(1+0.005)^{60}-1}{0.005}} = 391,218 \text{ 원}$$

이다.

정리 19.3

양의 정수 m, n 에 대해 다음이 성립한다.

1. $a_{\overline{m+n}|} = a_{\overline{m}|} + v^m a_{\overline{n}|} = a_{\overline{n}|} + v^n a_{\overline{m}|}$
2. $s_{\overline{m+n}|} = s_{\overline{m}|} + (1+i)^m s_{\overline{n}|} = s_{\overline{n}|} + (1+i)^n s_{\overline{m}|}$
3. $a_{\overline{m-n}|} = a_{\overline{m}|} - v^m s_{\overline{n}|} = (1+i)^n a_{\overline{m}|} - s_{\overline{n}|}$, $(0 < n < m)$
4. $s_{\overline{m-n}|} = s_{\overline{m}|} - (1+i)^m a_{\overline{n}|} = v^n s_{\overline{m}|} - a_{\overline{n}|}$, $(0 < n < m)$

증명

1.
$$\begin{aligned} a_{\overline{m+n|}} &= v + v^2 + \cdots + v^m + v^{m+1} + \cdots v^{m+n} \\ &= a_{\overline{m|}} + v^m(v + v^2 + \cdots + v^n) \\ &= a_{\overline{m|}} + v^m a_{\overline{n|}} \end{aligned}$$

또는

$$\begin{aligned} a_{\overline{m+n|}} &= v + v^2 + \cdots + v^n + v^{n+1} + \cdots v^{m+n} \\ &= a_{\overline{n|}} + v^n(v + v^2 + \cdots + v^m) \\ &= a_{\overline{n|}} + v^n a_{\overline{m|}} \end{aligned}$$

이다. 따라서

$$a_{\overline{m+n|}} = a_{\overline{m|}} + v^m a_{\overline{n|}} = a_{\overline{n|}} + v^n a_{\overline{m|}}$$

이다.

2.
$$\begin{aligned} s_{\overline{m+n|}} &= 1 + (1+i) + \cdots + (1+i)^{m-1} + (1+i)^m + \cdots + (1+i)^{m+n-1} \\ &= s_{\overline{m|}} + (1+i)^m[1 + (1+i) + \cdots + (1+i)^{n-1}] \\ &= s_{\overline{m|}} + (1+i)^m s_{\overline{n|}} \end{aligned}$$

또는

$$\begin{aligned} s_{\overline{m+n|}} &= 1 + (1+i) + \cdots + (1+i)^{n-1} + (1+i)^n + \cdots + (1+i)^{m+n-1} \\ &= s_{\overline{n|}} + (1+i)^n[1 + (1+i) + \cdots + (1+i)^{m-1}] \\ &= s_{\overline{n|}} + (1+i)^n s_{\overline{m|}} \end{aligned}$$

이다. 따라서

$$s_{\overline{m+n|}} = s_{\overline{m|}} + (1+i)^m s_{\overline{n|}} = s_{\overline{n|}} + (1+i)^n s_{\overline{m|}}$$

이다.

$$3.\quad a_{\overline{m-n|}} = \frac{1-v^{m-n}}{i} = \frac{1-v^m v^{-n}}{i}$$
$$= \frac{1-v^m(1+i)^n + v^m - v^m}{i}$$
$$= \frac{1-v^m}{i} - v^m \frac{(1+i)^n - 1}{i}$$
$$= a_{\overline{m|}} - v^m s_{\overline{n|}}$$

또는

$$a_{\overline{m-n|}} = \frac{1-v^{m-n}}{i} = \frac{1-v^m v^{-n}}{i}$$
$$= \frac{1-v^m(1+i)^n + (1+i)^n - (1+i)^n}{i}$$
$$= (1+i)^n \frac{1-v^m}{i} - \frac{(1+i)^n - 1}{i}$$
$$= (1+i)^n a_{\overline{m|}} - s_{\overline{n|}}$$

이다. 따라서

$$a_{\overline{m-n|}} = a_{\overline{m|}} - v^m s_{\overline{n|}} = (1+i)^n a_{\overline{m|}} - s_{\overline{n|}},\ (0 < n < m)$$

이다.

$$4.\quad s_{\overline{m-n|}} = \frac{(1+i)^{m-n} - 1}{i} = \frac{(1+i)^m v^n - 1}{i}$$
$$= \frac{(1+i)^m v^n - 1 + v^n - v^n}{i}$$
$$= \frac{v^n((1+i)^m - 1) - (1-v^n)}{i}$$
$$= v^n s_{\overline{m|}} - a_{\overline{n|}}$$

또는

$$\begin{aligned} s_{\overline{m-n|}} &= \frac{(1+i)^{m-n}-1}{i} = \frac{(1+i)^m v^n - 1}{i} \\ &= \frac{(1+i)^m v^n - 1 + (1+i)^m - (1+i)^m}{i} \\ &= \frac{(1+i)^m - 1 - (1+i)^m(1-v^n)}{i} \\ &= s_{\overline{m|}} - (1+i)^m a_{\overline{n|}} \end{aligned}$$

이다. 따라서

$$s_{\overline{m-n|}} = s_{\overline{m|}} - (1+i)^m a_{\overline{n|}} = v^n s_{\overline{m|}} - a_{\overline{n|}}, \ (0 < n < m)$$

이다.

예제 19.6

A씨는 6개월마다 전환 가능한 이율 명목이율 4.5%로 1억 원을 투자하였다. 10년째 되는 말에 정확히 자금을 모두 사용하기 위해 매 6개월마다 받을 수 있는 금액은 얼마일까?

풀이

R을 매회 지급될 일정액이라고 하자. $i^{(2)} = 0.045$ 이므로 6개월간의 실이율은 $\frac{i^{(2)}}{2} = \frac{0.045}{2} = 0.0225$이고 이자전환주기는 $2 \times 10 = 20$이다.

$$Ra_{\overline{20|}0.0225} = 100,000,000$$

이므로 정리하면

$$R = \frac{100,000,000}{a_{\overline{20|}0.0225}} = \frac{100,000,000}{\frac{1-(1+0.0225)^{-20}}{0.0225}} = 6,264,207 \text{ 원}$$

이다.

예제 19.7

2020년 1월1일 은행으로부터 1억 원을 대출받았다. 10년에 걸쳐 갚기로 하였으며 실이율은 8%이다. 지불 총이자를 비교하여라.

1. 10년 말인 2029년 12월 31일에 원금과 함께 일시에 갚을 경우
2. 이자는 매년 말에 지불하고 원금은 10년 말에 갚을 경우
3. 10년에 걸쳐 매년 말에 원금과 이자를 균등 상환할 경우

풀이

1. 10년 말인 2029년 12월 31일에 원금과 함께 일시에 갚을 경우 10년간의 원리금은

$$100,000,000 \times (1+0.08)^{10} = 215,892,500 \text{ 원}$$

이다. 따라서 지불이자는

$$215,892,500 - 100,000,000 = 115,892,500 \text{ 원}$$

이 된다.

2. 이자는 매년 말에 지불하고 원금은 10년 말에 갚을 경우 매년 지불이자는

$$100,000,000 \times 0.08 = 8,000,000 \text{ 원}$$

이다. 따라서 총이자 지불액은

$$8,000,000 \times 10 = 80,000,000 \text{ 원}$$

이 된다. 여기서 지불한 총이자의 2029년 12월 31일의 종가는

$$8,000,000 s_{\overline{10|}0.08} = 8,000,000 \times \frac{(1+0.08)^{10}-1}{0.08} = 115,892,500 \text{ 원}$$

이다.

3. 10년에 걸쳐 매년 말에 원금과 이자를 균등 상환할 경우 균등상환액을 R 이라고 하면

$$Ra_{\overline{10|}0.08} = 100,000,000$$

이 된다. 따라서

$$R = \frac{100,000,000}{a_{\overline{10|}0.08}} = \frac{100,000,000}{\frac{1-(1+0.08)^{-10}}{0.08}} = 14,902,949 \text{ 원}$$

이므로 지불한 총이자액은

$$14,902,949 \times 10 - 100,000,000 = 49,029,490 \text{ 원}$$

이 된다. 즉, 이자는 빨리 갚을수록 지불 총액이 적고 늦을수록 많다. 여기서 세 경우 모두 2020년 1월1일의 현가는 모두 1억 원이다.

19.2 기시급 연금

매 기초 1원씩 n년 동안 확정적으로 지급되는 연금을 기시급 연금이라고 하고 기시급 연금의 현가, 즉, 최초 지급이 이루어지는 시점에서의 현가를 $\ddot{a}_{\overline{n|}}$ 로 표기하고 $\ddot{a}_{\overline{n|}}$ 을 'a double dot angle n' 으로 읽는다. 매 기초 1원씩 n년 동안 확정적으로 지급되는 기시급 연금의 종가, 즉 최종지급 시점 이후 1년 경과시점에서의 종가를 $\ddot{s}_{\overline{n|}}$ 로 표기하고 $\ddot{s}_{\overline{n|}}$ 을 's double dot angle n' 으로 읽는다.

정리 19.4

실할인율 d와 할인인수 v 에 대해 다음이 성립한다.

1. $\ddot{a}_{\overline{n|}} = \dfrac{1-v^n}{d}$
2. $\ddot{s}_{\overline{n|}} = \dfrac{(1+i)^n - 1}{d}$
3. $d\ddot{a}_{\overline{n|}} + v^n = 1$

증명

1. 기시급 연금은 매 기초 1원씩 n년 동안 확정적으로 지급되는 연금이므로 그 현가를 계산해보면

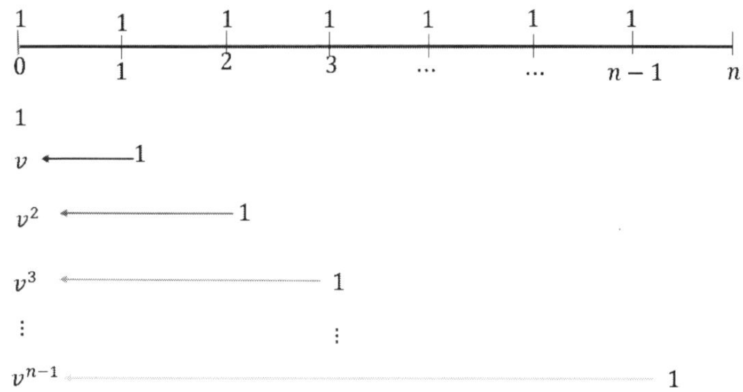

$$\ddot{a}_{\overline{n|}} = 1 + v + v^2 + \cdots + v^{n-1} = \frac{1 - v^n}{1 - v}$$

이 된다. 여기서 $1 - v = d$ 이므로

$$\ddot{a}_{\overline{n|}} = \frac{1 - v^n}{1 - v} = \frac{1 - v^n}{d}$$

이 된다.

2. 같은 방법으로 매 기초 1원씩 n년 동안 확정적으로 지급되는 기시급 연금의 종가를 계산해보면

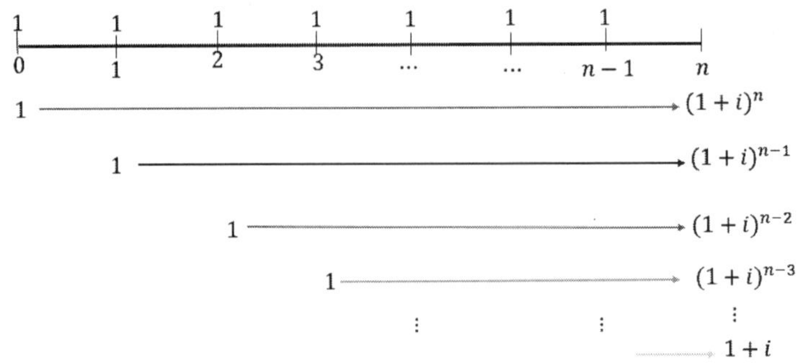

$$\ddot{s}_{\overline{n|}} = (1+i) + (1+i)^2 + \cdots + (1+i)^n = \frac{(1+i)((1+i)^n - 1)}{i}$$

이다. 여기서 $\frac{i}{1+i} = d$ 이므로

$$\ddot{s}_{\overline{n|}} = \frac{(1+i)^n - 1}{d}$$

이 된다.

3. $d\ddot{a}_{\overline{n|}} + v^n = d \cdot \frac{1 - v^n}{d} + v^n = 1$ 이 된다.

   즉, n 년 동안 매 연도 초에 d원씩 지급되는 기시급 연금의 현가와 시점 n 에서 지급되는 1의 현가를 합하면 최초 투자금 1원이 된다.

예제 19.8

A씨는 자동차를 구입하기 위해 월별로 전환가능한 명목이율 12%로 은행으로부터 1억 원을 대출했다. 대출한 날로부터 시작하여 매월 일정한 금액으로 5년간 지불한다고 할 때 매월 지불해야할 금액은 얼마일까?

풀이

$i^{(12)} = 0.12$ 이므로 한 달 간 실이율은

$$\frac{i^{(12)}}{12} = \frac{0.12}{12} = 0.01$$

이다. 따라서 매월 초 기시급으로 매월 초 1씩 지급하는 연금의 현가는

$$\begin{aligned}\ddot{a}_{\overline{60|}} &= \frac{1-(1+i)^{-60}}{d}\\ &= \frac{(1+i)(1-(1+i)^{-60})}{i}\\ &= \frac{(1+0.01)(1-(1+0.01)^{-60})}{0.01}\end{aligned}$$

매월 초 지불해야할 금액을 X라 하면 $X\ddot{a}_{\overline{60|}} = 100,000,000$ 가 된다. 그러므로

$$X = \frac{100,000,000}{\frac{(1+0.01)(1-(1+0.01)^{-60})}{0.01}} = 2,202,421 \text{ 원}$$

이다.

정리 19.5 $\ddot{a}_{\overline{n|}}$과 $\ddot{s}_{\overline{n|}}$의 관계

1. $\ddot{s}_{\overline{n|}} = \ddot{a}_{\overline{n|}}(1+i)^n = \dfrac{\ddot{a}_{\overline{n|}}}{v^n}$ 또는 $\ddot{a}_{\overline{n|}} = \ddot{s}_{\overline{n|}}v^n$
2. $\ddot{a}_{\overline{n|}} = a_{\overline{n|}}(1+i)$ 또는 $a_{\overline{n|}} = \ddot{a}_{\overline{n|}}v$
3. $\ddot{s}_{\overline{n|}} = s_{\overline{n|}}(1+i)$ 또는 $s_{\overline{n|}} = \ddot{s}_{\overline{n|}}v$
4. $\ddot{a}_{\overline{n|}} = a_{\overline{n-1|}} + 1$
5. $\ddot{s}_{\overline{n|}} = s_{\overline{n+1|}} - 1$
6. $\dfrac{1}{\ddot{a}_{\overline{n|}}} = \dfrac{1}{\ddot{s}_{\overline{n|}}} + d$
7. $\ddot{a}_{\overline{n|}} = a_{\overline{n|}} - v^n + 1$

증명

1. $$\begin{aligned}\ddot{s}_{\overline{n|}} &= \frac{(1+i)^n-1}{d} = \frac{(1+i)^n - v^n(1+i)^n}{d}\\ &= (1+i)^n\frac{1-v^n}{d} = (1+i)^n\ddot{a}_{\overline{n|}}\end{aligned}$$

   따라서 $\ddot{s}_{\overline{n|}} = \ddot{a}_{\overline{n|}}(1+i)^n = \dfrac{\ddot{a}_{\overline{n|}}}{v^n}$ 또는 $\ddot{a}_{\overline{n|}} = \ddot{s}_{\overline{n|}}v^n$ 이다.

2. $$a_{\overline{n|}}(1+i) = (1+i)\frac{1-v^n}{i} = \frac{1-v^n}{iv} = \frac{1-v^n}{d} = \ddot{a}_{\overline{n|}}$$

   이므로 $\ddot{a}_{\overline{n|}} = a_{\overline{n|}}(1+i)$ 또는 $a_{\overline{n|}} = \ddot{a}_{\overline{n|}}v$

3. $$s_{\overline{n|}}(1+i) = (1+i)\frac{(1+i)^n-1}{i} = \frac{(1+i)^n-1}{iv} = \frac{(1+i)^n-1}{d} = \ddot{s}_{\overline{n|}}$$

   이다. 또는 $s_{\overline{n|}} = \ddot{s}_{\overline{n|}}v$ 가 된다.

4. $$\begin{aligned}a_{\overline{n-1|}}+1 &= \frac{1-v^{n-1}}{i}+1 = \frac{1+i-v^{n-1}}{i}\\ &= \frac{(1+i)(1-v^n)}{i} = \frac{(1-v^n)}{d} = \ddot{a}_{\overline{n|}}\end{aligned}$$

   이다.

5. $$\begin{aligned}s_{\overline{n+1|}}-1 &= \frac{(1+i)^{n+1}-1}{i}-1 = \frac{(1+i)^{n+1}-(1+i)}{i}\\ &= (1+i)\frac{(1+i)^n-1}{i} = \frac{(1+i)^n-1}{d} = \ddot{s}_{\overline{n|}}\end{aligned}$$

   이다.

6. $\dfrac{1}{\ddot{s}_{\overline{n|}}}+d = \dfrac{d}{(1+i)^n-1}+d = \dfrac{d(1+i)^n}{(1+i)^n-1} = \dfrac{d}{1-v^n} = \dfrac{1}{\ddot{a}_{\overline{n|}}}$ 가 성립한다.

따라서 $\dfrac{1}{\ddot{a}_{\overline{n|}}} = \dfrac{1}{\ddot{s}_{\overline{n|}}} + d$ 이다.

7. $$\begin{aligned} a_{\overline{n|}} - v^n + 1 &= \frac{1-v^n}{i} - v^n + 1 = (1-v^n)(\frac{1}{i}+1) \\ &= (1-v^n)\frac{1+i}{i} = \frac{1-v^n}{d} = \ddot{a}_{\overline{n|}} \end{aligned}$$

이다. 즉, $\ddot{a}_{\overline{n|}}$ 은 시점 n 에서 지급되는 1을 $a_{\overline{n|}}$ 에서 제외하고 대신 0에서 1을 추가 지급하는 것과 같다.

예제 19.9

10년간 연간 실이율 6%로 500만 원씩 지급되는 기말급 연금과 기시급 연금의 현가를 각각 구하여라.

풀이

기말급 연금의 현가는

$$5,000,000a_{\overline{10|}0.06} = 5,000,000\frac{1-(1+0.06)^{-10}}{0.06} = 36,800,435 \text{ 원}$$

이다. 그러므로 기시급 연금의 현가는

$$5,000,000a_{\overline{10|}0.06}(1+0.06) = 36,800,435 \times 1.06 = 39,008,461 \text{ 원}$$

이다.

예제 19.10

A씨는 지금으로부터 15차 연도 말에 2억 원의 기금을 마련하기 위해 실이율 6.5%로 매년도말에 예금하고 투자기간이 끝나기 1년 전에 마지막으로 예금한다는 계획을 세웠다. 이때 A가 매년 예금해야할 금액은 얼마인가?

풀이

매년 예금해야할 금액을 X 라 하면 $X\ddot{s}_{\overline{15|}} = 200,000,000$ 이다. 따라서

$$\ddot{s}_{\overline{15|}} = (1+0.065)s_{\overline{15|}} = (1.065)\frac{(1+0.065)^{15}-1}{0.065}$$

이므로

$$X = \frac{200,000,000}{\ddot{s}_{\overline{15|}}} = \frac{200,000,000}{(1.065)\frac{(1+0.065)^{15}-1}{0.065}} = 7,765,781 \text{ 원}$$

이다.

예제 19.11

자동차를 매년 초에 500만 원씩 5년 동안의 할부로 구입할 수 있다면 일시금으로 구입한 때의 가격은 얼마일까? 단 이율은 8%이다.

풀이

일시금으로 구입한 때의 가격은

$$\begin{aligned} 5,000,000 \times \ddot{a}_{\overline{5|}} &= 5,000,000 \times (a_{\overline{4|}} + 1) \\ &= 5,000,000(1 + \frac{1-(1+0.08)^{-4}}{0.08}) \\ &= 21,560,634 \text{ 원} \end{aligned}$$

이다.

19.3 거치연금과 종신연금

19.3.1 거치연금

예제 19.12

제 3차년도 말부터 제 11차년도 말까지 9회에 걸쳐 매년 1의 연금이 지급. 각 시점에서의 연금가를 계산하여라.

1. 제 1차년도 초의 현가
2. 제 13차년도 말에서의 종가
3. 제 8차년도 말에서의 시가.

풀이

1. 2차년도 말에서의 현가는 기말급 연금이므로 $a_{\overline{9|}}$ 이다.

   따라서 제 1차년도 초의 현가$= a_{\overline{9|}}v^2$

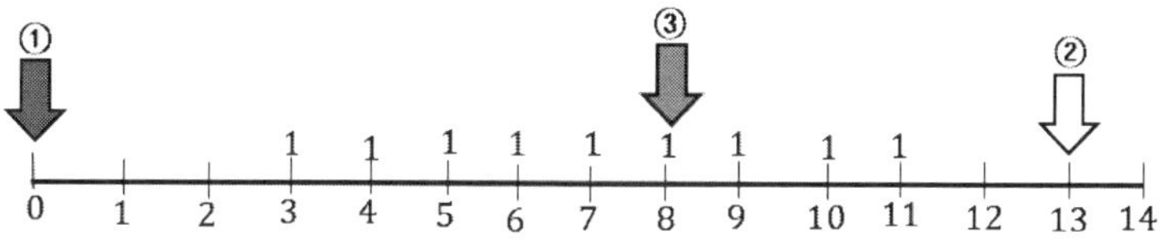

   혹은 1차년도 말과 2차년도, 3차년도 말에 지급받았다 가정하면 제 1차년도 초의 현가는 $a_{\overline{11|}} - a_{\overline{2|}}$ 이 된다. 따라서 제 1차년도 초의 현가는

$$a_{\overline{9|}}v^2 = a_{\overline{11|}} - a_{\overline{2|}}$$

   이다. 혹은 기시급 연금을 사용하면 제 1차년도 초의 현가는

$$\ddot{a}_{\overline{9|}}v^3 = \ddot{a}_{\overline{12|}} - \ddot{a}_{\overline{3|}}$$

   이다.

2. 제 13차년도 말에서의 종가는 $s_{\overline{9|}}(1+i)^2$ 이다. 혹은 12차, 13차년도 말에도 지급받았다고 가정하면 제 13차년도 말에서의 종가는

$$s_{\overline{11|}} - s_{\overline{2|}}$$

이다. 따라서 제 13차년도 말에서의 종가는

$$s_{\overline{9|}}(1+i)^2 = s_{\overline{11|}} - s_{\overline{2|}}$$

이다. 혹은 기시급 연금을 사용하면 제 13차년도 말에서의 종가는

$$\ddot{s}_{\overline{9|}}(1+i) = \ddot{s}_{\overline{10|}} - \ddot{s}_{\overline{1|}}$$

이 된다.

3. 제 8차년도말에서의 시가는 2차년도말의 현가 $a_{\overline{9|}}$ 의 6년간 적립금이므로

$$a_{\overline{9|}}(1+i)^6$$

이다. 혹은 11차년도말의 종가 $s_{\overline{9|}}$ 의 3년간 할인한 금액

$$s_{\overline{9|}}v^3$$

이 된다. 따라서 제 8차년도말에서의 시가는

$$a_{\overline{9|}}(1+i)^6 = s_{\overline{9|}}v^3 = s_{\overline{6|}} + a_{\overline{3|}}$$

이다. 혹은 기시급을 사용하면 제 8차년도말에서의 시가는

$$\ddot{a}_{\overline{9|}}(1+i)^5 = \ddot{s}_{\overline{9|}}v^4 = \ddot{s}_{\overline{5|}} + \ddot{a}_{\overline{4|}}$$

이다.

정의 19.2

일정한 거치 이후 지급되는 연금을 거치연금이라 한다. 여기서 k년 동안은 연금의 지급이 없고 그 다음부터 연금지급이 있는 연금을 k년 거치연금이라 한다.

<최초 지급일로부터 몇 주기 전의 현가>

◦ k년 거치 기간 이후 n년 지급되는 기말급 거치연금의 현가를 ${}_{k|}a_{\overline{n|}}$ 로 표기한다. ${}_{k|}a_{\overline{n|}}$는 다음과 같이 주어진다.

$$ {}_{k|}a_{\overline{n|}} = v^k a_{\overline{n|}} = a_{\overline{n+k|}} - a_{\overline{k|}} $$

◦ k년 거치 기간 이후 n년 지급되는 기시급 거치연금의 현가를 ${}_{k|}\ddot{a}_{\overline{n|}}$로 표기한다. ${}_{k|}\ddot{a}_{\overline{n|}}$는 다음과 같이 주어진다.

$$ {}_{k|}\ddot{a}_{\overline{n|}} = v^k \ddot{a}_{\overline{n|}} = \ddot{a}_{\overline{n+k|}} - \ddot{a}_{\overline{k|}} $$

<마지막 지급일로부터 몇 주기 후의 종가>

◦ n년 지급되는 기말급 연금의 최종지급 이후 k년 기간 이후의 연금의 종가는

$$ s_{\overline{n|}}(1+i)^k = s_{\overline{k+n|}} - s_{\overline{k|}} $$

◦ n년 지급되는 기시급 연금의 최종지급 이후 k년 기간 이후의 연금의 종가는

$$ \ddot{s}_{\overline{n|}}(1+i)^k = \ddot{s}_{\overline{k+n|}} - \ddot{s}_{\overline{k|}} $$

<최초 지급일과 마지막 지급일 사이의 시가>

◦ n년 지급되는 기말급 연금에서 $k(\le n)$ 번째 기말에서의 중도가는

$$ a_{\overline{n|}}(1+i)^k = v^{n-k} s_{\overline{n|}} = s_{\overline{k|}} + a_{\overline{n-k|}} $$

◦ n년 지급되는 기시급 연금에서 $k(\le n)$ 번째 기초에서의 중도가는

$$ \ddot{a}_{\overline{n|}}(1+i)^k = v^{n-k} \ddot{s}_{\overline{n|}} = \ddot{s}_{\overline{k|}} + \ddot{a}_{\overline{n-k|}} $$

정리 19.6

거치연금의 성질은 다음과 같다.

1. $v^k \ddot{a}_{\overline{n|}} = \ddot{a}_{\overline{k+n|}} - \ddot{a}_{\overline{k|}}$

2. $v^k a_{\overline{n|}} = a_{\overline{k+n|}} - a_{\overline{k|}}$

3. $s_{\overline{n|}}(1+i)^k = s_{\overline{k+n|}} - s_{\overline{k|}}$

4. $\ddot{s}_{\overline{n|}}(1+i)^k = \ddot{s}_{\overline{k+n|}} - \ddot{s}_{\overline{k|}}$

5. $a_{\overline{n|}}(1+i)^k = v^{n-k} s_{\overline{n|}}$

6. $a_{\overline{n|}}(1+i)^k = s_{\overline{k|}} + a_{\overline{n-k|}}$

7. $\ddot{a}_{\overline{n|}}(1+i)^k = v^{n-k} \ddot{s}_{\overline{n|}}$

증명

1.
$$\begin{aligned} v^k \ddot{a}_{\overline{n|}} &= v^k \frac{1-v^n}{d} = \frac{v^k - v^{n+k}}{d} = \frac{1-v^{n+k}-(1-v^k)}{d} \\ &= \frac{1-v^{n+k}}{d} - \frac{1-v^k}{d} = \ddot{a}_{\overline{n+k|}} - \ddot{a}_{\overline{k|}} \end{aligned}$$

2.
$$\begin{aligned} v^k a_{\overline{n|}} &= v^k \frac{1-v^n}{i} = \frac{v^k - v^{n+k}}{i} = \frac{1-v^{n+k}-(1-v^k)}{i} \\ &= \frac{1-v^{n+k}}{i} - \frac{1-v^k}{i} = a_{\overline{n+k|}} - a_{\overline{k|}} \end{aligned}$$

3. $(1+i)^k s_{\overline{n}|} = (1+i)^k \dfrac{(1+i)^n - 1}{i} = \dfrac{(1+i)^{n+k} - (1+i)^k}{i}$

$$= \frac{(1+i)^{n+k} - 1 - ((1+i)^k - 1)}{i}$$

$$= \frac{(1+i)^{n+k} - 1}{i} - \frac{(1+i)^k - 1}{i}$$

$$= s_{\overline{n+k}|} - s_{\overline{k}|}$$

나머지도 같은 방법으로 증명할 수 있다.

정의 19.3

대출받은 총액을 정기적으로 복리이자를 포함하여 일정한 금액씩 상환해 나가는 방법을 분할 상환이라고 한다.

예제 19.13

A 씨는 엔터테인먼트 회사 창업을 위해 정부로부터 3억 원을 지원받고 10년 거치 15년에 걸쳐 매년도 말에 균등분할 상환하기로 했다. 이때의 실이율을 7% 로 할 때 균등분할 상환액은 얼마인가?

풀이

균등분할 상환액을 R이라고 하면 $R_{10|}a_{\overline{15}|} = Ra_{\overline{15}|}v^{10} = 300,000,000$ 이 된다. 따라서

$$R = \frac{300,000,000}{a_{\overline{15}|}v^{10}} = \frac{300,000,000}{\dfrac{1-(1+0.07)^{-15}}{0.07}(1+0.07)^{-10}} = 64,794,794 \text{ 원}$$

이다.

19.3.2 종신연금

정의 19.4

연금의 기한이 무한인, 즉 연금지급이 영원히 계속되는 연금을 종신연금(영구연금)이라고 한다.

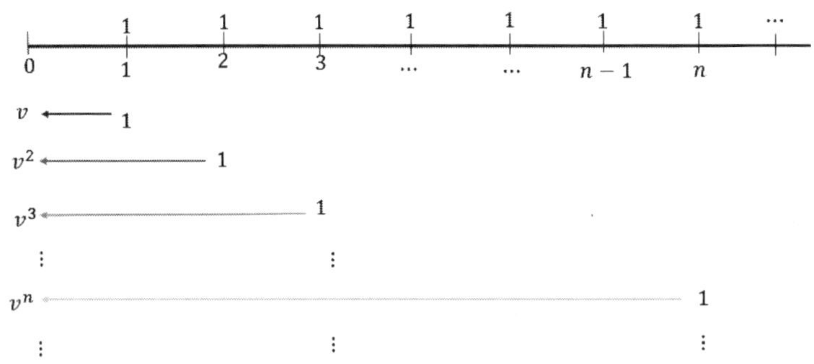

시점 0에서의 기말급 종신연금의 현가를 $a_{\overline{\infty|}}$ 이라고 하면

$$a_{\overline{\infty|}} = v + v^2 + v^3 + \cdots = \frac{v}{1-v} = \frac{v}{iv} = \frac{1}{i}$$

이다. 혹은

$$a_{\overline{\infty|}} = \lim_{n\to\infty} a_{\overline{n|}} = \lim_{n\to\infty} \frac{1-v^n}{i} = \frac{1}{i}$$

가 된다.

예제 19.14

A씨는 장학기금으로 매연도말에 지속적으로 5,000만 원씩 지급되는 기금을 만들고자 한다. 연간 실이율이 7%일 때 이 기부자가 최초에 얼마를 기부해야 하는가?

풀이

최초에 기부해야할 금액을 X 라고 하면

$$X = 50,000,000a_{\overline{\infty|}} = 50,000,000 \times \frac{1}{0.07} = 714,285,714 \text{ 원}$$

이다.

예제 19.15

A 씨는 10억 원의 유산을 남겼다. A의 유언에 의해 이 유산으로 얻은 이자로 처음 10년간은 장남에게 다음 10년간은 차남에게 그 이후는 영원히 막내에게 지급된다. 이 유산에 연이율 5%를 적용한다고 할 때 유산에 대한 세 아들 B, C, D의 몫을 계산하여라.

풀이

유산에 연이율 5%를 적용한다고 했으므로 $1,000,000,000 \times 0.05 = 50,000,000$ 씩 받게 될 것이다. 그러면 세 아들의 몫을 계산해보면

◦ 장남의 몫은

$$\begin{aligned}
&50,000,000 \times a_{\overline{10|}} \\
&= 50,000,000 \times \frac{1-(1+0.05)^{-10}}{0.05} \\
&= 386,086,747,
\end{aligned}$$

◦ 차남의 몫은

$$\begin{aligned}
&50,000,000 \times (a_{\overline{20|}} - a_{\overline{10|}}) \\
&= 50,000,000 \times (\frac{1-(1+0.05)^{-20}}{0.05} - \frac{1-(1+0.05)^{-10}}{0.05}) \\
&= 237,023,771,
\end{aligned}$$

○ 막내의 몫은

$$50,000,000 \times (a_{\overline{\infty|}} - a_{\overline{20|}})$$

$$= 50,000,000 \times (\frac{1}{0.05} - \frac{1-(1+0.05)^{-20}}{0.05})$$

$= 376,889,483$ 이 된다.

여기서, B, C, D의 몫을 모두 합하면 $1,000,000,000$원이 된다.

예제 19.16

연속적인 지급액이 1, 2, 3, 4, $\cdots$ 인 기말급 종신연금의 현가를 구하여라. 단, $i = 3.5\%$이다.

풀이

현가는 $A = v + 2v^2 + 3v^3 + 4v^4 + \cdots$ 와 같다.

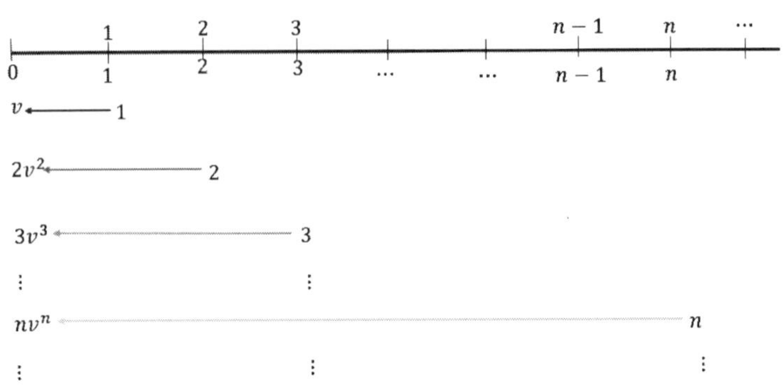

여기서 양변에 v를 곱하면 $vA = v^2 + 2v^3 + 3v^4 + 4v^5 + \cdots$ 가 된다. 두 식의 차이를 계산하면

$$(1-v)A = v + v^2 + v^3 + v^4 + \cdots = \frac{v}{1-v}$$

이므로 현가는

$$A = \frac{v}{(1-v)^2} = \frac{\frac{1}{1+i}}{(\frac{i}{1+i})^2} = \frac{1+i}{i^2}$$

가 된다. 여기서 $i = 3.5\%$를 대입하면 현가는

$$A = \frac{1+0.035}{0.035^2} = 845 \text{ 원}$$

이 된다.

정의 19.5

시점 0에서의 기시급 영구연금의 현가를 $\ddot{a}_{\overline{\infty|}}$라 하면

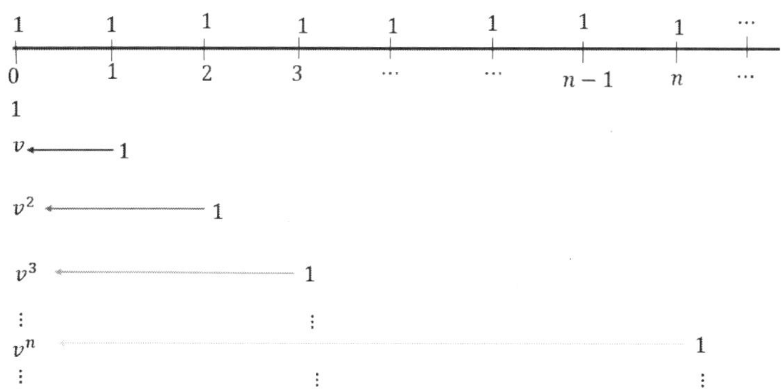

$$\ddot{a}_{\overline{\infty|}} = 1 + v + v^2 + v^3 + \cdots = \frac{1}{1-v} = \frac{1}{d} = \frac{1+i}{i}$$

혹은

$$\ddot{a}_{\overline{\infty|}} = \lim_{n\to\infty} \ddot{a}_{\overline{n|}} = \lim_{n\to\infty} \frac{1-v^n}{d} = \frac{1}{d}$$

가 된다.

예제 19.17

연속적인 지급액이 1, 2, 3, 4, ⋯ 인 기시급 종신연금의 현가를 구하여라.
단, $i = 5\%$이다.

풀이

현가는 $A = 1 + 2v + 3v^2 + 4v^3 + 5v^4 + \cdots$ 가 된다.

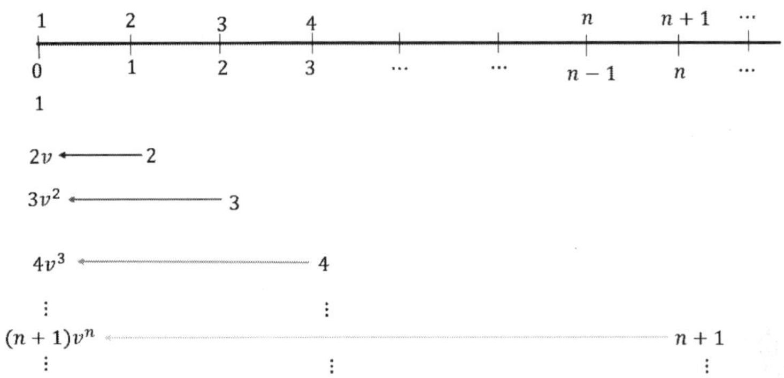

여기서 양변에 v를 곱하면 $vA = v + 2v^2 + 3v^3 + 4v^4 + \cdots$ 가 된다. 두 식의 차이를 계산하면

$$(1-v)A = 1 + v + v^2 + v^3 + v^4 + \cdots = \frac{1}{1-v}$$

가 된다. 따라서

$$A = \frac{1}{(1-v)^2} = \frac{(1+i)^2}{i^2}$$

이다. 여기서 $i = 3.5\%$를 대입하면

$$A = \frac{(1+0.035)^2}{(0.035)^2} = 874 \text{ 원}$$

이다.

연습문제

1. 2020년 1월1일부터 2024년 1월1일까지 매 6개월마다 300만원을 지급하고 2024년 6월1일부터 2030년 1월1일까지 600만원을 지급한다고 할 때 2020년 1월 1일의 현가를 계산하라. 단, $i^{(2)} = 8\%$이다.

2. 50세인 A씨는 앞으로 15년간 매 연초에 600만원씩 적립하여 65세가 되어 매년 초에 10년 동안 균등한 금액을 인출하려고 한다. 단 처음 15년 동안의 실이율은 6%이며 이후 10년은 5%라 가정한다.

   (a) 민수가 65세 되는 연도 초에 일시불을 원한다면 얼마를 받을 수 있는가?

   (b) 민수가 매년 인출하지 않고 65세 이후 10년이 되는 시점에 일시불을 원한다면 원리금은 얼마인가?

   (c) 10년 동안 매년 초에 인출할 일정액은 얼마인가?

3. 2024년 6월15일부터 2030년 12월 15일까지 매분기마다 1000만원을 수령한다고 하며 분기별 명목이자율은 $i^{(4)} = 6\%$이다.

   (a) 2023년 12월15일의 현가를 구하여라.

   (b) 2028년 3월 15일의 시가를 구하여라.

   (c) 2031년 6월 15일의 적립금을 구하여라.

4. A씨는 자녀의 학자금 마련을 위해 6년간 5000만원의 자금을 모으기로 계획을 세우고 처음 3년간은 매분기당 150만원을 나중 3년간은 분기당 150만 + X원을 적립하기로 했다. $i^{(4)} = 8\%$ 로 가정할 때 X를 구하여라.

제 20 장
보험과 경제생활

20.1 보험과 생활 안정

보험은 일정하고 우연한 사고가 발생했을 때 그에 따른 경제적 손실을 입을 위험에 처한 다수인이 결합하여 소액의 보험료를 내고 기금을 형성한 뒤 사고 발생시 보험금을 받게 하는 사회 경제제도이다.

먼저 보험과 관련된 용어를 살펴보자.

I. 보험과 관련된 용어

- 손해란 원하지 않는 재산 가치의 하락이나 소멸을 뜻한다.
- 위험은 손해가 발생할 가능성을 뜻한다.
- 보험자는 보험계약의 한쪽의 당사자로, 보험사고가 발생했을 때 보험금을 지급하는 의무를 지닌 자, 보험사업의 주체로서 보험을 인수하는 자를 말한다.
- 보험계약자는 보험계약의 한쪽의 당사자로서, 자기 이름으로 보험계약의 청약을 하여 계약이 성립되면 보험료납입의 의무를 지는 사람이다.
- 피보험자는 그의 생사가 보험금 지급 사유가 되는 사람을 말한다.
    - 보험계약에 있어서 피보험자는 <생명보험>에서는 생명이나 신체에 관하여 보험에 붙여진 자, 보험사고로 인한 재산상의 손해에 대한 보상을 보험자에

게 청구할 수 있는 사람, <손해보험>에서는 피보험이익의 주체로서 손해의 보상을 받을 권리를 가진 자를 말한다.

■ 보험수익자는 생명보험과 상해보험의 계약에서 보험사고가 발생하였을 때, 보험자로부터 보험금을 지급받아야 할 사람으로 보험계약자에 의해서 지정된 사람이며, 계약당사자는 아니며 보험계약의 성립에는 직접 관련하지 않는다.

◦ 보험수익자는 계약자 자신 또는 피보험자 혹은 다른 제3자의 경우가 있으며, 또한 반드시 한 사람이 아니라도 된다. 보험계약자는 보험수익자의 지정 변경권을 포기하지 않는 한, 보험금 또는 환급금의 지급 사유가 발생할 때까지는 보험수익자를 지정하거나 또는 그 지정을 변경할 수 있게 되어있다.

■ 보험료는 보험계약에서는 계약의 한쪽의 당사자인 보험자가 위험부담이라는 급부를 제공하는데 대응해서, 다른 쪽의 당사자인 보험계약자가 보험자에게 지불하는 금액을 말한다.

■ 보험금은 생명보험에서는 보험사고가 생겼을 때 보험자로부터 보험금 수익자에게 지급되는 금전이며, 손해보험에서는 보험사고가 발생하여 손해가 생겼을 경우에 그 보상금으로서 보험회사로부터 피보험자에게 지급되는 금전을 말한다.

■ 보험기간은 보험자의 책임이 시작되어 끝날 때까지의 기간으로 '위험기간', '책임기간' 또는 '보장 기간'이라고도 한다.

◦ 보험자는 이 기간 내에 보험사고가 발생한 경우에만 보험금의 지급 의무를 진다. 보험기간을 정하는 방법은 개시와 종료 시기를 확정적인 날짜로 정하는 정시기간과 특정 사실을 기준으로 정하는 사실 기간 및 양자를 병용해서 정하는 혼합기간이 있다.

■ 보험사고는 보험계약에서 보험자가 어떤 사실의 발생을 조건으로 보험금의 지급을 약정한 화재, 교통사고, 사람의 사상 등과 같은 우연한 사고를 말한다.

◦ 우연성이란 사고가 발생할 것인가 아닌가, 사고 발생의 시기, 사고 발생의 상태 또는 그것으로 말미암은 경제적 불이익의 결과, 어느 것인가가 불확정한 것을 말한다.

■ 보험단체는 동일한 조건 아래 동일한 종류의 보험에 가입하고 있는 사람들의 집단을 말한다.

■ 보험계약은 형식적인 법률개념으로서 파악하는 한 당사자의 한쪽(보험자)이 일정의 우연한 사고(보험사고)가 발생하였을 때, 계약상 정해진 재산적 급부(보험금의 지급)을 지급할 것을 약속함으로써, 상법에 의하여 그 효력을 가지게 되는 계약을 말한다.

■ 보험증권은 보험계약의 성립과 그 내용을 증명하기 위하여 보험회사가 작성해서 보험계약자에게 주는 증서이다.

　◦ 보험금 청구권의 발생, 보험 계약상의 권리의 이전과 행사에 있어서는 반드시 보험증권을 필요로 하는 것은 아니기 때문에 일종의 증거증권이라고 할 수 있다.

■ 보험약관은 보험계약에서 한쪽의 계약당사자인 보험자가 미리 정해 놓은 보험계약의 내용에 관한 조항이다.

　◦ 보험약관에는 같은 종류의 보험계약 전부에 공통된 계약 내용을 정해 놓은 보통보험약관과 개개의 계약에서 그 내용을 보충, 변경, 배제하는 특별약관이 있다.

그러면 보험의 뜻을 규명하는데 필요한 요건은 무엇이 있을까?

II. 보험의 뜻을 규명하는데 필요한 요건

■ 첫째, 보험의 대상이 되는 보험사고는 우연적이고 불확실한 것이어야 한다. 사고의 발생 여부와 발생 시기의 불확실성이 보험자 위험부담 의무의 발생요건이며 보험계약의 구성 요건이다. 보험의 보호를 받을 수 있는 위험은 일정하고 우연함을 전제로 한다. 여기서 일정하다는 것은 같은 종류의 위험을 뜻하며, 우연하다는 것은 사고 발생 여부, 발생 시기, 손해 정도 등까지 의미한다.

■ 둘째, 우연한 사고로 인한 손실 중 금전적 가치로 평가할 수 있는 것만 보장한다. 예를 들어 고통과 고난은 우연한 사고로 발생할 수 있지만 화폐적 가치를 평가하기 어렵기 때문에 보험의 대상이 될 수 없다.

- ■ 셋째, 우발적 사고 발생확률, 손실금액 등이 측정 가능해야 한다.
- ■ 넷째, 보험사고가 발생하는 때와 장소, 시기 원인 등이 명확해야 한다. 이것은 보험료 산출 근거의 기초자료가 되기 때문이다.
- ■ 다섯째, 다수의 동질적 위험이 존재해야 한다. 일정 규모 이상의 동질적인 위험 집단이 존재해서 다수의 경제주체가 보험에 가입해야 한다. 다시 말해서 동질적 위험을 가진 경제주체가 적절한 보험료 산출이 가능한 만큼 많이 모여야 한다.
- ■ 여섯째, 보험의 가입자는 각기 위험도에 따라서 비용을 공평하게 분담해야 한다. 보험자금의 합리적 배분이 있어야 한다.
- ■ 일곱째, 공익에 부합해야 한다. 보험금을 더 받기 위해 재산파괴를 통하여 손해액을 과대평가하거나 실업보험을 받기 위해 생산 활동에 참여하지 않는 노동자는 공익에 반한다.
- ■ 여덟째, 한 번의 사고가 보험집단 전체에 심대한 영향을 주지 않아야 한다.

III. 보험의 원리

보험의 원리는 대수의 법칙과 수지상등의 법칙 두 가지를 들 수 있다.

- ■ 대수의 법칙: 어느 확률 사상의 선험적 확률을 p 라고 가정할 때 그 사상의 경험적 확률은 관찰의 수가 많아질수록 p에 접근한다는 것 (수학적 대수의 법칙)을 말한다. 통계학적 대수의 법칙이란 어느 집단의 통계적 확률은 관찰의 수가 많아질수록 안정도가 높아지고 하나의 법칙성에 도달할 수 있다는 원칙이다.

  [NOTE]

  손해보험에 있어서 화재나 교통사고와 같은 위험은 다소 집적되면 될수록 대수의 법칙이 보다 잘 작용하여 불확실성을 감소시킬 수 있고, 생명보험에 있어서 인간의 사망확률은 다소 집적되면 될수록 대수의 법칙이 보다 잘 작용하여 불확실성을 감소시킬 수 있다.

■ 수지상등의 원칙: 장래의 전 보험기간 동안 보험가입자가 납입하는 보험료 총액과 보험회사가 지급하는 보험금 및 경비의 총액이 같도록 보험료를 계산하는 원칙이다.

[NOTE]

특정 보험 상품에 대한 보험료를 계산할 때는 보험사고, 이자의 수입, 사업비의 지출 등이 미리 예정된 계산대로 발생하는 것을 전제로 한다.

IV. 보험제도의 종류

보험은 분류하는 표준에 따라 다음과 같이 여러 가지로 나누어진다.

■ 보험사업의 경영자 주체에 따른 분류; 보험은 공영보험과 민영보험으로 분류된다.

- 공영보험(public insurance)은 공법인이 경영하는 보험이다. 즉, 국가 또는 공공단체가 공공정책상의 목적을 달성하기 위하여 마련되어 있는 보험인데, 사회보험이나 경제정책보험 등이 그 대표적 사례이다.
- 민영보험(private insurance)은 경영 주체가 개인 또는 사법인인 것을 말하며, 사영보험이라고도 한다. 우리나라 민영보험회사는 주식회사 형태이다.

■ 경영자의 영리 목적 여부에 따른 분류; 보험은 영리보험과 상호보험으로 분류된다.

- 영리보험은 보험영업자가 영리를 목적으로 타인과 보험계약을 체결하는 경우로서 보험업자의 계산으로 하는 보험이므로 경영주체는 주식회사이다.
- 상호보험은 보험에 가입하고자 하는 사람이 모여서 상호회사라는 사단법인을 형성하고 상호적으로 보험을 하는 경우로서 이것은 보험관계자의 공통계산으로 하는 보험이다.

■ 보험의 목적이 사람인가 물건인가에 따른 분류; 보험은 인보험과 물보험으로 분류된다.

- 인(人)보험은 사람에 관하여 발생하는 사고에 대한 보험이다. 즉 사람의 생명 및 신체에 관한 사고에 대하여 보험계약이 정하는 바에 따라 일정금액을

지급하는 보험이다. 예를 들면 생명보험(사망보험, 생존보험, 양로보험), 사회보험, 상해보험 등이 있다.

- 물(物)보험은 물건 기타의 재산에 관하여 발생하는 사고에 대한 보험인데, 화재보험, 자동차 보험, 해상보험, 운송보험 등이다.

  [NOTE]

  실제로 사람과 물건의 양쪽을 다 같이 보험의 목적물로 하는 보험도 있고, 또 희망이익 등을 목적으로 하는 보험도 있으므로 인보험 ·물보험(재산보험)의 분류는 모든 보험을 양분한 것이라고는 할 수 없다.

■ 가입자의 주체가 누구인가에 따른 분류;보험은 가계보험과 기업보험으로 분류된다.

- 가계보험은 가정 경제의 안정 도모를 목적으로 하는 보험이다.
- 기업보험은 기업경제의 안정 도모를 목적으로 하는 보험이다.

■ 보험기간에 따른 분류; 장기보험과 단기보험으로 분류된다.

- 장기보험은 보험기간이 1년 이상인 보험이다.
- 단기보험은 보험기간이 1년 미만인 보험이다.

■ 보험금 보상방법에 따른 분류; 정액보험과 손해보험으로 분류된다.

- 정액보험은 보험사고가 발생한 때에 손해의 유무나 정도를 고려하지 아니하고 일정액의 보험금을 지급하는 보험이다.
- 손해보험은 보험사고가 발생한 때 실제로 생긴 손해를 보상하는 것을 목적으로 하는 보험이다.

■ 보험사고가 발생하는 장소에 따른 분류; 보험은 육상보험, 해상보험, 항공보험으로 분류된다.

■ 보험 목적의 수에 따른 분류; 개별보험, 집합보험으로 분류된다.

- 개별보험은 개개의 사람이나 물건을 보험의 목적으로 하는 보험이다.

- ◦ 집합보험은 다수의 물건을 보험의 목적으로 하는 보험이다. 특히 사람의 집단을 보험의 목적으로 하는 인보험은 단체보험이라 한다.

■ 보험 책임에 따른 분류; 원보험, 재보험 그리고 공동보험으로 분류된다.

- ◦ 원보험은 보험회사가 보험계약자로부터 직접 보험인수를 하여 보험계약 체결한 최초 계약보험이다.
- ◦ 재보험은 보험자가 보험계약자로부터 인수한 보험계약 상의 책임 전부 또는 일부를 다른 보험자에게 다시 전가하는 보험이다. 주로 손해보험에서 많이 사용되는데 보험자의 보험이라고 할 수 있다.
- ◦ 공동보험은 둘 이상의 보험자가 보험 목적을 공동으로 인수한 보험이다.

■ 보험 가입 의무에 따른 분류; 임의 보험과 강제 보험으로 분류된다.

- ◦ 임의 보험은 개개인이 자신의 판단하에 보험에 가입하고 가입하지 않아도 무방하며 가입금액도 자유롭게 정할 수 있는 보험이다. 민영보험의 대부분은 임의보험이다.
- ◦ 강제보험은 국민의 복지증진을 위해 강제로 가입해야 하는 보험인데, 건강보험, 산재보험 등이 그 예이다. 공영보험의 대부분은 강제보험이다.

20.2 생명보험과 연금

생명보험은 사람의 사망 또는 생존을 보험사고로 하는 일체의 보험이다. 넓은 의미로는 자연인을 대상으로 하여 사고나 재해를 보상해주는 것이고, 좁은 의미로는 피보험인(자연인)이 사망하였을 때에 소정의 금액을 지급하는 것이다.

대한민국 상법 제730조에 따르면 생명보험계약은 보험자가 보험계약자 또는 제3자(피보험자)의 생사에 관하여 일정한 금액(보험료)을 지급할 것을 약정하고 보험계약자는 피보험자의 생명에 관한 보험사고가 생길 경우에 약정한 보험금액을 지급할 것을 약정하는 인보험 계약이다. 생명보험의 보험사고는 피보험자의 생존 또는 사망이다.

생명보험은 보험금 지급사유에 따라서 사망보험, 생존보험, 혼합보험으로 분류된다.

■ 사망보험(死亡保險)

사망보험(死亡保險)은 피보험자의 사망을 보험사고로 하여 보험금을 지불하는 보험이다. 사망보험은 종신보험과 정기보험으로 나눌 수 있다.

- ◦ 종신보험은 피보험자의 일생을 보험기간으로 하여 그가 사망하였을 때 언제든지 보험금을 지불하는 보험인데, 보험료 지불 방법에 따라 피보험자가 죽을 때까지 평생 보험료를 지불하는 보통 종신보험, 일정 기간 정하여 지불하는 유한종신보험 그리고 계약 시 한꺼번에 지불하는 일시불 종신보험으로 나뉜다.
- ◦ 정기보험은 1년, 5년, 10년 등 일정 기간 중 피보험자가 사망하였을 때 보험금을 지급한다. 기간이 만료될 때까지 생존한 때에는 보험금을 지불하지 않으며 적립한 보험료도 되돌려주지 않는다. 피보험자가 죽은 후 유가족의 생활 보장에 효과적이나 저축목적으로 부적당하다.

■ 생존보험(生存保險)

생존보험은 피보험자가 보험기간 만료일까지 생존해있을 때 한하여 보험금이 지급되는 생명보험이다. 순수한 생존보험은 피보험자가 일정한 기간 생존하였을 경우에만 보험금이 지급되고 도중에 사망한 피보험자에게는 전혀 급부가 없다.

생존보험은 생존하고 있는 것을 조건으로 연금을 매년 받게 되는 연금보험, 3년 혹은 5년을 보험기간으로 하는 단기보험인 저축보험 그리고 어린이 입학 시 보험금을 지급하는 어린이 보험, 교육보험 등이 있다.

■ 혼합보험(混合保險)

피보험자가 일정한 연령에 달하는 것과 그 연령에 도달하기 전에 사망하는 것을 보험사고로 하는 경우를 혼합보험이라 한다. 양로보험이 그 예이다.

- ◦ 양로보험은 피보험자가 보험기간 내에 사망하였을 때나 보험기간 중 생존해서 만기가 되었을 때나 다 같이 동일액의 보험금이 지급되는 생명보험이다. 가족의 생활보장과 함께 교육자금이나 노후 자금의 준비 등에 이용된다.

■ 피보험자에 따른 분류

피보험자에 따라서 타인의 생명보험과 자기의 생명보험으로 분류된다.

○ 생명보험계약에서 보험계약의 당사자인 보험계약자 자신을 피보험자로 하는 보험을 자기의 생명보험이라 하고, 보험계약자가 자기 이외의 제3자를 피보험자로 하는 보험을 타인의 생명보험이라 한다.

[NOTE]

보험계약자가 타인의 사망을 보험사고로 한 경우에는 보험계약의 체결 시에 피보험자의 서면에 의한 동의를 얻어야 한다. (상법 제731조 제1항) 이것은 타인의 사망보험뿐만 아니라 생사혼합보험의 경우를 포함하고, 타인의 생존보험의 경우는 그 동의를 요하지 아니한다.

20.3 생명표를 이용한 보험료 계산

이 절에서는 생명표와 수지상등의 원칙을 이용하여 사망보험, 생존보험, 양로보험의 순보험료를 계산한다. 생명표는 생명보험에서 피보험자의 생명현상을 일정 기간 집단적으로 관찰하여 연령과 함께 변화하는 사망률에 관련된 사실을 분석하여 작성한 표이다. 일반적인 인구집단을 대상으로 작성되는 국민생명표에 비해 생명보험회사나 공제조합 등의 가입자에 대한 실제 사망 경험치를 근거로 작성된다. 사망경험을 통계적으로 분석해서 작성한 사망표라는 점에서 '경험사망표' 또는 줄여서 '경험표'라고도 한다.

생명보험 가입자 집단은 일반 인구집단보다 생활환경이 좋고, 또 일정한 진단을 거쳐 선택되었다는 점에서 국민생명표에 나타나는 국민사망률보다 낮게 나타나는 것이 보통이다.

세계 최초의 경험생명표는 영국의 에퀴터블 사가 1834년에 발표한 것이며, 세계적으로 유명한 경험생명표로는 미국의 CSO표와 아메리카 경험생명표 등을 들 수 있다. 우리나라에서는 보험개발원이 1982년부터 1986년까지 5년간의 개인보험계약자 자료 900만 건을 분석·작성해 처음으로 발표한 이후 보통 5년을 기준으로 새롭게 작성된다.

1997년 완전생명표에서 30세에서 40세 사이 한국 남자와 여자의 생존자수와 사망자수만 조사하면 다음과 같다.

<1997년 완전생명표(한국 남자)>

연령	생존자수	사망자 수
30	96957	153
31	96801	157
32	96644	165
33	96479	181
34	96298	194
35	96104	204
36	95900	223
37	95676	251
38	95425	283
39	95142	306
40	94846	332

<1997년 완전생명표(한국 여자)>

연령	생존자수	사망자 수
30	98120	66
31	98054	67
32	98987	69
33	97918	77
34	97841	84
35	97757	87
36	97670	92
37	97578	97
38	97482	105
39	97377	113
40	97267	123

예제 20.1

(사망보험)

30세 여자가 10년 만기 보험금 1억 원의 사망보험에 가입했을 때 일시납 순보험료를 계산하여라. (1997년 완전생명표(여자), 예정이율 7%)

풀이

○ 제 1차년도의 사망보험금 지급에 필요한 금액의 현가는

보험금 × 사망자수 × $\frac{1}{2}$년의 현가율

$= 100,000,000 \times 66 \times (1+0.07)^{-\frac{1}{2}} = 6,380,460,828$ 원이다.

여기서 사망이 1년 연중 고르게 분포하여 발생한다고 가정하여

$\frac{1}{2}$의 현가율을 적용하였다.

○ 같은 방법으로 제 2차년도의 사망보험금 지급에 필요한 금액의 현가는

보험금 $\times$ 사망자수 $\times \frac{3}{2}$ 년의 현가율

$= 100,000,000 \times 67 \times (1+0.07)^{-\frac{3}{2}} = 6,053,396,707$ 원이다.

○ 제 3차년도의 사망보험금 지급에 필요한 금액의 현가는

$100,000,000 \times 69 \times (1+0.07)^{-\frac{5}{2}} = 5,826,257,118$ 원이다.

○ 제 4차년도의 사망보험금 지급에 필요한 금액의 현가는

$100,000,000 \times 77 \times (1+0.07)^{-\frac{7}{2}} = 6,076,416,065$ 원이다.

○ 제 5차년도의 사망보험금 지급에 필요한 금액의 현가는

$100,000,000 \times 84 \times (1+0.07)^{-\frac{9}{2}} = 6,195,156,566$ 원이다.

○ 제 6차년도의 사망보험금 지급에 필요한 금액의 현가는

$100,000,000 \times 87 \times (1+0.07)^{-\frac{11}{2}} = 5,996,646,876$ 원이다.

○ 제 7차년도의 사망보험금 지급에 필요한 금액의 현가는

$100,000,000 \times 92 \times (1+0.07)^{-\frac{13}{2}} = 5,926,431,546$ 원이다.

○ 제 8차년도의 사망보험금 지급에 필요한 금액의 현가는

$100,000,000 \times 97 \times (1+0.07)^{-\frac{15}{2}} = 5,839,738,521$ 원이다.

○ 제 9차년도의 사망보험금 지급에 필요한 금액의 현가는

$100,000,000 \times 105 \times (1+0.07)^{-\frac{17}{2}} = 5,907,819,103$ 원이다.

○ 제 10차년도의 사망보험금 지급에 필요한 금액의 현가는

$100,000,000 \times 113 \times (1+0.07)^{-\frac{19}{2}} = 5,941,998,741$ 원이다.

10년간의 현가를 모두 합하면 합계는 $60,144,322,071$원이다. 위의 비용을 1차년도 생존자 98,120명이 균등하게 부담하여야 하므로 1인당 부담액을 P원이라 하면 그 총액은 $P \times 98,120$원이다. 따라서 수지 상등의 원칙에 의해

$$P \times 98,120 = 60,144,322,071 \text{ 원}$$

이므로 일시납 순보험료는

$$P = \frac{60,144,322,071}{98,120} = 612,967 \text{ 원}$$

이다.

[NOTE]

일시납의 경우는 계약 시 보험료가 일괄 수입되지만 연납의 경우 매년 초 생존자로부터 보험료가 수입되기 때문에 각각 수입 시점의 보험료를 전부 계약 시의 현가로 환산해야 한다.

예제 20.2

30세 여자가 10년 만기 보험금 1억 원의 사망보험에 가입했을 때 연납 순보험료를 계산하여라. (1997년 완전생명표(여자), 예정이율 7%)

풀이

사망보험금의 총지출의 현가는 예제20.1에서 60,144,322,071 원이다.
한편, 연납 순보험료를 P원이라 하면

- 1차년도 초 생존자 98,120명으로부터 P원씩의 순보험료가 계약 시에 수입되기 때문에 1차년도의 수입보험료의 현가는

  $P \times 98,120$ 원이다.

- 2차년도의 현가는 2차년도 초 생존자 98,054명으로부터 P원씩의 순보험료가 수입되기 때문에 2차년도의 수입보험료의 현가는

$P \times 98,054 \times (1+0.07)^{-1} = P \times 91,639$ 원이다.

- 같은 방법으로 제 3차년도의 수입보험료의 현가는

  $P \times 98,987 \times (1+0.07)^{-2} = P \times 86,459$ 원이다.

- 제 4차년도의 수입보험료의 현가는

  $P \times 97,918 \times (1+0.07)^{-3} = P \times 79,930$ 원이다.

- 제 5차년도의 수입보험료의 현가는

  $P \times 97,841 \times (1+0.07)^{-4} = P \times 74,642$ 원이다.

- 제 6차년도의 수입보험료의 현가는

  $P \times 97,757 \times (1+0.07)^{-5} = P \times 69,699$ 원이다.

- 제 7차년도의 수입보험료의 현가는

  $P \times 97,670 \times (1+0.07)^{-6} = P \times 65,082$ 원이다.

- 제 8차년도의 수입보험료의 현가는

  $P \times 97,578 \times (1+0.07)^{-7} = P \times 60,767$ 원이다.

- 제 9차년도의 수입보험료의 현가는

  $P \times 97,482 \times (1+0.07)^{-8} = P \times 56,735$ 원이다.

- 제 10차년도의 수입보험료의 현가는

  $P \times 97,377 \times (1+0.07)^{-9} = P \times 52,967$ 원이다.

10년간의 현가를 모두 합하면 합계는 $P \times 736,040$ 원이다. $P \times 736,040$ 원이 10년간 수입되는 연납 순보험료의 현가이므로 수지상등의 원칙을 적용하면 수입보험료의 현가와 지급보험금의 현가가 같도록 P 원을 정하면

$$P \times 736,040 = 60,144,322,071 \text{ 원}$$

이다. 따라서 연납 순보험료는

$$P = \frac{60,144,322,071}{736,040} = 81,713 \text{ 원}$$

이다.

예제 20.3

30세 여자가 10년 만기 보험금 1억 원의 생존보험에 가입했을 때 일시납 순보험료를 계산하여라. (1997년 완전생명표(여자), 예정이율 7%)

풀이

10년 후 만기시 40세 생존자 97,267 명에게 1억 원씩 만기 보험금을 지급해야 하므로 예정이율 7%의 보험금의 총지출의 현가는

$$100,000,000 \times 97,267 \times (1+0.07)^{-10} = 4,944,561,059,807 \text{ 원}$$

이다. 1인당 순보험료를 P원이라 하면 1차년도 초 생존자 98,120명으로부터 P 원씩의 순보험료가 계약 시에 수입되기 때문에 총수입보험료는

$$P \times 98,120 \text{ 원}$$

이다. 따라서 수지 상등의 원칙에 의해

$$P \times 98,120 = 4,944,561,059,807 \text{ 원}$$

이다. 그러므로 일시납 순보험료는

$$P = \frac{4,944,561,059,807}{98,120} = 50,392,999 \text{ 원}$$

이다.

예제 20.4

30세 여자가 10년 만기 보험금 1억 원의 생존보험에 가입했을 때 연납 순보험료를 계산하여라. (1997년 완전생명표(여자), 예정이율 7%)

풀이

1. **<지출>**

   10년 후 만기보험금의 총지출의 현가는 예제20.3에서 4,944,561,059,807 원이다.

2. **<수입>**

   연납 순보험료를 P 원이라 하면 예제20.2에서 10년간의 보험료 현가는 $P \times 736,040$ 원이다. 수지상등의 원칙에 의해

$$P \times 736,040 = 4,944,561,059,807 \text{ 원}$$

   이다. 그러므로 연납 순보험료는

$$P = \frac{4,944,561,059,807}{736,040} = 6,717,789 \text{ 원}$$

   이다.

예제 20.5

30세 여자가 10년 만기 보험금 1억 원의 양로보험에 가입했을 때 일시납 순보험료를 계산하여라. (1997년 완전생명표(여자), 예정이율 7%)

풀이

양로보험의 일시납 순보험료는 정기보험에 대한 일시납 순보험료와 생존보험의 일시납 순보험료를 더하면 된다. 예제20.1과 예제20.3에 의해서 양로보험의 일시납 순보험료는 정기보험에 대한 일시납 순보험료 612,967원과 생존보험의

일시납 순보험료 50,392,999원를 합하면 51,005,966 원이 된다.

예제 20.6

30세 여자가 10년 만기 보험금 1억 원의 양로보험에 가입했을 때 연납 순보험료를 계산하여라. (1997년 완전생명표(여자), 예정이율 7%)

풀이

양로보험의 연납 순보험료는 정기보험에 대한 연납 순보험료와 생존보험의 연납 순보험료를 더하면 된다. 예제20.2과 예제20.4에 의해서 양로보험의 연납 순보험료는 정기보험에 대한 연납 순보험료 81,713원과 생존보험의 연납 순보험료 6,717,789원를 합하면 6,799,502 원이 된다.

제 21 장
확률의 개념

21.1 표본공간과 사건

정의 21.1 표본공간과 사건

- 실험: 어떤 결과를 나타낼 수 있는 문제 상황
- 표본 : 발생 가능한 결과
- 표본공간(Sample Space) ; 통계적 실험에서 나타날 수 있는 모든 결과들의 집합으로 상태를 나타내는 공간이다. 보통 S 로 표기한다. 많아야 가산개의 원소를 가지는 표본공간을 이산표본공간이라 하고 그렇지 않은 경우에 연속 표본공간이라 한다.
- 표본점: 표본공간을 구성하는 원소
- 사건(사상 Event) : 표본의 모임 또는 표본공간의 부분집합

예제 21.1

다음 시행에서의 표본공간을 구하여라.

(a) 번호 1, 2, 3, 4, 5 가 표시된 다섯 개의 공이 들어있는 주머니에서 한 개의 공을 꺼낸다고 하자. 공의 위치를 랜덤화하기 위해 주머니를 흔든 후 한

개의 공을 선택하는 시행에서의 표본공간

(b) 주사위 2개를 던지는 시행에서 나타날 수 있는 눈의 수의 표본공간

풀이

(a) 번호 1, 2, 3, 4, 5 가 표시된 다섯 개의 공이 들어있는 주머니에서 한 개의 공을 꺼내는 시행에서의 표본공간은 $S = \{1,\ 2,\ 3,\ 4,\ 5\}$ 이다.

(b) 주사위 2개를 던지는 시행에서 첫 번째 주사위가 나타내는 눈의 수를 i 라 하고 두 번째 주사위가 나타내는 눈의 수를 j 라 하면 표본공간은 $S = \{(i,\ j) | i,\ j = 1,\ 2,\ 3,\ 4,\ 5,\ 6\}$ 로 주어진다.

예제 21.2

예제21.1에 대해 다음의 사건을 구하여라.

1. 예제21.1의 (a)에서 홀수 번호의 공이 선택될 사건
2. 예제21.1의 (b)에서 주사위 눈금의 합이 9가 되는 사건

풀이

1. 예제21.1의 (a)에서 홀수 번호의 공이 선택될 사건은 $E = \{1,\ 3,\ 5\}$
2. 예제21.1의 (b)에서 주사위 눈금의 합이 9가 되는 사건은

   $E = \{(3,\ 6),\ (4,\ 5),\ (5,\ 4),\ (6,\ 3)\}$

예제 21.3

A 보험회사는 30세 이상의 여성에게 생명보험 증권을 판매하였고 이 회사는 피보험자가 사망하는 나이에 관심이 있다. 한편 우리나라의 경우에 115세 이상 사는 여성은 없다는 보고를 믿는다고 한다. 이때 표본공간 S를 구하여라.

풀이

보험회사는 생명보험에 가입한 30세 이상 115세 미만의 여성에 대해 피보험자가 사망하는 나이에 관심이 있다. 그러므로 표본공간은

$S = \{30, 31, 32, \cdots, 114\}$ 이다.

정의 21.2 사건(사상)의 연산

- 임의의 두 사상 A, B의 적어도 한쪽이 일어나는 사상을 합사상이라 하고 $A \cup B$로 표기한다.
- 임의의 두 사상 A, B가 함께 일어나는 사상을 곱사상이라 하고 $A \cap B$로 표기한다.
- 사상 A는 일어나지만 B는 일어나지 않는 사상을 차사상이라 하고 $A - B$으로 표기한다.
- 사상 A가 일어나지 않는 사상을 A의 여사상이라 하고 A^c으로 표기한다.
- 임의의 사상 A가 어떠한 결과도 포함하지 않는 사상을 공사상이라하고 $\varnothing$으로 표기한다.
- 두 사상 A, B에 대해 $A \cap B = \varnothing$인 사상, 즉 A, B가 동시에 발생할 수 없는 사건을 배반사상이라 한다.

예제 21.4

한 부부가 보험회사에 부부협약 생명보험 증권을 구입하였다. 이때 보험 증권을 판매한 보험회사가 생각해야 할 표본공간을 구하여라. 그리고 내년에 남편 또는 아내가 사망할 사상과 남편과 아내가 모두 사망할 사상을 구하여라.

풀이

남편의 사망을 HD, 아내의 사망을 WD, 남편의 생존을 HS 그리고 아내의 생존을 WS이라고 하자. 그러면 이 보험회사가 생각해야할 표본공간은

$$S = \{(HD, WD), (HD, WS), (HS, WD), (HS, WS)\}$$

이다.

H 를 남편이 사망할 사상, W 를 아내가 사망할 사상이라 하면

$$H = \{(HD, WD), (HD, WS)\} \text{ 이고,} W = \{(HD, WD), (HS, WD)\}$$

이다. 그러므로 남편 또는 아내가 사망할 사상은

$$H \cup W = \{(HD, WD), (HD, WS), (HS, WD)\}$$

이고, 남편과 아내가 모두 사망할 사상은

$$H \cap W = \{(HD, WD)\}$$

이다.

21.2 확률의 정의

정의 21.3

확률이란 어떤 사건 또는 사상(event) 이 일어날 가능성 혹은 그 가능성에 대한 수치적 측도를 말한다. S 를 이상적(즉 모든 표본의 발생정도가 같다) 인 표본 공간이라고 할 때, S에서 사건A의 확률은

$$P(A) = \frac{n(A)}{n(S)}$$

로 정의된다.

여기서 $n(A)$는 사건 A 의 발생횟수, $n(S)$ 는 가능한 사건의 총횟수이다.

예제 21.5

자동차 보험에 가입한 1000명의 보험가입자를 대상으로 자동차 사고에 대한 조사를 실시한 결과 85명이 사고의 경력을 가지고 있다고 한다. 이 보험에 가입한 보험가입자 중에서 임의로 한 사람을 선정하였을 때 이 사람이 사고경력을 가지고 있을 확률을 구하여라.

풀이

1000명의 보험가입자들의 집합을 S, 이 보험에 가입한 보험가입자 중에서 사고 경력이 있는 사람들의 집단을 A 라 하면

$$n(S) = 1000 \text{ 이고 } n(A) = 85$$

이다. 따라서 보험에 가입한 보험가입자 중에서 임의로 한 사람을 선정하였을 때 이 사람이 사고경력을 가지고 있을 확률은

$$P(A) = \frac{n(A)}{n(S)} = \frac{85}{1000}$$

이다.

<확률의 공리>

S 를 표본공간 즉 전체 사건이라고 하자. 그러면 다음이 성립한다.

- $P(S) = 1$
- 임의의 사건 A에 대해 $0 \leq P(A) \leq 1$
- A, B 가 배반사건이면 $P(A \cup B) = P(A) + P(B)$
- $A_1, A_2, \cdots$ 를 주어진 사건이라 하자. 임의의 $i, j = 1, 2, \cdots$ 에 대해 $A_i \cap A_j = \varnothing$(단, $i \neq j$)이면 $P(\cup_{k=1}^{\infty} A_k) = \sum_{k=1}^{\infty} P(A_k)$

예제 21.6

번호 1, 2, 3, 4, 5 가 표시된 다섯 개의 공이 들어있는 주머니에서 한 개의 공을 꺼낸다고 하자. 공의 위치를 랜덤화하기 위해 주머니를 흔든 후 한 개의 공을 선택하는 시행에서 홀수번호의 공이 선택될 사건 E의 확률을 구하여라.

풀이

$E = \{1,\ 3,\ 5\}$이므로 $P(E) = \dfrac{n(E)}{n(S)} = \dfrac{3}{5}$

예제 21.7

정상적인 두 개의 주사위를 던지는 시행에서 주사위 두 눈금의 합이 9가 될 사건 E의 확률을 구하여라.

풀이

$E = \{(3,\ 6),\ (4,\ 5),\ (5,\ 4),\ (6,\ 3)\}$이므로 $P(E) = \dfrac{n(E)}{n(S)} = \dfrac{4}{36} = \dfrac{1}{9}$

예제 21.8

다음 표는 보험 증권에 명시된 보험금 청구금액에 대한 도수분포표를 나타낸다. 임의로 선정한 보험가입자의 보험금 청구금액이 400만 원 이상 800만 원 이하일 상대도수 확률을 구하여라.

보험청구액	청구건수
200만 원 이하	548
200만 원 이상　400만 원 이하	243
400만 원 이상　600만 원 이하	116
600만 원 이상　800만 원 이하	55
800만 원 이상　1,000만 원 이하	40
1,000만 원 이상　1,200만 원 이하	24
1,200만 원 이상　1,400만 원 이하	18
1,400만 원 이상　1,600만 원 이하	15
1,600만 원 이상　1,800만 원 이하	11
합계	1,070

풀이

보험청구금액이 400만 원 이상 800만 원 이하일 상대도수확률은

$$\frac{116}{1070} + \frac{55}{1070} = \frac{171}{1070}$$

이다.

정리 21.1

사건 A의 여사건A^c에 대해 $P(A^c) = 1 - P(A)$이다.

증명

S를 표본공간이라고 하면 사건 A와 여사건A^c에 대해

$$A \cap A^c = \varnothing \text{ 이고 } S = A \cup A^c$$

이다.

따라서

$$1 = P(S) = P(A \cup A^c) = P(A) + P(A^c)$$

따라서

$$P(A^c) = 1 - P(A)$$

예제 21.9

한 개의 공정한 주사위를 던질 때 1이 나오지 않을 확률은 얼마인가?

풀이

A를 주사위를 한번 던질 때 1이 나올 사건이라 하면 1이 나오지 않을 확률은

$$P(A^c) = 1 - P(A) = 1 - \frac{1}{6} = \frac{5}{6}$$

예제 21.10

세 개의 동전을 동시에 던질 때 앞면이 적어도 한 번 나올 확률을 구하여라.

풀이

세 개의 동전을 동시에 던지는 시행에서 T를 앞면, H를 뒷면이라고 하면 표본 공간은

$$S = \{TTT, TTH, THT, HTT, THH, HTH, HHT, HHH\}$$

이 된다. 세 개의 동전을 동시에 던질 때 앞면이 적어도 한 번 나올 사건을 A 라 하면 A 의 여사건은 세 개 모두 뒷면이 나오는 사건이므로 $P(A^c) = \frac{1}{8}$ 이다. 따라서

$$P(A) = 1 - P(A^c) = 1 - \frac{1}{8} = \frac{7}{8}$$

예제 21.11

A 대학교의 한 교수는 학생들이 제출한 경영수학 과제물에 대해 아래 표와 같이 등급을 나누어 1등급부터 5등급까지 각 등급에 해당하는 과제물에 각각 50점, 45점, 40점, 35점, 30점의 점수를 준다고 한다. 과제물 가운데 임의로 한 개를 선택할 때 이 과제물의 점수가 적어도 38점 일 확률을 구하여라.

풀이

등급	비율(%)	점수
1	10	50
2	25	45
3	35	40
4	25	35
5	5	30
계	100	

풀이

과제물의 점수가 적어도 38점인 사건을 A라 하면 A의 여사건은 과제물의 점수가 30점이거나 35점인 사건이므로

$$P(A^c) = \frac{30}{100} = \frac{3}{10}.$$

따라서

$$P(A) = 1 - P(A^c) = 1 - \frac{3}{10} = \frac{7}{10}$$

정리 21.2 확률의 덧셈정리

두 사건 A, B에 대해 $P(A \cup B) = P(A) + P(B) - P(A \cap B)$ 이 성립한다.

증명

$n(A \cup B) = n(A) + n(B) - n(A \cap B)$ 이므로

$$\begin{aligned} P(A \cup B) &= \frac{n(A \cup B)}{n(S)} = \frac{n(A) + n(B) - n(A \cap B)}{n(S)} \\ &= \frac{n(A)}{n(S)} + \frac{n(B)}{n(S)} - \frac{n(A \cap B)}{n(S)} \\ &= P(A) + P(B) - P(A \cap B) \end{aligned}$$

예제 21.12

주사위를 한 번 던질 때 2의 배수 또는 3의 배수가 나올 확률은?

풀이

A를 주사위를 한 번 던질 때 2의 배수가 나올 사건, B를 주사위를 한 번 던질 때 3의 배수가 나올 사건이라 하면 주사위를 한 번 던질 때 2의 배수 또는 3의 배수가 나올 확률은

$$P(A \cup B) = P(A) + P(B) - P(A \cap B) = \frac{3}{6} + \frac{2}{6} - \frac{1}{6} = \frac{2}{3}$$

예제 21.13

B한방병원에서 척추 및 허리디스크 치료를 받고 있는 환자들 1000명 중에 추나요법과 도수치료를 병행해서 치료를 받고있는 환자는 250명이고 130명은 추나요법과 도수치료 어느 것도 받지 않고 오로지 약물 치료만 받고 있다고 한다. 그리고 도수치료를 받은 환자가 추나요법의 치료를 받은 환자보다 110명이 많았다고 한다. 임의로 한 환자를 선정하였을 때 그 환자가 추나요법 치료를 받았을 확률을 구하여라.

풀이

A를 추나요법 치료를 받을 사상이라 하고 B 를 도수치료를 받을 사상이라고 하면 가정에 의해

$$P(A \cap B) = \frac{250}{1000} = 0.25$$

이다. 도수치료를 받은 환자가 추나요법의 치료를 받은 환자보다 110명이 많으므로

$$n(B) = n(A) + 110$$

따라서

$$P(B) = \frac{n(B)}{1000} = \frac{n(A) + 110}{1000} = P(A) + 0.11$$

추나요법과 도수치료 어느 것도 받지 않은 사람이 130명이므로

$$P(A^c \cap B^c) = \frac{130}{1000} = 0.13$$

따라서

$$P(A \cup B) = 1 - P((A \cup B)^c) = 1 - P(A^c \cap B^c) = 1 - 0.13 = 0.87$$

한편

$$P(A \cup B) = P(A) + P(B) - P(A \cap B) = 2P(A) + 0.11 - 0.25 = 2P(A) - 0.14$$

따라서

$$2P(A) - 0.14 = 0.87.$$

그러므로 $P(A) = 0.505$

예제 21.14

어느 60대 부부가 20년 후까지 생존할 확률은 남편이 $\frac{1}{4}$ 이고 부인이 $\frac{1}{3}$ 이라고 하자. 두 사람 중 한 사람만이 20년 후까지 생존할 확률은 얼마일까?

풀이

20년 후까지 남편이 생존할 사건을 A, 20년 후까지 부인이 생존할 사건을 B 라고 하면

$$P(A) = \frac{1}{4},\ P(B) = \frac{1}{3}$$

이다. 두 사람 중 한 사람만이 20년 후까지 생존할 확률은 남편만 생존하거나 부인만 생존한 두 가지 경우가 있다. 남편만 생존할 확률은

$$P(A \cap B^c) = \frac{1}{4} \times \frac{2}{3} = \frac{1}{6}$$

이고, 부인만 생존할 확률은

$$P(A^c \cap B) = \frac{3}{4} \times \frac{1}{3} = \frac{1}{4}$$

이다. 따라서 두 사람 중 한 사람만이 20년 후까지 생존할 확률은

$$P(A \cap B^c) + P(A^c \cap B) = \frac{1}{6} + \frac{1}{4} = \frac{5}{12}$$

21.3 조건부확률과 독립성

정의 21.4

조건부 확률 $P(B) > 0$일 때, 사상 B 가 발생한다는 전제하에서 사상 A 가 발생한 확률은

$$P(A|B) = \frac{P(A \cap B)}{P(B)}$$

로 정의한다.

예제 21.15

2개의 정상적인 주사위를 던져서 윗면의 눈금의 합을 계산하는 시행에서 주사위 두 개의 눈금이 모두 홀수라는 조건하에 눈금의 합이 6이 될 확률을 구하여라.

풀이

두 개의 눈금이 모두 홀수인 사건을 A, 눈금의 합이 6인 사건을 B라고 하면

$$A = \{11,\ 13,\ 15,\ 31,\ 33,\ 35,\ 51,\ 53,\ 55\} \text{ 이고}$$
$$B = \{15,\ 24,\ 33,\ 42,\ 51\}$$

이다. 따라서

$$A \cap B = \{15,\ 33,\ 51\}$$

이다. 주사위는 정상적이므로

$$P(A) = \frac{9}{36},\ P(B) = \frac{5}{36},\ P(A \cap B) = \frac{3}{36}$$

가 된다. 조건부 확률의 정의에 의해

$$P(B|A) = \frac{P(A \cap B)}{P(A)} = \frac{\frac{3}{36}}{\frac{9}{36}} = \frac{1}{3}$$

예제 21.16

A 보험회사는 500만 원 미만의 보험금 청구가 들어올 경우 낮은 보험금, 그 이상일 경우 높은 보험금으로 분류한다. 지난 1년 동안에 보험가입자 가운데 69.5%가 보험금 청구를 하지 않았고, 28.6%가 낮은 보험금을 5.2%가 높은 보험금을 청구하였다. 보험금 청구가 들어왔을 때 이 보험금 청구액이 높을 확률을 구하여라.

풀이

A : 보험금 청구가 들어올 사상
B : 높은 보험금 청구가 들어올 사상
라 하자. 보험가입자 가운데 69.5%가 보험금 청구를 하지 않았으므로

$$P(A) = 1 - 0.695 = 0.305$$

보험가입자 가운데 5.2%가 높은 보험금을 청구하였으므로

$$P(B) = 0.052$$

따라서 보험금 청구가 들어왔다는 조건하에 이 보험금 청구액이 높을 확률은

$$P(B|A) = \frac{P(A \cap B)}{P(A)} = \frac{0.052}{0.305} = 0.1705$$

<곱셈 공식>

$P(A) > 0$이면

$$P(A \cap B) = P(A) \times P(B|A) = P(B) \times P(A|B).$$

여기서 $P(B|A)$ 는 사상 A 가 발생한 전제하에서 사상 B 가 발생한 확률.

예제 21.17

한 주머니에 흰 돌 6개와 검은 돌 4개가 있다. 한 개씩 두 개 집어낼 때 첫 번째는 흰 돌, 두 번째는 검은 돌이 나올 확률을 구하여라.

풀이

첫 번째 집어낸 돌이 흰 돌일 사상을 A, 두 번째 집어낸 돌이 검은 돌일 사상을 B라고 하면

$$P(A \cap B) = P(A)P(B|A) = \frac{6}{10} \times \frac{4}{9} = \frac{12}{45}$$

예제 21.18

A보험회사의 자동차 보험 모든 고객은 적어도 한 대 이상의 자동차에 대해 보험 가입을 하였고, 고객의 60%가 2대 이상의 자동차에 대해 보험 가입을 하였다. 고객의 30%는 캠핑카 보험에 가입하였다. 두 대 이상의 자동차 보험에 가입한 고객 중에서 12%는 캠핑카 보험에 가입하였다. 임의로 선정한 고객이 캠핑카가 아닌 자동차를 꼭 한 대만 가지고 있을 확률을 구하여라.

풀이

A를 2대 이상의 자동차에 대해 보험 가입을 할 사상, B를 캠핑카 보험 가입을 할 사상이라 하면

$$P(A) = 0.6,\ P(B) = 0.3,\ P(B|A) = 0.12$$

따라서

$$P(A \cap B) = P(B|A)P(A) = 0.12 \times 0.6 = 0.072$$

캠핑카 보험 미가입자이며 자동차를 꼭 한 대만 가지고 있을 사상은

$$A^c \cap B^c$$

이므로

$$\begin{aligned} P(A^c \cap B^c) = P((A \cup B)^c) &= 1 - P(A \cup B) \\ &= 1 - [P(A) + P(B) - P(A \cap B)] \\ &= 1 - [0.6 + 0.3 - 0.072] = 0.172 \end{aligned}$$

정의 21.5

다른 사건의 발생 확률에 전혀 영향을 미치지 않는 사건을 독립사건이라고 한다. 즉, 두 사건 A, B가 서로 독립사건이면 사상 A의 발생여부가 사상 B의 확률에 아무런 영향도 끼치지 않는다는 의미이다. 다시 말해, 두 사건 A, B가 서로 독립사건이면

$$P(B|A) = P(B|A^c) = P(B)$$

이고

$$P(A|B) = P(A|B^c) = P(A)$$

이다. 그리고 A, B가 독립사건이 아닐 때 A, B는 서로 종속사건이라 한다.

정리 21.3

A, B가 독립사건이면 $P(A \cap B) = P(A) \times P(B)$

증명

$P(A \cap B) = P(A) \times P(B|A) = P(B) \times P(A|B) = P(A) \times P(B)$

예제 21.19

한 개의 동전을 반복하여 여러 번 던지는 실험에서 동전이 처음에는 앞면 두 번째는 뒷면이 나올 확률을 구하여라.

풀이

A를 동전을 던졌을 때 처음 앞면이 나오는 사건, B를 동전을 던졌을 때 두 번째 뒷면이 나오는 사건이라 하자. 그러면 A와 B는 독립이다. 그러므로 동전을 던졌을 때 처음에는 앞면 두 번째는 뒷면이 나올 확률은

$$P(A \cap B) = P(A) \times P(B) = \frac{1}{2} \times \frac{1}{2} = \frac{1}{4}$$

예제 21.20

52장의 카드 한 벌에서 한 장씩 카드 두 장을 꺼내기로 하자. 꺼낸 카드는 다시 넣지 않을 경우 꺼낸 두 장의 카드가 모두 에이스일 확률은

풀이

A를 첫 번째 카드가 에이스일 사건, B를 두 번째 카드가 에이스일 사건이라 하면

$$P(A) = \frac{4}{52}$$

이고

$$P(B|A) = \frac{3}{51}$$

이다. 따라서 꺼낸 두 장의 카드가 모두 에이스일 확률은

$$P(A \cap B) = P(B|A) \times P(A) = \frac{4}{52} \times \frac{3}{51} = \frac{1}{221}$$

예제 21.21

A 보험회사에서의 의료보험 보험금은 지급 요구에 따라 보험금을 지급한다. 응급실 또는 입원실 비용을 포함하는 보험금 지급 요구 건수는 전체 인구의 75%이며 응급실 비용을 포함하지 않는 지급건수는 전체의 35%이다. 응급실과 입원실을 사용하는 것은 서로 독립이라고 할 때 보험회사에 제출된 입원실 비용에 대한 보험금 지급건수가 차지하는 확률을 구하여라.

풀이

응급실 비용에 대한 사상을 A, 입원실 비용에 대한 사상을 B라고 하자. 그러면 가정에 의해

$$P(A \cup B) = 0.75$$

이다. A, B가 서로 독립이므로

$$P(A \cup B) = P(A) + P(B) - P(A \cap B) = P(A) + P(B) - P(A)P(B)$$

이다. 응급실 비용을 포함하지 않는 지급건수는 전체의 35%이므로

$$P(A^c) = 0.35.$$

따라서

$$P(A) = 1 - P(A^c) = 1 - 0.35 = 0.65$$

그러므로

$$P(A) + P(B) - P(A)P(B) = 0.65 + 0.35P(B)$$

따라서 보험회사에 제출된 입원실 비용에 대한 보험금 지급건수가 차지하는 확률은

$$P(B) = \frac{0.1}{0.35} = \frac{2}{7}$$

이다.

정의 21.6 표본공간의 분할(Partition)

사상 $A_1,\ A_2,\ \cdots A_n$이 서로 배반사상이고 $S = A_1 \cup A_2 \cup \cdots \cup A_n$로 나타낼 때 사상 $A_1,\ A_2,\ \cdots A_n$를 S의 분할이라 부른다.

정리 21.4 전확률 공식

S 를 표본공간, $B_1,\ B_2,\ \cdots,\ B_n$ 를 S 의 분할이라 하고, 각 $i = 1,\ 2,\ \cdots,\ n$에 대해 $P(B_i) > 0$ 이면 임의의 사상 A에 대해

$$P(A) = P(A|B_1) \times P(B_1) + P(A|B_2) \times P(B_2) + \cdots + P(A|B_n) \times P(B_n)$$

왜냐하면

$$\begin{aligned} P(A) &= P(A \cap S) = P(A \cap (\cup_{i=1}^{n} B_i)) = P(\cup_{i=1}^{n}(A \cap B_i)) \\ &= P(A \cap B_1) + P(A \cap B_2) + \cdots + P(A \cap B_n) \\ &= P(A|B_1) \times P(B_1) + P(A|B_2) \times P(B_2) + \cdots + P(A|B_n) \times P(B_n) \end{aligned}$$

예제 21.22

K 대학의 학생수의 30%는 1학년, 25%는 2학년, 25%는 3학년이고 나머지 20%는 4학년이다. 이들 중 기초통계학을 수강 신청한 학생은 1학년의 45%, 2학년의 25%, 3학년의 10%, 4학년의 2%이다. 이 대학에서 임의로 한 학생을 뽑았을 때 그 학생이 기초통계학을 수강신청하였을 확률을 구하여라.

풀이

기초통계학을 수강신청한 학생의 사상을 B라 하고 뽑힌 학생이 1, 2, 3, 4학년일 사상을 각각 $A_1, A_2, A_3,\ A_4$ 라고 하면 이들은 서로 각각 서로 배반사상이므로 사상 B의 확률은

$$\begin{aligned} P(B) =& P(B|A_1) \times P(A_1) + P(B|A_2) \times P(A_2) \\ &+ P(B|A_3) \times P(A_3) + P(B|A_4) \times P(A_4) \\ =& 0.45 \times 0.3 + 0.25 \times 0.25 + 0.1 \times 0.25 + 0.02 \times 0.2 \\ =& 0.2265 \end{aligned}$$

예제 21.23

B 보험회사는 사람들이 교통사고를 잘 내는 사람과 그렇지 않은 사람으로 분류된다고 믿고 있다. 고정된 일 년 동안 사고를 잘 내는 사람이 사고를 일으킬 확률이 0.7이고 사고를 잘 내지 않는 사람이 사고를 일으킬 확률이 0.3이다. 여기서 인구의 10%가 사고를 잘 내는 사람이라 가정한다.

(a) 새로 보험에 가입한 고객이 일 년 동안 사고를 낼 확률을 구하여라.

(b) 새로 보험에 가입한 고객이 사고를 내었다고 가정하자. 이 고객이 사고를 잘 내는 사람일 확률을 구하여라.

풀이

A: 새로 보험에 가입한 고객이 일 년 동안 사고를 일으킬 사건
B: 임의로 선택한 고객이 사고를 잘 내는 사람일 사건

(a) 새로 보험에 가입한 고객이 일 년 동안 사고를 낼 확률은

$$P(A) = P(A|B)\times P(B)+P(A|B^c)\times P(B^c) = 0.7\times 0.1+0.3\times 0.9 = 0.34$$

(b) 새로 보험에 가입한 고객이 사고를 내었다고 가정할 때 이 고객이 사고를

잘 내는 사람일 확률은

$$P(B|A) = \frac{P(A \cap B)}{P(A)} = \frac{P(A|B) \times P(B)}{P(A)} = \frac{0.7 \times 0.1}{0.34} \approx 0.2059$$

일반적으로 우리가 미리 알고 있는 지식에 새로운 지식을 추가하여 진실에 보다 더 가까운 확률을 얻을 수 있다. 여기서 새로운 정보를 추가하기 전의 우리가 미리 알고 있는 지식에 대한 확률을 사전확률이라고 하고 새로운 정보를 추가하여 얻어진 확률을 사후 확률이라 한다.

베이즈정리는 사전 확률에 새로운 정보를 추가하여 사후확률을 구하는 것이다.

21.3.1 베이즈정리

정리 21.5 베이즈정리

S 를 표본공간, $A_1, A_2, \cdots, A_n$ 를 S 의 분할이라고 하자. 각 $i = 1, 2, \cdots, n$ 에 대해 $P(A_i) > 0$이고 S 에서 정의된 사건 B에 대해 $P(B) > 0$이면 $1 \leq k \leq n$ 인 정수 k 에 대해

$$P(A_k|B) = \frac{P(B|A_k) \times P(A_k)}{P(B|A_1) \times P(A_1) + P(B|A_2) \times P(A_2) + \cdots + P(B|A_n) \times P(A_n)}$$

증명

곱셈공식과 전확률공식에 의해

$$\begin{aligned} P(A_k|B) &= \frac{P(A_k \cap B)}{P(B)} \\ &= \frac{P(B|A_k) \times P(A_k)}{P(B|A_1) \times P(A_1) + P(B|A_2) \times P(A_2) + \cdots + P(B|A_n) \times P(A_n)} \end{aligned}$$

예제 21.24

L사의 공장에는 컴퓨터를 조립하는 3대의 생산조립 공정라인 a,b,c 이 있다. 라인 a는 전 생산량의 35%, 라인 b는 25%, 라인 c는 40%를 생산하며 각 라인은 1%,

1.3%, 1.5%의 불량품을 생산하고 있다. 하루동안 생산된 제품 가운데 임의로 1개 추출하여 그것이 불량품이었을 때 라인a에서 생산되었을 확률을 구하여라.

풀이

불량품을 뽑을 사상을 B라 하고 각 공정라인 a, b, c에서 생산되었을 사상을 각각 A_1, A_2, A_3라고 하면 $P(A_1) = 0.35$, $P(A_2) = 0.25$, $P(A_3) = 0.4$ 이고 $P(B|A_1) = 0.01$, $P(B|A_2) = 0.013$, $P(B|A_3) = 0.015$ 이다.

A_1, A_2, A_3는 표본공간의 분할이므로 베이즈 정리로부터

$$\begin{aligned} P(A_1|B) &= \frac{P(B|A_1) \cdot P(A_1)}{P(B|A_1) \cdot P(A_1) + P(B|A_2) \cdot P(A_2) + P(B|A_3) \cdot P(A_3)} \\ &= \frac{0.35 \times 0.01}{0.35 \times 0.01 + 0.25 \times 0.013 + 0.4 \times 0.015} \\ &= 0.2745 \end{aligned}$$

예제 21.25

400명 중 1명에게서 발생하는 질병을 발견하기 위한 스크린 검사를 실시한다고 하자. 의료검사에서 환자에게 질병이 없는데 검사 결과에서 질병이 있다고 나타날 확률은 3%이고 환자에게 질병이 있는데 검사 결과에서 질병이 없다고 나타날 확률은 2%이라고 한다.

1. 검사결과 질병이 있다고 나타난 사람이 실제로 질병이 있을 확률은 얼마일까?
2. 검사결과 질병이 없다고 나타난 사람이 실제로도 질병이 없을 확률은 얼마일까?

풀이

의료검사 결과 질병이 있다고 나타난 사건을 A, 실제로 질병이 있는 사건을 B_1, 실제로 질병이 없는 사건을 B_2 이라 하자. 그러면 가정에 의해

$$P(A|B_1) = 0.98,\ P(A^c|B_1) = 0.02,\ P(A^c|B_2) = 0.97,\ P(A|B_2) = 0.03$$

가 된다. 검사대상 질병은 400명 중 1명에게서 발생하므로

$$P(B_1) = 0.0025,\ P(B_2) = 0.9975.$$

1. 베이즈 정리에 의해

$$\begin{aligned} P(B_1|A) &= \frac{P(A|B_1) \times P(B_1)}{P(A|B_1) \times P(B_1) + P(A|B_2) \times P(B_2)} \\ &= \frac{0.98 \times 0.0025}{0.98 \times 0.0025 + 0.03 \times 0.9975} \approx 0.0757 \end{aligned}$$

따라서 검사결과 질병이 있다고 나타난 사람이 실제로 질병을 가지고 있을 확률은 약 7.57 %이다.

2. 베이즈 정리에 의해

$$\begin{aligned} P(B_2|A^c) &= \frac{P(A^c|B_2) \times P(B_2)}{P(A^c|B_1) \times P(B_1) + P(A^c|B_2) \times P(B_2)} \\ &= \frac{0.97 \times 0.9975}{0.02 \times 0.0025 + 0.97 \times 0.9975} \approx 0.999948 \end{aligned}$$

따라서 검사결과 질병이 없다고 나타난 사람이 실제로 질병이 없을 확률은 약 99.995 %이다.

참고문헌

[1] 강병서, 정혜영, 경영경제수학, 무역경영사

[2] 권중성, 금융보험수학, 경문사

[3] 김태웅, 신용호, 경제 · 경영수학의 이해, 신영사

[4] 오세경, 이미영, 금융 및 경제, 경영을 위한 수학, 도서출판 청람

[5] 이재원, 이자론을 중심으로 배우는 금융수학, 한빛 아카데미

[6] 이재원, 확률과 보험통계, 경문사

경영 경제 금융 속 기초수학

지은이 배정자
펴낸이 조경희
펴낸곳 경문사
펴낸날 2024년 8월 26일 1판 1쇄
등 록 1979년 11월 9일 제1979-000023호
주 소 04057, 서울특별시 마포구 와우산로 174
전 화 (02)332-2004 팩스 (02)336-5193
이메일 kyungmoon@kyungmoon.com

값 30,000원

ISBN 979-11-6073-163-7

★ 경문사의 다양한 도서와 콘텐츠를 만나보세요!

홈페이지	www.kyungmoon.com	페이스북	facebook.com/kyungmoonsa
포스트	post.naver.com/kyungmoonbooks	블로그	blog.naver.com/kyungmoonbooks
북이오	buk.io/@pa9309	유튜브	https://www.youtube.com/channel/UClDC8x4xvA8eZIrVaD7QGoQ

경문사 출간 도서 중 수정판에 대한 정오표는 홈페이지 자료실에 있습니다.